LA PLANÈTE DES ESPRITS

PHILIPPE QUÉAU

LA PLANÈTE DES ESPRITS

Pour une politique du cyberespace

AVANT-PROPOS

Nous sommes entrés dans l'âge de l'abstraction.

D'un côté, quoi de plus abstrait que le virtuel ? Nouvel alphabet, le virtuel s'est imposé comme une abstraction efficace. Le virtuel s'est allié au réel. Il s'est immiscé, intégré et finalement dissous dans les choses. Noms et nombres, images et modèles, présences et représentations se confondent et fusionnent. Le virtuel offre de nouveaux systèmes d'écriture de plus en plus abstraits, mêlant le visible et l'intelligible, combinant image et langage (images de synthèse, simulation numérique) ou superposant le monde réel et le monde virtuel (réalité virtuelle, réalité augmentée).

D'un autre côté, la mondialisation (la compression planétaire, la circulation mondiale des biens et des signes) fait proliférer les abstractions économiques et sociales (du concept de « marché libre » à celui de « bien commun ») – avec des conséquences bien réelles. La *res publica* mondiale reste sans contenu politique concret. Les notions d'« intérêt général mondial » et de « bien commun mondial » sont particulièrement difficiles à caractériser et à faire respecter, en l'absence d'une forme effective de gouvernance mondiale.

La virtualisation et la mondialisation, en convergeant, se renforcent l'une l'autre, et mélangent intimement jusqu'à les confondre deux formes très différentes d'abstraction : l'une, quantitative, mesurable, et l'autre, qualitative, immatérielle. L'abstraction de l'argent et des nombres, d'une part. L'abstraction des idées et des essences, d'autre part.

Cette confusion est dangereuse : source d'amalgames et de brouillages politiques, elle favorise la réaction néolibérale, impunément dérégulatrice, désétatisante, privatisante.

L'abstraction n'est pas en soi un phénomène nouveau, ni d'ailleurs les rejets qu'elle suscite. Ce qui est nouveau, c'est l'empire qu'elle a pris sur les esprits, son extension universelle, et la faiblesse de la riposte.

Ce qui est nouveau c'est que l'abstraction est devenue le fonds commun de notre « civilisation-monde ».

Au Moyen Âge, la querelle des nominalistes et des réalistes portait déjà sur le poids à donner aux abstractions dans l'interprétation du monde. Cette ancienne querelle, jadis scolastique, se trouve aujourd'hui renouvelée et prend des formes plus politiques. L'idéologie du marché, avec sa haine du régulateur et sa négation du concept de « bien commun », peut être qualifiée de néo-nominaliste. Symétriquement, l'idéologie de l'intérêt général, de la justice sociale et de la régulation mondiale s'apparenterait à un point de vue « néo-réaliste ».

La pensée néo-libérale, néo-nominaliste, néo-puritaine, amie des totalités concrètes et des individualités repérables, mais ennemie du général et de l'universel, s'efforce sans complexe d'anéantir l'idée même de « bien commun », sans rencontrer de véritables résistances théoriques ou politiques, pour le moment. En face d'elle, il manque encore une véritable pensée néo-réaliste, à l'échelle planétaire.

Nous avons besoin de définir les conditions de possibilité politique et éthique de notre « civilisation-monde ». Comment en réguler l'émergence ? À quelles fins, pour quel projet mondial ? La « compression planétaire » des peuples du monde conduit progressivement et inévitablement à la formation *de facto* d'une communauté mondiale intégrée. La cyberculture (autre nom pour la « culture de l'abstraction ») est un signe annonciateur de la formation de cette communauté mondiale, préfigurant l'émergence d'une « planète des esprits », d'une « noosphère », capable d'initier une renaissance de l'Humanité.

Trois dates fondatrices caractérisent la Renaissance européenne : 1454, 1492, 1517. Trois noms la ponctuent : Gutenberg, Colomb, Luther. Trois inventions la résument : l'imprimerie, l'Amérique, la Réforme.

N'est-ce pas une nouvelle Renaissance qui se prépare, une renaissance mondiale ? Comme il y a plus de cinq siècles, nous assistons à l'invention quasi simultanée d'une nouvelle imprimerie, d'une nouvelle Amérique et d'une nouvelle Réforme.

La nouvelle imprimerie, c'est le numérique et le virtuel.

La nouvelle Amérique, c'est le cyberespace et le « nouveau monde » de l'abstraction financière et technologique.

La nouvelle Réforme émerge. C'est celle du « bien commun mondial ». Il manque un nouveau Luther pour l'incarner.

Il nous manque aussi quelques « thèses » contre les « indulgences », à afficher sur les portails Internet du monde, à l'image des 95 thèses que Luther cloua sur la porte de l'église du château de Wittenberg, le 31 octobre 1517.

Il nous manque par exemple une thèse contre « l'indulgence » accordée aux paradis fiscaux, à l'heure de la mondialisation financière ;

Une thèse contre l'indulgence envers les monopoles, à l'heure des rendements croissants et des énormes valorisations boursières qu'ils autorisent ;

Une thèse contre l'indulgence dont bénéficient les *lobbies* et les groupes d'intérêts privés, à l'heure de la crise du bien commun et de la faiblesse de l'intérêt général mondial ;

Une thèse contre l'indulgence du droit à l'égard des forts et des puissants, à l'heure où les fractures s'accroissent, où la notion même de « justice sociale » est tournée en dérision.

Nous attendons cette Réforme, mais aussi le « Concile de Trente » mondial et les contre-Réformes qui suivront, et qui feront émerger le sens dont notre civilisation planétaire manque encore.

La planétisation des esprits a besoin d'un sens, elle a besoin pour se réaliser effectivement d'une finalité partagée par tous les peuples du monde.

Comme ce livre s'efforcera de le montrer, la fin la plus désirable de la planétisation des esprits serait l'émergence d'une vraie culture de l'« Autre ».

Au moment où mondialisation, abstraction, virtualisation, représentent autant de dangers pour la notion même d'altérité, l'idée de l'Autre est la plus universelle, la plus ouverte, la plus riche de futurs étonnements. La place laissée à « l'autre » en tant qu'autre (l'hors-norme, l'impensé, l'imprévisible, mais aussi le plus défavorisé, le moins armé, le plus faible) est le meilleur indicateur de la santé de la civilisation-monde. C'est aussi la source ultime de son sens.

L'Autre constitue notre bien commun mondial le plus précieux, car il est inépuisable, et d'une richesse infinie.

Il nous reste à bâtir une culture du bonheur de l'Autre, une culture du bonheur du monde.

Introduction

LES BERGERS DE L'AUTRE

L'altérité est le concept le plus antipathique au « bon sens ».

Roland Barthes

« L'humanité ? Mais c'est une abstraction. De tout temps, il n'a jamais existé que des hommes et il n'existera jamais que des hommes », disait Goethe. Bien avant Goethe, les « nominalistes » s'étaient déjà élevés contre les abstractions. Pour les nominalistes, les idées ne sont que des « noms », des mots, et n'ont aucune réalité propre. Ce ne sont que des signes de convention.

Les nominalistes méconnaissaient complètement la valeur de l'abstrait, la puissance aiguë de l'immatériel. Ils ne comprenaient pas la force de cette forme que l'esprit s'efforce d'extraire du cœur des choses, et qui s'appelle l'« essence ».

Ils s'opposaient aux « réalistes » pour qui les idées sont bien « réelles ». Pour Platon, chef de file des réalistes, le monde entier, les êtres et les choses, ne sont qu'un reflet des idées. Le monde n'est qu'une caverne, et les idées sont bien plus réelles que le réel même, parce qu'elles sont éternelles. Seul ce qui est éternel « est » véritablement. Et le monde réel, étant fugace, ne peut qu'être moins « réel » que le monde des idées, garantie d'éternité.

Pour Aristote aussi, élève de Platon, il y a des « formes », il y a des « essences ». Il y a du général. Il y a de l'universel. Il n'y a d'ailleurs de science que du général, il n'y a de raison *(logos)* qu'universelle. La réalité n'est pas faite que d'individus. Il y a des idées qui ont une sorte d'existence, au-delà de l'existence des individus. Par exemple, les genres et les espèces (le genre animal, l'espèce humaine) sont aussi des « réalités », qui n'ont pas le même degré d'être que les individus réels. « Réels » sont également les rapports entre les individus (le rapport entre le père et l'enfant par exemple). Aristote appelle ces êtres de relation des « êtres de raison ».

Cependant, Aristote prend ses distances avec Platon. Les êtres de raison sont certes réels, mais pas aussi réels que les êtres individuels. Il critique la forme extrême du « réalisme » platonicien[1] qui veut voir dans les idées la forme suprême de la réalité. Il amorce ainsi la controverse, toujours vivante, entre nominalisme et réalisme.

La bataille scolastique des nominalistes et des réalistes a culminé au Moyen Âge avec la « querelle des universaux ». Pour saint Thomas d'Aquin, qui suivit et développa Aristote, les universaux (ces catégories mentales que sont le genre, l'espèce, la différence, le propre et l'accident) sont tout à fait « réels » en ce sens qu'ils ont une valeur universelle, abstraite certes, mais qui atteint le cœur de la réalité.

En revanche, pour les nominalistes comme Guillaume d'Occam, les universaux ne sont que des jeux de langage, tout juste bons aux jeux des casuistes et des escobars. Ce sont les formes passagères, tout humaines, de notre structure mentale, et de nos provisoires points de vue sur le monde. La philosophie de Guillaume d'Occam réduit la réalité à des substances individuelles, singulières. Il n'y a plus dès lors de place pour les caractères communs ou relationnels. Ce ne sont plus que de simples outils mentaux sans réalité propre, des « paniers » conceptuels destinés à

---

1. Il est curieux d'ailleurs de constater que le « réalisme » platonicien est appelé aujourd'hui « idéalisme », par une sorte de renversement à 180° dont se rend parfois coupable la pensée philo-sophique.

regrouper commodément des ensembles d'êtres individuels.

Occam nie la possibilité de réaliser conceptuellement – et donc politiquement – l'ordre qui régit les rapports entre individus, l'ordre de la cité. Il ne croit qu'aux personnes, substances premières.

Les théologiens catholiques espagnols, fondateurs du *jus gentium* et du droit international (les dominicains Vitoria et De Soto et les jésuites Molina et Suarez), voulurent contrecarrer le système de Guillaume d'Occam, qui leur paraissait dangereux (ils n'avaient pas tort – de leur point de vue : le nominalisme devait en fait être une des sources profondes du protestantisme). Notons qu'Occam comme Duns Scot étaient franciscains. Leur morale anti-intellectualiste et indubitablement préréformiste les incitait au culte concret de Dieu dans des situations individuelles.

Plus tard, l'éthique protestante mit l'accent sur les affaires temporelles, et développa un véritable puritanisme de la besogne, un activisme de la tâche à accomplir sur terre. Une telle éthique, libérée des inhibitions du catholicisme envers le monde et l'argent (l'argent c'est Mammon !), devait, selon Max Weber[1], mener à l'exacerbation du capitalisme et *in fine* à un certain « désenchantement du monde ».

L'argent, dit Weber, est à ce point considéré comme une fin en soi qu'il apparaît entièrement transcendant sous le rapport du bonheur de l'individu ou de l'avantage que celui-ci peut éprouver à en posséder. Abstraction pure, parfaitement rationnelle sous le rapport des moyens, et absolument irrationnelle sous le rapport des fins.

La religion protestante ascétique se caractérise aussi par le dogme de la prédestination. Selon la doctrine de la prédestination, les bonnes œuvres ne sont pas la voie d'accès au salut : les jeux sont déjà faits. Seule la foi

---

1. Max Weber, *L'Éthique protestante et l'esprit du capitalisme.*

compte, non les œuvres. *Sola fide*. Et seuls les élus ont cette foi qu'ils étaient déjà prédestinés à avoir. Tout le jeu semble bloqué, par la volonté de Dieu. « Nous savons seulement qu'une partie de l'humanité sera sauvée, l'autre damnée », nous dit Weber. Qu'il soit un « élu » ou un « réprouvé », l'homme ne peut changer ce que Dieu a décidé pour lui.

Les bonnes œuvres ont cependant un rôle irremplaçable, celui de conforter les « élus » dans la bonne conscience qu'ils ont d'eux-mêmes. Les bonnes œuvres servent à délivrer l'élu de l'angoisse qu'il pourrait ressentir à s'être éventuellement trompé sur lui-même. « Suis-je vraiment un élu ? », peut-on et doit-on, de bonne foi, se demander. D'où le renversement paradoxal qu'opère la réforme de Calvin. Là où seule la foi devrait compter, ce sont finalement les « œuvres » qui occupent le centre de l'attention, parce c'est d'elles, et de leur bonne marche, que l'« élu » en quête de réassurance tire son confort moral.

De plus, aucun sacrement ne pourra permettre d'obtenir la grâce de Dieu. Weber parle d'un « refus de la magie sacramentelle en tant que moyen de salut », conduisant au fameux « désenchantement du monde ». Ce désenchantement, symptôme de la rationalité, constitue la différence majeure avec le catholicisme.

Pour Weber, le « saint », l'élu, a une vie « totalement rationalisée en ce monde, et dominée entièrement par ce but unique : accroître sur terre la gloire de Dieu ». La tâche de « réformer » le monde est grandiose certes, mais peut mener à des formes d'orgueil dangereuses, quand aucun contre-pouvoir ne peut s'exprimer. Quel plus grand orgueil que celui de se sentir « élu », « prédestiné » ?

Il est intéressant de méditer sur les liens profonds – qui perdurent par-delà les siècles et les sociétés – entre nominalisme, protestantisme, individualisme et capitalisme d'une part, et entre réalisme, catholicisme, universalisme et socialisme, d'autre part.

La querelle ancienne du nominalisme et du réalisme resurgit aujourd'hui avec une étonnante modernité. Notre époque de mondialisation et de virtualisation est en effet en voie d'abstraction accélérée. Les concepts mêmes d'« humanité » ou de « mondialisation » illustrent la popularité de ces abstractions langagières que nous prenons pour des réalités politiques.

Face à ce phénomène, on observe deux types de réactions : une réaction en quelque sorte néo-nominaliste, d'inspiration « libérale » et néo-libérale, refusant les abstractions de « la mondialisation », de « l'humanité » ou de « la justice sociale ». Et une réaction néo-réaliste, d'inspiration « socialiste », qui donne foi aux idées utopiques et aux abstractions formelles, comme celle de « gouvernance mondiale » ou de « justice sociale mondiale ».

On peut aussi, théoriquement, envisager une voie intermédiaire, entre réalisme et nominalisme, entre abstraction et action. C'est la voie d'un monde qui se « civilise » mondialement et d'une « humanité » qui prend conscience d'elle-même.

Mais cette voie est étroite et difficile.

Tout d'abord, comme Hannah Arendt le rappelle : « Pour le moment, un monde qui serait au-dessus des nations n'existe pas. » Elle croit cependant à la possibilité d'un « gouvernement mondial ». Mais c'est pour aussitôt attirer l'attention sur le risque de totalitarisme intégral qu'il comporterait : « Il est tout à fait concevable, et même du domaine des possibilités pratiques de la politique, qu'un beau jour une humanité hautement organisée et mécanisée en arrive à conclure le plus démocratiquement du monde – c'est-à-dire à la majorité – que l'humanité en tant que tout aurait avantage à liquider certaines de ses parties[1]. »

Ensuite, des concepts comme « humanité » ne sont pas statiques. Il y a de l'autre dans l'humain, un autre qui résiste à toute idéalisation, à toute conceptualisation, à toute indi-

____

1. Hannah Arendt, *L'Impérialisme*.

vidualisation – et donc un autre qu'il faut préserver à tout prix des totalitarismes du même, du rationnel, du mondialisé et de l'universel.

L'étranger est le symbole de l'autre, parmi les gens des « nations ». Il est le signe irréductible de la différence, d'un donné qui échappe à l'évidence du même.

Nous avons besoin d'étrangers, au sein des peuples, des nations, et en nous-mêmes. Ils sont notre pierre de touche métaphysique et politique. Or la mondialisation et l'abstraction visent à éradiquer l'étranger et l'étrange de toutes les terres émergées.

Rêve digne d'Orwell.

« Partout où la vie publique et sa loi d'égalité seront complètement victorieuses, partout où une civilisation parviendra à éliminer ou à réduire à son degré minimum l'arrière-plan obscur de la différence, elles finiront par se pétrifier et par être punies (…) Le danger est qu'une civilisation globale, coordonnée à l'échelle universelle, se mette un jour à produire des barbares nés de son propre sein à force d'avoir imposé à des millions de gens des conditions de vie qui, en dépit des apparences, sont les conditions de vie des sauvages[1]. »

Nous sommes passés en quelques décennies d'une « société du face à face » à une société abstraite, où des règles abstraites, des signaux numériques, des procédures désincarnées régissent les rapports économiques et sociaux de milliards de gens, et régulent une division planétaire du travail. En ces temps d'abstraction mondiale et de mondialisation abstraite, il vaut donc la peine de se demander si les idéologies sous-jacentes qui cherchent implicitement ou explicitement à « gouverner » la « mondialisation » sont d'inspiration néo-nominaliste ou néo-réaliste. De la réponse à cette question, on attend plus qu'un simple clivage entre une mondialisation de droite (celle du marché et de la dérégulation) et une mondialisation de gauche (celle des prin-

---

1. *Ibid.*

cipes universels et de la justice sociale mondiale). On attend surtout une clarification de notre rapport au réel, au moment où le virtuel – sous toutes ses formes – semble le dissoudre dans ses mélanges et ses métaphores.

Si le néo-nominalisme prévalait, nous risquerions la schizophrénie collective. L'« humanité » n'étant plus qu'un mot vide de sens, la question de sa « gouvernance » ne se poserait même pas. L'idée de régulation ou de justice sociale mondiale n'aurait aucun sens politique. Les plus pauvres seraient renvoyés à leur désespoir et leur révolte.

Mais si le néo-réalisme devait émerger, comment échapper au risque de confusionnisme toujours latent entre le réel et le virtuel, entre les phénomènes et les abstractions, entre les choses et les mots ?

L'humanité est-elle une abstraction ? Ou une réalité ? Est-ce une catégorie mentale, idéaliste, inopérante, ou au contraire le signe d'une réalité extrêmement concrète, opératoire, politique au suprême degré ?

Plus généralement, les abstractions et les catégories intellectuelles dont nous nous servons aujourd'hui peuvent-elles prétendre atteindre à une vérité, une efficacité « réaliste » ? Ou bien sont-elles de simples songes, creux, trompeurs ?

À première vue, notre époque est assez confuse. Elle présente à la fois des symptômes de nominalisme (la haine du générique et du général, le goût pour le « concret » et pour l'« individu ») et de réalisme (la fascination pour les abstractions efficaces, le virtuel comme néo-réalité, l'intuition de l'importance des nouvelles collectivités virtuelles, délocalisées, émergeant à l'échelle planétaire).

Le nominalisme contemporain explique bien la ruée sur les valeurs individualistes, la « culture du narcissisme »[1], la perte du sens commun, le refus de considérer le « bien commun » comme une catégorie opératoire. Mais un réa-

---

1. Cf. Christopher Lasch, *La Culture du narcissisme*.

lisme contemporain apparaît également, fortement attesté par la montée en puissance de l'abstraction.

L'abstraction règne sur les esprits et sur le monde. Nous sommes dans l'âge de l'abstraction par excellence, comme il y eut un âge de pierre ou un âge de bronze.

Le langage, le droit, l'économie, mais aussi la morale, sont de plus en plus abstraits, dans leurs contenus et dans leurs visées. Les réalités d'hier se dissolvent dans l'abstraction environnante, et réciproquement, nous avons désormais appris à considérer les abstractions comme des réalités. Ainsi, le concept abstrait d'humanité possède indéniablement une réalité, une épaisseur propre. Reprendre l'opinion de Goethe telle quelle reviendrait à refuser de reconnaître que le concept d'« humanité » est une abstraction nécessaire et politiquement opératoire. L'humanité est bien le sujet abstrait d'un phénomène lui-même de plus en plus abstrait, la « mondialisation ». *La mondialisation s'est imposée comme une réalité abstraite, et l'abstraction s'est mondialisée, comme réalité et comme idéologie.*

La compression planétaire, la circulation mondiale des biens et des signes, la naissance de « la » ville mondiale (la métaville, fusionnant les mégalopoles et les réseaux), ont été rendues possibles par un progrès de l'abstraction. L'évolution néo-nominaliste de nos formes de pensée et la naissance d'une nouvelle écriture (le numérique, le virtuel) ont été au fondement de la mondialisation. Ceci explique pourquoi le double processus de mondialisation et d'abstraction reste essentiellement d'ordre économique et technologique. Il n'a pas de sens en soi. Il vise uniquement à renforcer son efficacité propre, et induit une uniformisation rampante. Un seul modèle et une seule langue, pour tout l'univers. Un rêve de nouvelle Babel, en somme. Ce modèle « mondial » et cette langue « abstraite » ont plusieurs noms. Mondialisation, globalisation, universalisation, internationalisation, planétisation, ne recouvrent pas les mêmes « mondes ». Ce ne sont pas les mêmes mondialisations mais en revanche elles parlent toutes la même langue : le nombre.

Or le nombre n'a pas de sens. Il n'est qu'un moyen.

Submergés par les moyens, virtualisés et mondialisés, nous manquons d'une fin. L'humanité ne peut être à elle-même sa propre fin, surtout à une époque où le concept même d'humanité est révoqué en doute, où il apparaît comme une simple abstraction.

L'humanité manque de réalité, mais surtout d'idées. L'humanité attend quelque chose, de l'Autre, du radicalement autre, une sorte de phénomène mental et mondial, qu'aucune des tribus du monde ne pourra s'approprier, parce qu'il sera le « bien commun », le bien appartenant en propre à la communauté humaine mondiale, ce que l'on appellera la « planète des esprits ».

L'humanité tout entière cherche obscurément une vision collective, une image tangible de l'histoire mondiale, devenue la patrie commune des peuples du monde. L'humanité parle progressivement le même langage babélisé, mais ne s'en satisfait pas. Elle a besoin d'une parole vivante, partagée par tous les passagers du destin planétaire.

Sans âme, sans philosophie, sans art, sans sens, la ville mondiale, a-topique, a-temporelle, a-politique, brutale, pratique, abstraite, efficace, accumule les hommes et l'argent. Une nouvelle civilisation naît, dont la cyberculture est le plus jeune et le plus pauvre des symboles. Culture restant entièrement à inventer.

Nous devenons peu à peu, malgré nous, mais sans résistance apparente, les habitants sans tradition de cette ville mondiale, nomades noyés, errants dans l'informe, mêlés toujours plus étroitement à la foule énorme du même. Connectés et fragiles, mobiles et stériles, froids et sans foi, les hommes de la ville mondiale s'inclinent devant l'argent. L'esprit financier domine par sa puissance propre l'être collectif. L'argent et l'abstraction, couple prolifique, enfantent le nouveau monde à leur image.

Leur caractéristique fondamentale, c'est leur absence de limites. L'argent tend à l'expansion illimitée, l'abstraction vise à l'extension infinie. Le cerveau des hommes se met à leur service et cherche à réaliser tout le possible, à exercer toute la force fantastique de leur développement indéfini. L'esprit se rue dans ce vide ouvert, sans contrainte et sans perspective. Il se crée une philosophie, sceptique et non spéculative, « pratico-pratique » et irréligieuse, non éthique et immorale.

L'esprit de notre temps ne prétend certes pas posséder des vérités générales, éternelles. Il n'en a cure. Il sait d'ailleurs sa superfluité, sa vacuité, son impuissance propres. Peu lui importe. Il sait aussi sa force, force faite de vide, d'inertie, d'élan et de devenir.

Il sait tout cela et beaucoup d'autres choses encore. Il connaît sa richesse et son avoir. Mais il ignore l'étendue de son manque. Nous n'avons plus de prophètes pour nous rappeler le destin de Babylone ou la ruine du Temple. Nous n'avons plus de mots pour ces fins-là. Les mots perdent vite leur sang, leur chair. Le « Temple » de notre temps, c'est notre langue même. Jérémie, aujourd'hui, se lamenterait peut-être sur la destruction prochaine, inévitable de nos mots, de nos verbes, de nos structures de langage et de pensée.

À cette crise des mots et du langage, on peut relier plusieurs autres crises, polymorphes, vivaces. Elles ont des noms divers, des apparences trompeuses. Elles s'entrelacent et se renforcent contre l'ordre des mots et des choses. Nous vivons un faisceau de crises nouées, intellectuelles et morales, civilisationnelles et sociétales.

La *crise de la culture* (fragmentation des savoirs, déluge d'informations et de connaissances disloquées, culture du doute et du soupçon, divorce entre la raison et la sagesse), la *crise de la représentation* (prééminence croissante de l'abstraction, et du signe sur la chose), la *crise de la chose publique* (inversion du rôle du privé et du public, notion d'intérêt général de plus en plus difficile à caractériser, privatisation sans contrepartie du domaine public) sont les principales facettes d'une *crise généralisée du sens commun et du bien commun*.

Toutes ces crises se ramènent à la croissance générale de l'abstraction, ou, ce qui revient au même, à une crise de « l'autre ». « L'autre » est rendu plus insaisissable par la puissance normative de l'abstrait, par l'impérialisme du « même ».

La crise de l'autre, c'est notre impuissance à penser autrement, notre difficulté à nous représenter ce qui ne peut pas s'inscrire dans nos mots, dans nos modèles, nos savoirs, notre culture, notre organisation sociale et politique.

Toujours pris dans le « même » ou le « propre », nous sommes de plus en plus incapables de penser « l'autre » ou le « commun ». Nous ne savons plus comment penser l'autre de la rationalité scientifique ou technique (le mystère, l'intuitif), l'autre de l'économie marchande (le don, le partage), l'autre de la norme qui s'impose ici et maintenant (l'ailleurs, l'en-deçà et l'au-delà), l'autre du réel (l'imaginaire). Nous sécrétons l'exclusion de ce que nous n'intégrons pas dans nos schémas, nos comportements, nos structures.

Ainsi le virtuel, qui est une autre sorte de réel, à la fois un ersatz de réel et un ersatz d'autre, est une bonne illustration de cette exclusion de l'autre réellement autre.

Le virtuel, à la fois alternative au réel et nouvelle catégorie du réel, recèle un danger profond : celui de nous satisfaire à trop bon compte avec de « l'autre » qui n'est en réalité que du même.

Étreinte mortelle que celle qui consiste à embrasser du même, cercle fermé, redondance terminale.

Mais qu'est-ce que le virtuel ? C'est avant tout un paradigme : un symbole de notre ère. Le virtuel commence à façonner en profondeur une nouvelle société, en accélérant la dématérialisation des flux, en augmentant les courts-circuits informationnels, en restructurant les marchés du traitement de l'information, en généralisant la « désintermédiation » entre les producteurs et les consommateurs de biens et de services, mais aussi en provoquant de graves inégalités culturelles et sociales entre « info-riches » et « info-pauvres ».

Le virtuel, le cyberespace, Internet, le numérique sont les ingrédients d'une révolution radicale permettant pêle-mêle la communication instantanée et ubiquitaire d'informations à haute valeur ajoutée, la réplicabilité infinie des images et des sons, la généralisation d'interfaces de cyber-navigation de plus en plus souples et inventives alliant la réalité virtuelle, les imageries 3D interactives et les réseaux, la multiplication de terminaux de plus en plus puissants et « intelligents », à des prix qui continuent de s'effondrer. Cette révolution technologique annonce surtout un bouleversement économique et social sans précédent, parce que planétaire et synchrone. Les États-nations, habitués à gérer un territoire « réel », n'ont pas encore su s'adapter au cyberespace. La radicalisation du télétravail, la généralisation de cyber-entreprises, délocalisées, virtualisées, vont constituer un choc frontal pour les visions classiques du monde, habituées à la centralité, la territorialité, la matérialité.

Le virtuel devient global et le monde se virtualise. Les électrons se jouent des frontières et les méga-octets se rient des lois. Les cyber-banques se gorgent d'argent électronique et de *cyber-cash*, des « casinos virtuels » s'ouvrent aux Bahamas, des « loteries virtuelles » sont organisées au Liechtenstein, et on se déshabille en direct sur Internet pour un numéro de carte bancaire. Les images de synthèse sont devenues si réalistes qu'on ne peut plus les distinguer des images naturelles. Les clones 3D simulent parfaitement notre apparence, et les moteurs de connaissance surfent « intelligemment » sur les océans du cyberespace.

La réalité « virtuelle », la réalité « augmentée », la réalité « virtualisée » et la réalité « portable » viennent désormais s'ajouter à la réalité « réelle », avec toute une cascade de conséquences philosophiques. Notre rapport au « réel » change de nature, puisque le virtuel devient en un sens aussi réel que le réel. Qu'est-ce que la valeur des choses dans un monde saisi par le virtuel ? Que devient le labeur des hommes à l'heure de son dumping généralisé et face à la concurrence des robots ? Jusqu'où se distendront nos sociétés écartelées par les délocalisations ? Que peuvent nos lois court-circuitées par les routes instantanées de la communication ? Quel rôle pour les États-nations, empêtrés dans leurs géographies et dans leurs histoires, ne pouvant exercer de souveraineté sur un cyberespace par nature transnational et même métanational ? Comment tirer parti du cyber-bang pour commencer à bâtir les formes *ad hoc* de régulation politique, économique et sociale, de plus en plus vitales dans notre planète rétrécie et asphyxiée ? Enfin, quelles utopies pouvons-nous nous donner et quels rêves pouvons-nous nous offrir ?

Nous savons que des processus puissants et irréversibles sont à l'œuvre. Nous en voyons tous les jours certains effets cruels, et des symptômes impitoyables : la guerre et la faim, la drogue et l'humiliation des hommes. La bulle spéculative globale, dépassant largement les moyens de rétorsion des États. Le chômage s'installant durablement dans la structure même des sociétés, sauf au cœur de l'empire. La mise à mal de notions intuitives que nous croyions enracinées comme celles du « bien commun ». La dissolution de la valeur du travail, de l'importance de l'éthique personnelle et du sens de la responsabilité collective. La coupure est profonde, elle transcende les cycles trentenaires de Kondratieff. Nous ne vivons pas simplement une crise économique et sociale. Il ne s'agit pas seulement d'une nouvelle révolution industrielle.

Nous vivons une crise fondamentale de la représentation. C'est une crise radicale, radiale, qui touche les moyens mêmes de notre intelligence du monde et de nos sociétés, et donc de façon ultime notre image de nous-mêmes, notre représentation de la présence de l'homme sur terre, de sa finalité profonde. Nous avons perdu une certaine capacité à nous figurer efficacement le monde, nous avons perdu les moyens de comprendre une complexité de plus en plus écrasante.

Cette crise de la représentation est aussi une crise des fondements de nos visions du monde, qui dégénère en une crise encore plus fondamentale de la raison. Pour donner une idée de la nature et de l'ordre de grandeur du changement en cours, la comparaison avec l'apparition de l'écriture dans le monde antique paraît pertinente. Nous vivons une révolution de la représentation car c'est tout simplement une nouvelle écriture qui se met en place dans le monde, tout comme l'alphabet des marchands puis des philosophes a jadis remplacé les hiéroglyphes des scribes sacrés. Chaque fois que l'homme a changé de système d'écriture, il a aussi changé de système de vision du monde, de *Weltanschauung*.

Cette crise est aussi une crise du politique et du bien commun. Qu'est-ce que la cité des hommes dans le « village » abstrait mondial ? Qu'est-ce que la volonté du peuple, quand le marché financier impose sa loi, sans débats, ni votation ? Qu'est-ce que l'intérêt général, quand seuls les *lobbies* militent pour leurs revendications catégorielles ? La crise nous met en demeure d'enfin « gouverner » le monde, et nous-mêmes par la même occasion.

Une « gouvernance mondiale » devra être rapidement inventée et mise au travail, mais ce n'est pas assez. Il reste l'autre, la pensée de l'autre, la place de l'autre, l'infinie recherche de ce qui est autre que ce que nous sommes.

Pourquoi ? Parce que, peut-être, nous sommes en réalité plus profondément cet autre, que nous ne serons jamais nous-mêmes.

L'esprit du temps se tisse de virtuel et d'altérité, comme jadis l'esprit planait au-dessus des eaux. L'atmosphère de nos sociétés est imprégnée d'images et de simulations. Des pans entiers du réel se prêtent à la virtualisation, comme si cette survirtualité permettait d'atteindre paradoxalement un peu mieux le cœur des choses, de saisir une essence ultime qui toujours se déroberait, mais se dévoilerait justement en se virtualisant, comme la fleur épanouie s'exhale en parfum, comme l'océan se vaporise en nuage.

Le réel et le virtuel ne peuvent plus être séparés, désormais : ils se complètent et s'expliquent l'un par l'autre. Dans ce mariage contre nature, c'est une prison plus serrée qui nous est préparée. Il ne nous sera que plus difficile de chercher l'irruption de l'impensable, de l'inaudible, de l'insu et de l'inattendu, dans un monde de codes et de langages. C'est la propre image de l'homme que les noces du réel et du virtuel façonnent désormais, à nouveau, en lui rappelant – comme en négatif – son obligation de rêves, sa nécessaire échappée, son aspiration vers l'infini.

Son ouverture vers d'autres Autres encore.

Après tant de tribus, après tant d'idoles, le troisième millénaire sera décidément celui de l'Autre ou ne sera pas. L'Autre est la catégorie la plus universelle qui soit, plus universelle encore que la catégorie d'universel, car elle inclut aussi en tant qu'autres tous ceux qui refusent l'universel. La tribu de l'autre est la plus riche et la plus profonde. Si nous voulons survivre, nous devrons devenir le berger de l'Autre.

PREMIÈRE PARTIE

La nouvelle Amérique : mondialisation et abstraction

Chapitre premier

UNE NOUVELLE ÉCRITURE

Nous sommes les témoins des derniers soubresauts d'une ère en phase terminale, et des contractions prénatales d'un nouvel âge, encore sans nom. Un monde se meurt et un autre naît, dans la confusion, dans l'incertitude. Cette agonie convulsive et cette naissance obscure ont déjà des conséquences tangibles, palpables, sur notre vie quotidienne, sur notre rapport au travail, sur les structures économiques, sur les équilibres politiques internationaux. Ce qui se joue aura sur notre civilisation et sur la vision que l'homme porte sur lui-même un impact considérable. Plusieurs générations humaines n'en épuiseront pas les germes de renouveau, ni les promesses de développement, mais plusieurs dizaines d'années ne suffiront pas non plus à en tarir les sources de troubles, à en assécher les puits de désenchantement, à en prévenir les raz-de-marée traumatiques.

Malgré l'accumulation des preuves, nombreux sont ceux qui minimisent et relativisent encore ce qui n'est pourtant rien de moins que la naissance d'une civilisation profondément différente, aussi distante de la civilisation industrielle que celle-ci le fut de la civilisation agraire. Les plus grandes révolutions ne commencent pas nécessairement par le fracas et ne s'imposent pas d'emblée comme des évidences. Le propre des réels changements est d'être indiscernables dans les premiers temps de leur gestation. Ils ne se laissent pas saisir dans l'intégralité de leurs conséquences.

La révolution actuelle n'est pas une révolution idéologique. Elle n'est pas le résultat d'une ambition individuelle ou collective affirmée comme telle. C'est une révolution implicite plus qu'explicite, mais qui s'adresse à l'humanité tout entière, comme la découverte du feu ou l'invention de la roue. Elle dépasse largement ses promoteurs les plus actifs. Les effets d'enchaînement en sont incalculables.

La révolution en cours est aussi importante pour l'avenir des hommes que l'apparition de l'alphabet, l'invention de l'imprimerie ou la naissance de la révolution industrielle. La technologie occupe aujourd'hui une position centrale dans le paysage en formation, parce qu'elle sert de révélateur, de catalyseur et d'accélérateur. La révolution « techno-logique » actuelle est un fait évidemment prédominant, mais ce n'est certainement pas le seul. Il y a bien entendu un faisceau de causes à l'œuvre, qu'il serait délicat d'isoler tant elles sont corrélées. La disparition des grands discours, la fin des empires, la dérive des « valeurs », la création de nouveaux espaces de rêve, la remontée en puissance des fondamentalismes, ne sont pas d'essence technologique. Elles sont liées à un terrain plus ou moins fécond, à un « milieu » plus ou moins favorable au déploiement de nouvelles aspirations.

La « technologie », si l'on se réfère à l'étymologie, c'est le mariage de la *technê* et du *logos*, c'est-à-dire de l'art et de la pensée, ou encore de l'art de produire et de l'art de concevoir. Au-delà de la technique, la « technologie » englobe donc les moyens de produire mais aussi le discours qui les accompagne et la pensée qui s'en dégage. Si la technique fut l'instrument de la révolution industrielle du XIXe siècle, la « technologie » est bien placée pour accompagner la révolution de la communication et de l'intelligence qui s'annonce et va dominer le XXIe siècle. Cette révolution s'appuie naturellement sur l'explosion des « technologies de la communication et de l'information », mais les dépasse par ses conséquences, ses implications. Elle n'est pas seulement instrumentale, elle façonne progressivement un nouvel art de vivre. Elle souligne par exemple l'émergence d'un nouvel « art de la raison » (une nouvelle *technê* du *logos*), c'est-à-dire d'une nouvelle manière d'exercer notre raison sur le monde, de formaliser le rapport de notre raison avec le réel, et donc de nous insérer nous-mêmes dans ce monde revisité et restructuré. Cet art de la raison s'appuie non seulement sur des techniques nouvelles, comme les machines à traiter l'information, les systèmes planétaires de communication, les moyens de visualisation virtuelle et les outils d'interaction, mais implique également une autre manière de « voir », une autre attitude mentale, une relation différente aux autres.

La révolution de la communication et de l'intelligence n'est certainement pas réductible à une avancée technique même considérable. Elle va même bien au-delà d'une révolution économique et sociale, dont on mesure cependant chaque jour toute la force et toute l'étendue. La technique n'est qu'un moyen, et la société, si j'ose dire, qu'un milieu. Si les moyens et le milieu sont évidemment indispensables, ils ne sont pas suffisants. L'homme a soif de fins, de rêves, il meurt s'il ne sait pas pourquoi il vit. Ce qui se joue est précisément de nature à toucher aussi à l'image que l'homme se fait de lui-même, et à l'idée qu'il se fait de son rôle dans le monde. Comme les nouvelles technologies de la communication et de l'information sont de plus en plus « intelligentes » et « communicantes », elles mettent aussi au chômage un nombre croissant de personnes « intelligentes » et « communicantes ». Malgré les incantations optimistes des politiques, il est difficile d'imaginer comment on pourra compenser par des créations d'emploi équivalentes les pertes d'emploi dues aux stupéfiants bonds de productivité que les nouvelles technologies induisent. La robotisation, la rationalisation de la production peuvent satisfaire des besoins de consommation accrus avec un nombre toujours décroissant d'actifs. Pour les autres, le chômage structurel est devenu la règle. Éliminés de la course à la production, ils n'en restent pas moins des consommateurs indispensables pour absorber le surplus de productivité que leur éviction permet de générer. Cependant, étant chômeurs, leur solvabilité « économique » est évidemment insuffisante. À défaut de trouver d'autres marchés, comme l'Afrique et l'Asie – dont il reste à montrer qu'ils peuvent être eux aussi solvables, et qui d'ailleurs ne feraient que repousser le problème – on voit que cette économie est minée par une contradiction fondamentale. Contradiction d'autant plus aiguë que des besoins vitaux, mais non solvables, sont considérables. Une bonne partie de l'humanité continue de ne pas manger à sa faim, dans notre monde de surabondance sélective. Il y a d'énormes besoins latents insatisfaits dans les domaines de l'éducation, de la recherche, de la santé, de l'environnement, de la qualité de la vie, de la convivialité, de l'épanouissement personnel... Les changements profitent actuellement aux forts, aux puissants, à tous ceux qui ont eu l'heur de monter dans le bon train au bon moment. Tant mieux pour eux. Mais que faire de tous les autres, de tous ceux qui sont restés sur le quai ? La question vaut d'autant plus la peine d'être posée, et d'être résolue, que l'abîme entre ceux-ci et ceux-là ne cesse de s'accroître. Sous la pression technique, économique et sociale, les « grands équilibres » auxquels nous avions cru pouvoir nous fier pour « gérer » la société semblent de plus en plus compromis, sans espoir de retour. « Produire » et « consommer » apparaissent désormais comme de simples métaphores, insuffisantes à rendre compte de la complexité des besoins humains réels, incapables par ailleurs de traduire l'évolution des mécanismes de création de la valeur, et finalement impuissantes à représenter la structure d'une société pouvant assurer du travail et de la richesse pour tous. La justice – sans laquelle il n'y a pas de paix – exige la dignité sociale, économique, politique, culturelle et morale pour tous. Mais l'idée même de dignité ne cesse d'évoluer, de se nourrir d'elle-même. Dans une société incapable de fournir du travail à tous, la dignité du « travailleur » prend une curieuse connotation de privilège.

Le travailleur, déjà ainsi privilégié, pourra de moins en moins s'opposer à une redistribution des richesses qu'il aura produites, pour des objectifs sociétaux plus généraux. Ce qui est en jeu n'est pas la redistribution du travail, mais bien la redistribution de la richesse – suivant des logiques très différentes de celles qui prévalent dans les sociétés libérales actuelles, très différentes également, cela va sans dire, des logiques purement matérialistes des divers socialismes qui ont tenté sans succès d'imposer des modèles alternatifs.

La révolution du virtuel n'est pas d'essence matérialiste. Elle n'est pas non plus idéaliste. S'il fallait absolument la qualifier, il faudrait dire qu'elle est « intermé-diaire » – terme dont l'origine philosophique remonte à Socrate et sur lequel nous reviendrons.

La révolution de la communication et de l'intelligence prend sa racine dans le nouveau rapport qui s'est instauré entre le réel et le virtuel. La production de biens réels tend à diminuer en importance économique relativement à la production de biens immatériels. Mais l'économie de l'immatériel et du virtuel obéit à des logiques différentes de l'économie du réel. Pour commencer, l'économie du virtuel est une économie des rendements croissants. Plus une image s'impose universellement, plus un logiciel se répand, plus une norme, un standard se généralisent, plus un réseau se mondialise et plus ils prennent de la « valeur ». Cette valeur n'est pas simplement économique. Elle est d'un autre ordre, entre le symbolique et l'imaginaire. C'est une valeur patrimoniale invisible, qui réunit les hommes et crée les conditions de possibilité de l'échange. Cette valeur insaisissable et pourtant indispensable s'apparente à la valeur subversive et germinative des idées, qui circulent à la vitesse de l'éclair, s'incarnent de multiples manières, appartiennent à tous et à personne.

Les marxistes prévoyaient que le capitalisme serait nécessairement victime de la loi des rendements économiques décroissants. Ils n'avaient certes pas imaginé l'apparition inopinée d'un capitalisme de l'immatériel, fondé paradoxalement sur des rendements croissants, tendant à la conquête inexorable de parts de marché, à l'instauration *sui generis* de monopoles de fait. Ce capitalisme, prenant complètement à revers les thèses de l'orthodoxie marxienne, multiplie d'autant plus les profits qu'il se passe de travailleurs, la fameuse « valeur ajoutée » n'étant plus extraite désormais des masses laborieuses, mais des masses consommatrices, et bien entendu de l'augmentation incessante de la productivité des machines. Plus les masses consomment, plus elles créent par ce fait même la valeur – symbolique, imaginaire, normative – qu'elles acceptent dès lors de payer toujours plus, dans un cycle autocatalytique... Le capitalisme du virtuel trouve là un champ inespéré de profits colossaux – réservés naturellement à un nombre toujours moindre d'heureux élus. Voilà pourquoi il nous semble qu'une vision purement économiste est vouée à l'échec. Car le virtuel scie la branche sur laquelle est assise l'économie capitaliste classique. Il tend à distribuer de plus en plus largement et à un coût de plus en plus faible les fruits d'une production de plus en plus immatérielle, dans une boucle de plus en plus catalytique. Ce faisant, l'économie du virtuel tend aussi à engendrer des monopoles, tout particulièrement dans les secteurs permettant de puissantes économies d'échelle, comme les industries du logiciel, du traitement et de la diffusion d'informations, des réseaux d'infrastructures (transports, énergies).

Sous la pression de cette révolution du virtuel et de l'immatériel, la contradiction se durcit donc et s'exacerbe rapidement, entre la « pensée unique » de l'économisme et la réalité « impensable » et « multiple » de l'homme. Nous sommes de plus en plus saisis par le gouffre qui se creuse entre les vues si courtes du marché et nos aspirations infinies.

Le propre des contradictions est de se résoudre inévitablement, d'une manière ou d'une autre, soit dans la violence, soit dans le compromis et dans l'intérêt bien compris des parties. Dans le cas qui nous occupe ici, la contradiction divise la société mais aussi chacun de nous. Tous, nous profitons, à notre façon et à notre niveau, de la société qui nous a vus naître. Cette société est en partie à notre image. Vouloir la changer revient à d'abord nous changer nous-mêmes. Nous ne pouvons pas attendre ces changements de l'extérieur, d'un *deus ex machina* que serait par exemple un homme politique providentiel. On sait bien que les hommes politiques ne disposent d'aucune recette miracle, et qu'ils ne font que gérer plus ou moins finement une période de mutation aiguë, échappant fondamentalement à leur compréhension, à leur pouvoir. Ils s'efforcent de surfer plus ou moins habilement sur les vagues péremptoires de l'instant. La révolution en cours nous dépasse tous. Sa virulence met la société en question mais aussi et d'abord chacun d'entre nous. C'est pourquoi nous devons nous transformer. Transformation individuelle, prise de conscience personnelle, décision prise quant à soi. Nous sommes condamnés à inventer un autre rôle pour l'homme, et sommés de nous forger une autre image de nous-mêmes. Nous sommes invités de façon pressante à créer de nouvelles manières de nous insérer dans le monde, qui soient à la fois optimales pour chacun de nous et pour la communauté humaine dans son ensemble. Car il est totalement illusoire de croire pouvoir se sauver tout seul, ou de sanctuariser par des frontières géographiques et douanières quelque terre d'abondance, quelque Chanaan que ce soit. Le lait et le miel du virtuel sont d'une nature intangible, impalpable, comme les ondes ou les idées.

Il y a urgence. Urgence tranquille. Chaque jour qui passe nous rapproche de l'inconnu, où se profilent le pire et le meilleur. Il nous incombe personnellement et collectivement de prendre la pleine mesure de la rupture en cours, de la vitesse de ce déchirement. Le monde est toujours plus vaste que nos rêves. Ce qui se trame dans les coulisses de l'Histoire, les creusements inouïs de la « vieille taupe », personne n'en a jamais l'idée intégrale. Nous n'avons trop souvent sur ces mouvements enfouis, sur ces transformations à l'œuvre, que des perspectives brisées, des regards myopes, des attentes vagues, des espoirs velléitaires, des visions embrumées. Nous pouvons moins que jamais nous permettre de demeurer assoupis, sourds à ce qui se trame. Il faut être à l'affût, il faut rester sensible à ce qui n'est pas encore pensable, à ce qui semble sans sens, à ce qui n'a encore ni forme ni chair, mais qui est pourtant déjà là, dans l'imminence du surgissement, dans la toute-puissance de la virtualité. Ne nous y trompons pas. Notre plus grand ennemi, c'est notre paresse, notre invincible paresse à penser la différence, à appréhender ce qui est fondamentalement autre, parce que invinciblement neuf, inassimilable avec les sucs digestifs des vieux estomacs. Le plus grand défi est de prendre conscience de notre inconscience, de notre inconnaissance de ce qui arrive, de notre impréparation. Sport redoutable que la chasse à soi-même, la critique de notre raison critique. L'avenir est tapi dans l'ombre propice, si proche et cependant impalpable : il faut pourtant nous en saisir. Il faut attraper ce que l'avenir veut bien nous montrer, comme on saisit l'épaule ou les pieds d'un enfant qui ne veut pas naître, ou qui ne sait pas encore qu'il naît.

Nous ne savons rien du futur, mais nous savons au moins à quel passé notre présent ne ressemble pas.

Lorsque le fameux Theuth vint présenter sa dernière invention, les lettres de l'écriture, à Thamous, roi de Thèbes, oracle du dieu Ammon, celui-ci l'accueillit avec scepticisme :

« Cette invention, en dispensant les hommes d'exercer leur mémoire, produira l'oubli dans l'âme de ceux qui en auront acquis la connaissance ; en tant que confiants dans l'écriture, ils chercheront au-dehors, grâce à des caractères étrangers, non point au-dedans et grâce à eux-mêmes, le moyen de se ressouvenir (...). Quant à la science, c'en est l'illusion, non la réalité, que tu procures à tes élèves : lorsqu'en effet avec toi ils auront réussi, sans enseignement, à se pourvoir d'une information abondante, ils se croiront compétents en une quantité de choses, alors qu'ils sont dans la plupart incompétents [1]. »

---

1. Platon, *Phèdre*, 275 a.

L'invention de l'écriture contient en germe une vision de l'homme que l'homme de parole, l'oracle du dieu, récuse, et finalement condamne, contre toute raison (d'État). L'écriture nous met au-dehors de nous-même, elle nous aliène, nous rend dépendants de caractères « étrangers ». Elle nous plonge dans l'illusion, nous éloigne de la vérité. La critique est radicale : elle vise au fondement même de l'homme. Quelle est la véritable science dont l'écriture nous éloigne ? À quel oubli nous voue-t-elle ? De quoi est-il si important de se ressouvenir ?

L'écriture, on le sait, permit aux marchands de commercer, et aux philosophes de consigner leurs discours. Moyen de fixation et d'échange. Mais quid de ce qui précisément ne se laisse pas fixer, de ce qui s'échappe d'entre le filet aux mailles trop larges du langage ? Qu'avons-nous perdu avec l'écriture ?

La question vaut d'être posée, car si la révolution en cours est bien « scripturale », comme nous le pensons, elle permettra de nouvelles circulations de marchandises, et même de nouvelles représentations philosophiques. Mais elle nous aliénera à sa manière, elle nous procurera une illusion d'abondance, nous projettera dans un oubli renouvelé.

Un des arguments positifs en faveur de l'extériorisation qu'introduit un nouvel outil ou un nouveau système de représentations est celui de la libération, de l'« abstraction ». Plus les civilisations avancent, plus elles ont tendance à « libérer » l'homme de son milieu, pour lui offrir de nouveaux territoires. Le progrès de l'homme peut être mis en parallèle avec le progrès de l'abstraction. Pour s'exprimer, il abandonne le geste et l'onomatopée et préfère le mot, sec et sans couleur, mais infiniment modulable. Pour travailler la terre, il quitte la houe, prolongement de la griffe, et préfère le soc et le trait. Pour se souvenir, il délaisse la mémoire si vive des Anciens pour le livre, impassible.

Les deux pôles de la dialectique sont en place : d'un côté voici une nouvelle écriture et ses cortèges de faux-semblants, d'illusions et de présupposés, de l'autre voici une nouvelle forme d'abstraction (étymologiquement *ab-trahere*, se retirer de), capable de nous détacher de ce que nous croyions aller de soi.

On peut aussi comparer la révolution en cours à l'invention de l'imprimerie. La métaphore de l'imprimerie complète celle de l'écriture. Lorsque Jean Gutenberg imprima le premier livre en 1454, il ne soupçonnait sans doute pas l'ampleur cosmique des conséquences de son invention. Depuis plus d'un siècle, et sans même parler des Chinois, les Hollandais pratiquaient la gravure sur bois. Procédé inapplicable tel quel à la reproduction des livres. Mais Gutenberg eut l'idée de décomposer le travail et de graver chaque caractère sur un petit bloc *indépendant* des autres. Cela permettait, point crucial, la réutilisation des lettres gravées. Après impression, on démobilisait les lettres pour les « remobiliser » autrement, afin de composer d'autres mots, d'autres livres. Le rêve de reproduire à bas prix tous les manuscrits de la terre devenait réalisable.

Il est évident que l'imprimerie à caractères mobiles joua un rôle crucial dans l'émergence de l'Europe des Lumières, à commencer par le développement des idées de la Réforme. Bien qu'il faille craindre en la matière des explications trop simples, comment ne pas voir que l'imprimerie permit de mieux diffuser les idées de Luther et fut surtout le moyen indispensable pour les mettre en pratique en autorisant désormais l'accès individuel au Livre, jusqu'alors réservé aux clercs et aux princes. En démocratisant radicalement l'accès au savoir, et au sacré, le livre devenait le virus hyperactif, disséminateur d'une civilisation nouvelle. Nous vivons encore sur ses bases, un demi-millénaire plus tard.

Nourrissant obliquement cette idée d'un rapport étroit entre écriture et religion, Umberto Eco s'est livré, par une sorte de réciproque, à une sévère inquisition des systèmes d'exploitation MS-DOS et MacIntosh. Pour lui, le Mac est « catholique » et le DOS est « protestant ».

« Le MacIntosh est gai, amical, conciliant et donne aux fidèles le moyen de progresser pas à pas – non pour atteindre le Royaume des cieux – mais pour imprimer votre document. Il pratique la catéchèse : l'essence de la révélation peut être résumée à quelques formules simples et de somptueuses icônes. Tout le monde a droit au salut.

Le **DOS** est protestant et même calviniste. Il permet une libre interprétation des écritures, demande des choix personnels difficiles, impose une subtile herméneutique à l'utilisateur, et considère comme allant de soi que tout le monde ne peut être sauvé. Pour que le système marche, vous devez interpréter le programme vous-même. Loin de la communauté baroque des croyants, l'utilisateur est enfermé dans la solitude de son tourment.

On peut objecter qu'avec Windows l'univers **DOS** ressemble davantage à la tolérance de la contre-Réforme du MacIntosh. C'est vrai : Windows représente un schisme du type anglican, avec de grandes cérémonies dans des cathédrales, mais on garde toujours la possibilité de revenir au **DOS** pour changer les choses avec des décisions bizarres. Vous pouvez décider de permettre aux femmes et aux homosexuels d'être ministres du culte...

Quant au langage machine, il serait plutôt à mettre en rapport avec l'Ancien Testament, le Talmud et la Cabbale[1]... »

Ni Windows 95 ni *a fortiori* Windows 98 ou Windows 2000 n'étaient encore sortis à l'époque où Eco écrivit ce texte. Mais nul doute qu'il faille bientôt célébrer l'événement Windows de l'année comme la communion de la communauté mondiale aux espèces d'une nouvelle « religion », syncrétique, hypocritique, et propre à faire la fortune de son gourou chef.

La révolution actuelle représente, on l'a dit, l'équivalent d'une nouvelle écriture et d'une nouvelle imprimerie. Il faut donc craindre l'établissement de fractures profondes entre

---

1. In « La bustina di Minerva », *Espresso*, 30 septembre 1994.

les nouveaux scribes, ayant la maîtrise de l'outil, et les nouveaux analphabètes, se voyant rejetés hors du cercle des initiés. Les uns navigueront avec aisance dans les océans mondiaux du savoir et les réseaux de réseaux, les autres se réfugieront dans les univers oniriques des drogues virtuelles et dans les paradis ludiques des « parcs à réalité ».

De même que Jules Ferry sut rendre l'école obligatoire et surtout gratuite au XIXᵉ siècle et prépara ainsi les nouvelles générations à affronter la révolution industrielle, il faudrait songer désormais à diffuser le plus universellement possible la syntaxe, la grammaire et la rhétorique propres à cette nouvelle écriture. Faute d'un effort d'alphabétisation à l'écriture du « virtuel », notre société sera profondément divisée entre ceux qui auront accès à cette nouvelle culture et ceux qui resteront au bord des info-routes.

En effet, les techniques de la communication et de l'information conditionnent l'accès à une meilleure saisie et une intelligibilité plus approfondie du réel. Elles ont donc un effet de catalyse positive très important pour ceux qui les maîtrisent et qui disposent alors de puissants instruments de connaissance et d'action. En revanche, pour ceux qui sont dépourvus de ces nouveaux outils, ou qui les maîtrisent insuffisamment, le fossé culturel, méthodologique et cognitif ne pourra que s'accroître rapidement, l'effet de catalyse opérant alors négativement.

Le règne sans partage de l'informatique vient de l'universalité de la représentation « numérique ». Bien entendu, cette universalité du numérique ne s'applique réellement qu'à ce qui se prête à la numérisation, c'est-à-dire au quantifiable. Reste tout le reste. L'ordre mathématique atteint à l'universalité, mais sous un certain rapport seulement. Le langage numérique, par son universalité, rend possibles l'explosion quantitative et la diversification qualitative des moyens de traitement et d'acheminement de l'information, et corollairement la baisse des coûts d'accès aux matériels et aux logiciels. Il y a un rapport à méditer entre cet ordre du numérique et du quantifiable, et l'augmentation continue de la productivité de l'industrie. Car le quantitatif se prête parfaitement, cela va sans dire, à des optimisations quantitatives.

La révolution de la communication et de l'intelligence ne tient pas seulement au langage numérique. Avec le développement de nouvelles interfaces entre l'homme et les machines, ce sont de nouveaux gestes, de nouvelles attitudes du corps, une nouvelle manière de brasser l'information, de naviguer en elle, et donc de dégager de nouvelles intuitions, une nouvelle heuristique. De plus en plus de données, d'images, de sons sont désormais accessibles en tous lieux et à tout moment, pour des prix de plus en plus bas, et avec des outils et des méthodes d'exploitation et de navigation impliquant le corps humain de manière de plus en plus confortable. C'est la loi du moindre effort, et la civilisation de la chasse, de la cueillette et du glanage, transposés dans le monde de la connaissance, à l'échelle de nations entières…

La troisième caractéristique de la révolution de la communication et de l'intelligence est le développement des techniques de la « réalité virtuelle », de la « réalité augmentée » et de la « téléprésence ». Elles créent les conditions de l'émergence d'un nouvel état du réel, le « virtuel », ajoutant un point de vue inédit sur la réalité classique. L'apparition du « virtuel » comme nouvel « état du réel » tend à ajouter un élément de confusion supplémentaire aux catégories que nous employions jusqu'alors. Le virtuel nous oblige de fait à une vigilance beaucoup plus affûtée sur ce que nous croyions être « réel ».

Le langage numérique universel, la convivialité des interfaces, la confusion accrue du réel et du virtuel se complètent enfin par la poussée irrésistible vers le « temps réel ». Tant pour des raisons de performances techniques toujours croissantes que pour des raisons économiques, les nouvelles fonctionnalités de communication et d'intelligence sont de plus en plus accessibles en « temps réel ». Elles tendent à occulter le temps réellement mis en œuvre, le temps « global » nécessaire, pour lui substituer un pseudo-temps, performant mais factice. Le temps réel nous assoupit, et nous anesthésie. Mais surtout il implique une mise en court-circuit de la planète Terre. Les réseaux mondiaux ont mis du temps à se constituer. Ils ont permis à la soie, au poivre et à la peste de circuler. Ils ont permis aux philosophies et aux religions de se répandre. Mais toujours il fallait pour ce faire un « certain temps ». Or nous sommes, nous autres êtres humains, soumis à des temps biologiques, à des temps de réponses comme le battement du cœur ou les rythmes circadiens. Le temps jadis était comme une grande demeure abritant toutes les maisons des hommes. Aujourd'hui, le « temps réel » veille en permanence. Temps inflexible, mathématique, il n'a que faire des saisons, des jours et des nuits, il se cadence au rythme des processeurs, à plusieurs centaines de millions de cycles par seconde. Le temps n'est plus notre maison : nous ne pouvons plus habiter, nous qui sommes trop lents, ces battements éphémères. Nous avons été mis à la porte du temps.

Cette mise à la porte est un bannissement, un exil hors de notre souffle intime, hors de notre humanité.

Elle nous jette dans l'abstraction.

Chapitre II

UN TEMPS D'ABSTRACTION

Quelque 540 ans avant Jésus-Christ, le philosophe Pythagore posa le nombre au centre de la pensée, et au milieu du monde. Tout est nombre, disait-il. Le nombre est la « substance » du monde et il est « l'essence » de toutes choses. Cette religion pythagoricienne du nombre, en réalité plusieurs fois millénaires, reçut par la suite les renforts de métaphysiciens de haut vol, comme Platon, Descartes ou Leibniz. Le plus étonnant, c'est que notre époque a-religieuse et a-métaphysique continue de vouer un culte aux nombres.

Aujourd'hui encore le nombre paraît occuper le cœur du réel et de ses représentations. Les constituants ultimes de la matière (les « quarks ») ne sont-ils pas autre chose que des nombres entrelacés ? Nos modèles et nos images ne sont-ils pas désormais investis et traversés par des cohortes de nombres ? L'époque adore, idolâtre les nombres. Les religions naissent et meurent, et l'évangile pythagoricien des « Vers Dorés » n'est plus lu. Mais les nombres sont toujours là. Ils ont d'ailleurs pris le pouvoir, peu à peu, sûrement. La numérisation du réel est de plus en plus patente, insolente et croissante. Informatisation, télématisation, virtualisation, financiarisation, nous rappellent chaque jour l'universalité du nombre, et sa pénétration dans tous les secteurs. Statistiques et sondages, taux et taxes, pourcentages et profits, rendements et rapports,... rien n'échappe à la logique numérique.

Le nombre est devenu l'universel par excellence, dans un monde bien peu enclin à admettre qu'il y a de « l'universel ».

Le nombre a résisté à tout. Il a résisté aux empires fugaces et aux religions éternelles. Il a résisté aux philosophes et aux mathématiciens. Il a résisté au commerce et au calcul, aux doigts qui comptent (le mot anglais *digital* vient du mot latin *digitus*, le doigt) et aux machines qui mâchonnent les *bits* par milliards.

Le nombre est certes éternel, mais existe-t-il ? Le nombre est-il une chose, bien réelle, une *res*, ou bien est-il un phénomène de pure pensée ? Le « nombre en soi » est-il une vue de l'esprit ? Ou bien possède-t-il une substance ? Encore la querelle du nominalisme et du réalisme... Mais nous sommes bien obligés de constater que l'idée de nombre a évolué radicalement, pendant l'histoire.

Nombres de l'Inde et nombres d'Arabie, nombres romains et nombres phéniciens, nombres des bouliers et nombres des machines informatiques. Chaque culture eut sa métaphysique du nombre. Nous contemplons aujourd'hui dans les salles des marchés le déroulement des nombres sur des écrans scintillants.

Oubliée la métaphysique du zéro. Finies les méditations platoniciennes sur les engendrements du 1 et du 2. Terminée la stupéfaction devant la profonde symbolique trinitaire. Occultée la surprise incrédule à l'apparition des nombres « irrationnels » ou « transcendants ».

Le nombre pythagoricien n'a pas grand-chose à voir avec la « numérisation » contemporaine. Et pourtant, Pythagore et le Dow Jones ont une façon d'occuper, de préempter la représentation, de dominer l'esprit du temps. Hier le nombre-religion, aujourd'hui la religion du nombre.

Les nombres, comme les noms, nous permettent de saisir le monde, de le compter, de le marquer, de le mesurer, de le peser, de le diviser, de l'encercler, de le conjurer. Mais il y a tant de choses dans l'univers qui ne se laissent pas saisir. Ce qu'il y a de plus profond échappe à la griffe des signes. Le concept d'*apeiros* chez Anaximandre s'applique à ce qui n'a pas de nombre, ce qui est sans « limite », sans « rapport », « infini », bref l'incommensurable. La statue en puissance dans le marbre relève de cet infini, de cet inachevé. Elle n'a pas de nombre.

Pour Pythagore, le nombre est d'abord un signe optique, une évidence visible, comme la trace dans le sable, ou le Portique se détachant sur la mer. L'homme antique aime voir et toucher. Il aime la pierre et le soleil. Ses dieux sont du sol et de l'air. Le nombre du géomètre, qu'il soit « réel » ou « irrationnel », « entier » ou « fractionnaire », est un symbole sensible, visible, c'est un signe que l'œil peut lire, et que, plus tard, la machine peut traiter, combiner, agencer. De même le mot écrit. Le nombre et le nom sont des instruments d'appropriation du monde par l'intelligence.

Jadis, l'homme primitif, confronté aux mystères de la nature, s'efforçait de les conjurer par signes et symboles. Les *numina* sont les « noms » donnés au mystère, à l'indicible, à l'inexprimable, à ce que la langue naturelle ne peut rendre ou traduire. On donne un « nom » à ce qui ne peut se dire, à ce qui est « autre ». On nomme et on numérise ce qui n'a pas de nom ou de mesure pour se l'approprier.

L'homme occidental se sépare, non sans nostalgie, de ce monde d'îlots, de colonnes et de statues, et plonge résolument dans l'espace silencieux, infini et glacé, qui « effraie ». L'Antiquité était une culture du petit, du proche, du présent. La culture « occidentale », qui se métamorphose depuis plus d'un siècle en culture « universelle », est une culture de l'immensément grand, de l'infini même, du lointain extrême, du futur impalpable et de la mémoire abyssale.

En 1637, Descartes fit paraître sa géométrie, débarrassée de tout héritage optique, dégagée de l'espace concret, visible. Les coordonnées cartésiennes volatilisent la substance matérielle de la géométrie (ces traits dans le sable qu'on s'imagine dessinés de la main d'Euclide). Apparaissent des abstractions « analytiques », des couples de nombres « conjugués », censés représenter des « points ». Le nombre, pure mesure de la géométrie grecque, devient le nombre, pure fonction de l'analyse. Descartes, Fermat, Pascal, Desargues, Euler, Leibniz, conquièrent de haute lutte des objets abstraits, sans rapport *a priori* avec la nature ou avec l'intuition sensible. La géométrie grecque servait l'œil. L'analyse occidentale éclaire l'esprit.

De nouveaux espaces, non euclidiens, s'ouvrent. Riemann ou Lobatchevski inventent des espaces transcendants, sans relations avec notre intuition, et qui se révéleront *a posteriori* plus efficaces, plus opératoires, pour expliquer le monde ou agir sur lui.

Avec ces pionniers de l'abstraction, c'est toute une vision du monde qui s'annonce, c'est le sentiment proprement « occidental » qui se met en place, c'est l'image d'un espace infini, de séries illimitées de variétés numériques à n dimensions, c'est l'intuition d'une abstraction décisive.

André Leroi-Gourhan relie le « progrès » des civilisations humaines à la montée de l'abstraction. Le cri s'est jadis abstrait en parole, l'ongle ou la main se sont abstraits en outil, le troc s'est abstrait en monnaie, l'oral s'est abstrait en écrit. Désormais le réel lui-même s'abstrait en virtuel, et les nations s'abstraient dans la mondialisation. Le phénomène en soi n'est pas complètement neuf. On l'observa jadis. Ainsi, on peut dire que les quatre événements les plus symboliques de l'inauguration de la modernité furent la « découverte » de l'Amérique, la Réforme et l'invention de l'imprimerie et du télescope. Colomb. Luther. Gutenberg. Copernic. Soit les sources de la mondialisation, du capitalisme et de l'abstraction pratique.

C'est Max Weber qui a vu dans le protestantisme la source profonde de la nouvelle mentalité capitaliste. Cet « ascétisme-dans-le-monde » a permis de rendre plus « abstraite » la recherche du profit pour le profit, de déculpabiliser les capitalistes de l'opprobre que le catholicisme avait attaché aux choses de l'argent, comparé à l'idole

Mammon. Le puritanisme protestant peut être aussi interprété comme une tentative d'abstraire l'homme de sa chair, de le « désincarner » au sens propre. Cette abstraction mentale et cette désincarnation physique permirent un accroissement sans précédent du pouvoir de l'homme sur les choses de ce monde. Car cette abstraction reste « pratique ». Luther a introduit au centre de sa morale l'activité pratique, il a introduit une morale de l'action et du vouloir. Les moines réfugiés dans leurs couvents, fuyant l'affrontement aux autres et aux choses, ayant renoncé au « souci » du monde sont méprisés, parce qu'ils cherchent à se sauver eux-mêmes, alors qu'il s'agit de bâtir la cité, de créer des richesses pour la société, de croître et de multiplier, et enfin de « sauver le monde » par les œuvres et non par la foi seulement.

La culture de l'abstraction est une culture du pouvoir. Car le pouvoir se multiplie par la distance. En se mettant à « distance » des choses, on peut paradoxalement mieux les observer, mieux les contrôler, mieux les exploiter, sans se laisser prendre par la multitude des détails, par l'émotivité des circonstances, par la concrétude des situations.

Il y a donc évidemment un lien profond entre mondialisation et abstraction. Car l'abstraction est efficace, et déterritorialisée. Ces deux caractéristiques en font un outil idéal pour les sortes de « mondialisations » que nous voyons à l'œuvre, qui visent un maximum de rendement et de couverture géographique. D'où vient l'efficacité de l'abstraction ? L'abstraction est désincarnée, immatérielle, ubiquitaire, intemporelle. C'est un langage « universel », au sens où l'on peut dire que les mathématiques sont « universelles ». De plus, c'est précisément parce qu'elle est « abstraite », donc dégagée d'une certaine manière du réel, que l'abstraction permet, à l'occasion, de pénétrer plus profondément dans l'opacité des choses concrètes.

Il y a diverses formes d'abstractions. Les abstractions mathématiques ne sont pas de même nature que les abstractions économiques, ou philosophiques. Il y a des abstractions engagées dans le monde, et des abstractions dégagées de toutes références au réel. Un modèle mathématique peut refléter plus ou moins la nature des choses. Ce serait là son efficacité « abstraite ». Il peut aussi être plus ou moins intuitif, correspondre plus ou moins au sens commun. Ce serait là son efficacité « politique ». Tous les niveaux d'abstraction sont combinables. La loi de la gravitation universelle de Newton est moins abstraite que la relativité générale d'Einstein. Elle est plus intuitive. En revanche, le modèle copernicien, certainement plus abstrait que les théories héliocentriques (qui s'embarrassaient de cycloïdes inélégantes et d'un tournoiement compliqué de sphères), est aussi plus intuitif, parce qu'il unifie dans une image simple une multitude de phénomènes.

L'abstraction de la physique quantique impose ses frontières à l'intelligence. « Personne ne comprend la physique quantique », disait le grand physicien Richard Feynman. Elle n'est pas vulgarisable. Elle heurte le sens commun de manière trop radicale. Un autre physicien, Roland Omnès, rappelle qu'elle viole le principe d'intelligibilité : « la représentation mentale du monde atomique est impossible », dit-il. Mais ce n'est pas tout : le principe d'identité est bafoué du fait de la dualité de l'onde et de la particule, le principe de localité disparaît du fait de l'ubiquité quantique, et le principe de causalité se trouve miné (indétermination quantique, principe d'incertitude). Qu'est-ce qu'une abstraction qui renie à ce point le sens commun ?

L'abstraction peut être simple ou complexe, ou encore les deux à la fois, se mêler d'influences diverses. Nous faisons déjà acte d'abstraction en parlant des trois directions de l'espace, alors que le « haut », le « lointain », le « pro-fond », l'« en-avant » ou l'« en-arrière » correspondent à des sensations corporelles inassimilables à des coordonnées cartésiennes.

En avant de nous, il y a l'avenir, et le monde à conquérir, à explorer. En avant de nous, il y a ce qui nous attend et notre destin. Chaque pas en avant nous rapproche de notre tombe : tropisme à longue distance de l'espace et du temps, nourrissant de métaphysique ce qui ne peut être une simple dimension géométrique…

La « droite » et la « gauche » de notre être-au-monde se mêlent encore d'anciens souvenirs d'haruspices et de vols d'oiseaux de malheur. Qui parlera de notre sentiment quasi végétal de poussée vers le haut, vers la lumière, et le ciel, et de notre confuse aspiration, mêlée de terreur, à explorer les profondeurs terrestres, les humidités moisies de notre tombe à tous ?

Ces sentiments habités de l'espace, et Bachelard en fut le chantre, comment les comparer à l'abstraction de l'espace mort, quadrillé, « intelligible », urbain, de nos cités multimillionnaires ?

Ils se mêlent cependant.

L'abstraction se confond et s'enchevêtre avec la chair. Elle s'emmêle elle-même en de retors empilements et retournements. Des modèles mathématiques simples peuvent servir d'éléments de base à des modèles économiques beaucoup plus complexes, et beaucoup plus abstraits que les mathématiques qui servent à les formuler. Les hypothèses explicites (ou les formulations implicites) d'un modèle économique peuvent en effet recéler un niveau d'abstraction qui va bien au-delà de l'abstraction purement instrumentale des modèles économétriques. Bref, il peut y avoir enchevêtrement de « niveaux » d'abstraction, superposition d'abstractions de différentes natures.

L'abstraction n'est jamais intégralement pure, comme Kant disait « raison pure ».

Toute abstraction doit s'ancrer dans quelque réalité, si infime, si conceptuelle soit-elle. À défaut, elle est condamnée à n'être qu'une chimère. L'abstraction est un mouvement de l'intelligence confrontée à l'expérience, fût-ce une expérience de pensée, une modélisation, une simulation. Elle a toujours un certain rapport au sens, que ce soit par rapport à un phénomène, qu'elle explique, ou par rapport à un modèle, dont elle garantit la cohérence.

L'abstraction doit se juger relativement à ce à quoi elle s'applique, c'est-à-dire d'abord à ce dont elle vient, à ce dont elle est tirée, ou « ex-traite ». Car l'abstraction est une démarche de l'esprit, qui cherche à dégager l'essence d'une chose. Abstraire c'est extraire l'essence de quelque chose *(ab-trahere)*.

Des abstractions économiques comme la monnaie, les « produits dérivés » ou les « critères de convergence » dits de Maastricht ne tirent leur caractère opérationnel et leur vérité propre que de leur application plus ou moins efficace au monde réel. Ce sont de bonnes abstractions si elles « marchent ». C'est-à-dire, en dernière analyse, qu'elles tirent leur « réalité » de la réalité.

Mais il y a aussi des abstractions gratuites, des abstractions « distraites », qui ne marchent pas pour la bonne raison qu'elles ne trouvent pas d'applications. Leur valeur ne réside plus alors que dans leur cohérence, leur beauté, leur élégance. Parfois, longtemps après, vient l'idée d'une possible retombée. Mais ce n'est pas le but immédiat. Les abstractions distraites se suffisent à elles-mêmes.

Pour les philosophes, qui écartent la distraction, il y a essentiellement deux sortes d'abstraction : l'abstraction « formalisante » *(abstractio formalis)* et l'abstraction « totalisante » *(abstractio totalis)* ou « généralisante ».

L'abstraction formelle cherche l'essence. Elle vise le cœur des phénomènes. Par exemple, elle saisira l'essence de l'homme en le définissant comme « animal doué de raison ». L'abstraction totalisante ou généralisante abolit le divers et le riche de la chose par le nombre et par la somme, elle remplace la qualité par la quantité. Exemple : on abstrait l'homme en « l'individu », et le peuple en statistiques.

La science utilise ces deux formes d'abstractions dans des proportions variées. Et elle en ajoute une troisième : elle fait toujours « abstraction » de l'être des choses. Elle fait abstraction du sens. Elle ne s'intéresse qu'aux relations et aux rapports des choses entre elles. Elle produit de ce fait des « êtres de raison », qui n'ont pas de substance propre. Simone Weil disait que l'algèbre était « l'argent de l'esprit ». Mais cet argent n'est qu'une fausse monnaie, comparé à l'or de l'être. Cela ne veut pas dire que les êtres de raison soient sans pouvoir. Bien au contraire. On l'a déjà dit : ils sont efficaces et universellement adoptés. Ils envahissent notre représentation du monde. Le réel est contaminé par les êtres de raison que la raison scientifique ou financière fait proliférer. La science, la technique ou l'économie couvrent de leur pseudo-ontologie des pans énormes de notre rapport au monde. L'abstraction s'est vulgarisée à outrance – prenant la place du sens commun. Pour les uns, c'est un avantage. Ils ont la tournure d'esprit adéquate. Ils font confiance à l'efficacité des équations et des formules. Pour les autres, plus poètes sans doute, l'abstraction générale est mortifère, ils veulent plutôt vivre dans la moelle substantifique du monde. La poésie vit d'imagination et d'indicible, d'informulable et de ce qui est entre les lignes. Elle vit de tout ce qui est autre.

L'abstraction ne vise pas l'être mais son « intelligibilité ». Elle cherche à se séparer de l'apparence des phénomènes, à s'abstraire des sens. Il n'y a de science que du général, disait Aristote. Le doute cartésien est lui aussi universel. Au lieu de chercher à atteindre l'Être, la pensée abstraite cherche à percevoir des structures, des schèmes ou des processus. Mais c'est oublier que le propre de l'Être est de se dévoiler, alors que les structures et les processus sont voués à demeurer invisibles, et donc à n'apparaître jamais.

L'abstraction vise, on l'a dit, à l'intelligibilité – et par là à intégrer l'autre, à l'intelliger –, ce qui revient à se l'approprier. *Libido sciendi*. Désir de savoir, qui est un désir centripète, désir d'accumuler en soi une connaissance sur l'autre, de l'autre. La connaissance est cannibale. L'abstraction est sa fourchette et son couteau.

Pointe ainsi l'accusation majeure. L'abstraction tue la différence, elle tue l'autre, et l'avale. Il ne s'agit pas de différences négligeables, et de façade. Mais de la différence des fondements et des attentes. La *différance*. Comme on dit la souffrance.

L'abstraction n'est pas absolument contre l'idée de l'autre. Mais elle l'aspire, et la digère. Le résultat c'est qu'elle ne fournit en retour qu'une bien faible altérité. Certes, l'abstrait est « différent » de ce dont il est tiré. Mais pas « autre ». On sort du monde des phénomènes, mais on en garde le souvenir, on tente de les évoquer, par un formalisme. On ne retient pas de substance. Mais on ne renie pas complètement l'origine. Bref, l'abstraction est une « image ».

Les êtres de raison ne sont que des tissus troués pour vêtir la nudité de notre intelligence. Mais ils donnent au moins un visage – fût-il voilé – à la multiplicité torrentielle des phénomènes.

Le risque est que nous prenions ce voile pour le visage même, et qu'habitués alors à la modulation légère de la toile, nous en oubliions jusqu'à la profondeur des sourires et l'éclat de la peau.

L'abstraction tue l'autre, en imposant sa raison. L'universelle raison a bien du mal à se représenter ce qui précisément n'est pas de l'ordre de la raison. Et il y a beaucoup plus de choses dans le monde que n'en contiennent toutes nos philosophies, comme on sait.

L'autre est toujours ailleurs, l'autre est toujours plus autre que l'on ne croit, paradoxalement logé au cœur de nous-mêmes, ou nous frôlant sans que nous en prenions conscience, ou alors si loin, si différent de nos moules et de nos mondes, que notre capacité d'abstraction ressemble au râteau d'un enfant, griffant les sables de la plage, espérant en extraire les trésors de l'univers.

Chapitre III

UN TEMPS D'EXODES

La vie présente n'est qu'un exil ;
tournons nos regards vers la patrie céleste.
TAINE

Je ne puis saisir tout ce que je suis.
L'esprit serait-il donc trop étroit
pour se posséder lui-même ?
SAINT AUGUSTIN

L'abstraction est le nom moderne de l'exil, la figure actuelle de l'exode. Inexorables exodes. Jadis la fuite devant Pharaon, les diasporas. Hier, la ruée sur les territoires. L'occupation des Amériques. Les colonies de peuplement. Aujourd'hui, les réfugiés jetés sur les routes. Les peuples apatrides. Les migrations dans le monde. Et demain ?

Demain il y aura d'autres exodes encore. Il y a une tendance humaine à se contenter du « même », un goût profond pour le repos. Mais il y a aussi la tendance inverse, la recherche de « l'autre », le désir de rester en mouvement. C'est l'opposition millénaire entre sédentaires et nomades.

L'exode déracine, il nous fait quitter le monde où nous sommes nés. Mais il nous donne aussi un autre monde. Il nous délivre des chaînes du même. Il nous donne d'être en marche vers l'autre. Derrière l'exil, il y a la métaphore plus profonde de la sortie de soi.

Il y a de la genèse dans l'exode. Notre premier exode,

c'est notre naissance. Et tout exode est une autre naissance. Peuples migrants de tout l'univers, déplacés par la guerre, ou fuyant la misère, pour vouloir re-naître, dans la paix, ou la dignité.

Le mot exode (du grec : *ex*, hors de, *odos*, route) contient à la fois une idée de séparation et de cheminement. La coupure et le lien. L'exode est un arrachement et un déplacement. Comme « déplacement », l'exode est une métaphore de la métaphore. C'est même la métaphore par excellence. Celle du mouvement et de la vie.

À l'extrême : la mort est un exil final, une métaphore terminale.

« Exode » et « éducation » sont des mots cousins. Au mot grec d'exode répond le mot latin d'éducation (*e-ducere* = conduire hors de). Ils expriment tous les deux la même notion : « sortir de ».

Tout exode implique une rupture et une route.

Rupture et route dérivent du même mot latin, *rumpere*, rompre. Il faut « rompre » la nature pour ouvrir de nouvelles routes. Les terres sont « rompues » pour être défrichées. La rupture est une route, autant que la route se fait par rupture. Du mot route on tira le vieux vocable de *routure*, c'est-à-dire *roture*, qui est la redevance due au seigneur pour une terre à défricher. Les routes donnent prise aux rotures et aux péages. Le mot *péage* date de 1150 et vient du latin *pedaticum*, droit de mettre le pied, de passer. Le péage (le droit de passer) devrait être considéré comme un droit fondamental de l'homme : son droit à l'exode.

L'exode a une dimension collective, massive. Il évoque les colonnes sur les routes, cherchant à passer, à mettre le pied sur une autre terre. L'exil, le ban, est réservé aux individus. L'exode, lui, touche les peuples ou les grands groupements humains. Il porte ainsi la métaphore de la « sortie de soi » au cœur de la collectivité. Mais qu'est-ce qu'un peuple qui « sort de soi » ?

Le XIXᵉ siècle nous a familiarisés avec l'exode rural – parallèle à l'industrialisation montante. Au XXᵉ siècle, un nouvel exode, mondial cette fois. Des millions de personnes ont changé de terre. Phénomène inouï, jamais vu à cette échelle dans l'histoire. Et voilà qu'au seuil du XXIᵉ siècle s'annonce un autre exode, l'exode mental, l'exode dans le virtuel, l'exode dans le cyberespace et dans les images, dans les représentations de toutes natures qui nous tiennent de plus en plus lieu de « réalité ».

Les nouvelles terres du virtuel et du cyberespace, une fois rompues et ouvertes aux routes de l'information, seront aussi soumises à la roture, imposées par les néo-féodaux.

À chaque exode, à chaque exil, c'est un territoire commun qui se perd, un peu de cette chose commune partagée avec parents, voisins, concitoyens, ancêtres, qui disparaît. Le territoire et la mémoire sont liés. En quittant l'un, l'autre s'affaiblit. Le devoir de mémoire ne s'en fait que plus lancinant, et plus difficile. Désormais nomades du monde, déracinés par construction, les exilés du futur, les exilés de l'exode mental, plongent dans le virtuel, dans toutes les images et les représentations. Et la mémoire, en tant que représentation, se trouve mise en concurrence avec toutes les images et toutes les représentations. Elle se dilue dans leur flot. Ou s'y noie.

L'exode du XXIᵉ siècle, l'exode mental, doit être une éducation à la sortie hors de soi, une sortie hors du monde reçu. Une éducation à la distance (l'esprit critique) et une éducation à l'autre (la mentalité élargie) sont les deux exodes de l'ère du virtuel.

Pour penser, il faut se retirer du monde, il faut se soustraire et s'abstraire de l'infernal flux des phénomènes. Cette extraction hors de la réalité est une sorte d'exode, une façon de fuir hors du monde commun – pour s'en protéger, ou tout simplement pour mieux prendre ses « distances ». C'est à la fois la force et la faiblesse de toute pensée. On voit mieux les grands ensembles à distance, mais évidemment on manque la force des détails, et surtout on s'empêche d'agir effectivement.

Les philosophes ont longtemps pratiqué la prise de distance. Mais l'exode mental le plus radical fut inauguré par Descartes avec sa découverte du doute. Descartes doute par méthode, il doute de la racine, il doute des fondements mêmes, il doute de la raison, il doute de son doute, allant jusqu'à supposer un « Dieu trompeur » qui égare exprès, qui induit en erreur, qui falsifie les résultats de notre recherche de la vérité et trafique l'adéquation des choses et de l'intelligence. Pour Descartes, « je doute donc je suis ». Il nous fonde, paradoxalement, non plus sur l'évidence de l'être ou l'étonnement devant le monde, mais sur la mise en doute radicale. Opération de passe-passe, élégante, presque sophistique, ô combien moderne. L'ère du soupçon était lancée. Quelques-uns l'avaient précédé, notamment Galilée et Copernic. Nombreux furent ceux qui le suivirent. Les « maîtres du soupçon » (Nietzsche, Freud, Marx) approfondirent la brèche désormais ouverte entre notre intuition immédiate et nos représentations.

Husserl recommanda en bon néo-cartésien de généraliser cette méthode, avec la fameuse « réduction phénoménologique ». Il fallait « suspendre notre croyance », mettre le monde des phénomènes « entre parenthèses ». Il appelait cette méthode l'*épochè*, mot emprunté au vocabulaire des philosophes sceptiques, et qui veut dire « arrêt », « suspension » du raisonnement.

Alors que la tâche de l'esprit est habituellement de rendre présent ce qui est absent, l'*épochè* nous propose le chemin inverse : rendre absent ce qui est présent, nous mettre en dehors de nous-mêmes.

Douter c'est prendre le chemin de l'exil hors des phénomènes, hors de la présence insistante des choses. C'est se mettre hors de portée des armées de Pharaon, roi du réel, empereur des évidences.

Douter c'est s'extraire, s'abstraire, se distancer.

Travail à recommencer toujours, et toujours plus avant, d'une façon toujours plus incisive.

Notre ère est toute de doute, d'abstraction et de distanciation.

La vie de l'homme de culture était jadis tout entière dirigée vers l'intérieur. Mais aujourd'hui nous nous éparpillons dans les choses extérieures. Exilés de nous-mêmes, nous vivons dans la distance. Nous mettons de la distance dans la vie et nous mettons la vie à distance.

C'est le style de l'époque, son *habitus* fondamental, son mouvement de fond.

Depuis la découverte de la circumnavigation jusqu'aux sondes spatiales, depuis l'imprimerie jusqu'à la téléprésence, depuis le télescope jusqu'aux modèles mathématiques du Big Bang, depuis le doute cartésien jusqu'aux maîtres du soupçon, notre civilisation repose entièrement sur la distance. Distances spatiales, temporelles, critiques.

Ces distances diffèrent.

Les unes sont faites de volonté, les autres de mémoire, d'autres encore d'intelligence, de doutes ou d'espérances.

Nous sommes coupés de toutes les proximités, qui jadis nous tenaient lieu de lieu, de sol, de port. Nous jouons avec les espaces et les grands nombres. Les années-lumière et les nombres transfinis. Nous ne sommes même plus étonnés devant ces immenses distances, qui nous nient, nous qui sommes si petits, si ramassés, si « là », si jeunes et sans passé, si pleins de nous-mêmes.

Écrasés, dominés par les distances de toutes sortes (les immensités galactiques, la petitesse invraisemblable des particules élémentaires, l'insondable mais profond passé, le futur absurdement incertain), nous nous réfugions dans le court terme, la toile serrée des réseaux humains, la simplicité des consensus dépourvus de sens, le quant-à-soi blasé...

À force d'abstraction et d'exil, nous nous sommes en fait mis « en abyme », nous nous sommes mis nous-mêmes à distance de nous-mêmes, à distance mentale de notre mental, à distance critique de toute critique.

Cette mise à distance personnelle coïncide avec la « compression planétaire ». L'univers mondialisé, abstrait, virtualisé, incarne une abolition de l'histoire et de la nature. La mondialisation s'appuie sur l'abstraction, mais pour abolir la distance, toutes les distances. La virtualisation sert aussi la même fin : supprimer les intermédiaires, l'espace, la matière, le temps. Projets vains : l'abstraction est en fait une mise à distance renouvelée. Elle ne peut servir la « compression ».

La contradiction est claire, mais loin d'avoir encore produit tous ses effets. L'avènement de la distance *systématique* (l'abstraction, l'esprit critique, l'exode mental) ne cesse de renier et de contredire l'abolition de la distance *systémique* (la compression planétaire de la mondialisation, l'intégration du virtuel et des réseaux).

Plus nous nous éloignons de nous-mêmes, plus nous nous rapprochons des autres.

La distance est devenue notre destin.

Mon destin, le vôtre, le leur, s'étendent aux confins du temps, par leurs racines, par leurs rêves. Les plus grandes distances sont la matière de notre destinée. Tout destin remplit entièrement le temps et très peu l'espace. Car l'espace n'est qu'un concept, l'espace n'est qu'une forme. Le temps en revanche signale la présence de l'infini. Le temps est le totem d'une divinité immortelle.

Nous éprouvons parfois le besoin d'entasser du temps dans de l'espace. Nous possédons des musées, des bibliothèques, des archives.

Mais l'espace ne peut que se dissoudre dans le temps. Où sont les Muses ? Où est l'éclair de l'écriture ? Où réside l'éclat du glaive ?

Nous alignons, tels le petit Poucet, d'innombrables tas de réassurances devant le gouffre total. Minuscules provisions égrenées sur la voie immense du Temps.

La puissance mécanique, le règne des quantités, le sens des affaires réduisent de nos jours le destin à des propriétés, des rapports dérisoires. Le déracinement, l'exode, le déchirement, l'oubli, sont, à l'opposé, des images précieuses (qu'il nous faut sans cesse méditer) d'un destin plus grand que le nôtre, et infiniment plus inintelligible.

Notre civilisation abstraite cherche à s'appuyer sur des principes, recherche des causes. Mais il est tant de choses qui ne se peuvent connaître, que l'on ne peut décrire, expliquer, comprendre. Qui se ressentent, ou que l'on vit simplement.

Le croyant, l'amoureux, l'artiste, le poète : dans leur sang coule la présence de ce qui ne peut être dit, mais seulement vécu. La vie est cette émotion, ce flux, ce mouvement, cette transformation incoercible, incompressible, irréductible.

Le mystère est partout autour et au-dedans de nous. Mais il fait peur. C'est l'Autre. On veut le conjurer par l'abstraction, le réduire par des noms et des concepts.

Notre âge veut tuer le mystère et l'Autre par les images et les nombres. Il veut anéantir la caverne béante. L'intuition du hasard divin.

La culture antique déifiait le corps, le lieu et le moment présent. *Carpe diem*. On vivait au jour le jour, et dans de petites villes. La *polis*, la statue, le temple, le proche et le présent. Tout ce qui s'embrasse d'un coup d'œil, tout ce qui est près est proche. Au-delà de l'île, il y avait l'autre, l'étranger, le « métèque », celui qui est « au-delà de la maison ». L'esprit antique était attaché à la forme, la forme visible, intelligible. L'informe, la matière, était ce qui n'a pas d'être en soi, la substance sans forme.

Le divin était proche. Et il n'y avait de divin que proche. Le lointain, l'autre, étaient non divins.

Tout ce qui était proche était d'une certaine manière « commun », c'est-à-dire communément intelligible, donc partagé par tous, non exclusif. Les dieux aussi, étant proches, étaient communs aux hommes.

Le près et le proche, lieux « communs », liens « politiques ».

Nietzsche a dit que les Grecs étaient « superficiels par profondeur ». Ils trouvaient dans la face, dans la surface, toute la profondeur du divin.

L'Antiquité ne connaissait pas le concept d'espace. C'était une culture de la matière et de la forme, culture de la position. Culture du *topos*. Pour les Grecs, l'espace infini était le « néant » par excellence, « ce qui n'est pas ». *To mh on*. L'Antiquité niait l'existence de l'espace *a priori*, à la manière de Kant. La structure profonde de la culture antique était, par ce seul indice, profondément différente de la nôtre. Pour nous, l'espace est le tissu même de l'univers. Pour eux, il ne signifie rien.

La culture occidentale connaît bien la notion d'espace. C'est une culture de la force et de la masse, une culture du mouvement et de la métaphore, une culture du *tropos*. Elle s'est engouffrée dans les espaces infinis, les développements illimités, les rêves d'empire et de raison (Colomb, Copernic, Pascal, Leibniz) ; les nouveaux mondes, les étoiles, les colonies, les oligopoles mondiaux. Culture de l'expansion politique, économique, géographique, religieuse, intellectuelle. Expansion de l'universalisme, et universalisme de l'expansion, mais aussi volonté de soumettre le monde et ses « phénomènes » à la raison.

Or, en occupant l'espace, en conquérant les distances, nous perdons, nous allons jusqu'à nier l'être même.

La dernière étape de la culture occidentale, la cyberculture, explore toutes les conséquences d'une culture de la distance abolie : confusions, fusions, mais aussi l'imprévu, « nouvelle distance », dont nous savons bien que c'est ce qui finit toujours par arriver.

Chapitre IV

UN TEMPS DE CONFUSIONS

Le danger principal de l'abstraction contemporaine est d'accélérer l'hybridation entre le réel et le virtuel, c'est-à-dire entre le monde et l'image du monde, entre la réalité des « gens » et l'humanité comme totalité abstraite. Ces hybridations fonctionnelles, conceptuelles, induisent dans l'esprit de tous une confusion croissante, qui touche aux mots, aux images, à la raison, aux valeurs, aux fins.

Les mots

La confusion des mots, d'abord.

« Un mot est encore l'homme, deux mots sont déjà l'abîme », dit le poète Roberto Juarroz. Nos langages et nos systèmes de représentations sont manifestement imparfaits, c'est une affaire entendue. Cependant, comme ce sont nos seuls instruments d'intelligibilité, il faut s'efforcer d'en tirer le meilleur parti, suivant leurs atouts et leurs faiblesses. De ce point de vue, le langage naturel et les mathématiques occupent deux positions extrêmes, assez complémentaires, dans l'art de la représentation. Le but fondamental d'un système de représentations ne doit pas être de « reproduire » le réel, ce qui serait assez vain, mais doit plutôt nous permettre de « trouver du nouveau ». Il doit favoriser notre compréhension de certains aspects de la réalité, afin de permettre de nouvelles actions, ou de nouvelles pensées. Pour tenter de faire apparaître du neuf, pour inscrire de l'inattendu dans la mécanique de la langue, le langage naturel use et abuse des métaphores et autres tropes. Dans les mathématiques, il n'y a pas à proprement parler de métaphores, mais les « modèles » jouent un rôle similaire. L'écriture d'un modèle a une fonction heuristique, il s'agit de suggérer des similarités, d'effectuer des glissements, des déplacements, pour faire apparaître de nouvelles « formes », de nouveaux « sens », de nouvelles interprétations.

Il y a cependant une différence radicale entre le langage naturel et la formalisation mathématique : les mathématiques favorisent l'induction et la généralisation, le raisonnement par récurrence. De plus, les mathématiques se prêtent à la simulation et aux calculs symboliques. Le langage naturel possède une puissance moins formelle, plus obscure, il dit aussi parce qu'il ne dit pas : il laisse du sens s'infiltrer dans les abîmes que tracent les mots entre eux. Sa force vient de son opacité latente, qu'il nous faut bien habiter, et que nous éclairons dès lors de nos propres lumières. Il est clair cependant que les langages naturels et les langages formels ne sont pas des « langages » dans la même acception du terme. La pensée claire et la pensée obscure n'usent pas des mêmes armes et n'ont pas les mêmes visées.

Dès lors, le fait de ne voir en eux que des « systèmes de représentation », donnant par là l'impression de permettre des traductions, des passages, des glissements des uns aux autres, paraît dangereux. Il s'agirait là d'une pseudo-interdisciplinarité, basée sur un consensus de pacotille et génératrice de confusions d'autant plus redoutables qu'elles seraient logées au cœur du langage même. Il faut apprendre à distinguer les métaphores et les modèles. Il faut hiérarchiser et ordonner les clartés et les obscurités des uns et des autres, sans les mélanger. Parce qu'elles appartiennent à deux ordres différents de la raison.

Les mots du langage incarnent ces deux ordres, et ajoutent ainsi à la confusion du langage.

Plusieurs mots fondamentaux, comme espace, temps, masse, matière, forme, force, substance, corps, esprit, avaient un autre sens pour les Grecs ou les Romains. Les mots et les concepts des cultures et des civilisations dérivent, se contredisent et s'excluent parfois. Le mot *neos* en grec byzantin ne signifiait pas innovation mais imitation, c'est-à-dire qu'il était tourné vers le passé, et non vers le futur.

Le mot « automate », si mécanisé, dévalorisé aujourd'hui, était pourtant le plus beau et le plus noble des concepts chez Platon, puisque l'*automaton* qualifiait le caractère de l'âme humaine, dont l'essence est de « se mouvoir par elle-même ». Aujourd'hui nos « pneumatiques » évoquent-ils encore le *pneuma*, c'est-à-dire le vent même de l'Esprit ? Ces renversements ou ces anéantissements complets du sens de certains mots sont nombreux. L'enveloppe des mots peut se vider ou se remplir, suivant les âges. Où passe alors la substance du sens sous-jacent ? Comment pouvons-nous dès lors dire et penser cette chose qui, même indicible, sans mot pour la dire, doit rester pensable, ce qui, même dépourvu de rhétorique *ad hoc*, doit encore donner prise au rêve ? Car il est des questions propres à la nature même de l'homme, des faits primordiaux qui transcendent les langues et les cultures, les temps et les espaces.

La vie et la mort, l'âme et le monde, le soi et le non-soi, le même et l'autre sont quelques-unes de ces questions.

Il est utile de nous pencher un instant sur ces antinomies de base, qui ont un caractère proche de l'universel. Toutes les langues et toutes les cultures ne les possèdent pas de manière équivalente. Mais elles possèdent un fonds commun.

L'âme s'oppose à l'univers, comme le « virtuel » s'oppose au « réel », ou comme le sujet à l'objet. Ce dualisme de l'âme et du monde, de ce qui nous est « propre » (c'est-à-dire relatif au soi) et de ce qui nous est « autre » (de ce qui relève de l'« altérité » ou de la « différence ») est l'un des plus ancrés dans notre expérience. Le monde sensible, le monde des faits, des choses, des êtres, comprend tout ce qui ne nous est pas « propre ». Il inclut l'ensemble de tout ce qui est autre, de tout ce qui ne relève pas du soi, et il impose cette différence à notre conscience.

Ce que nous appelons « sensation » vient du contact avec cette altérité à laquelle on se heurte ou qui nous caresse. La sensation surgit de la rencontre du soi avec le monde extérieur. Elle est l'irruption de l'autre dans le château de l'âme, dans le donjon du soi. Le « sentiment », en revanche, vient du château, du donjon, du soi. Le sentiment nous est propre, il naît de notre univers intérieur.

Que veut dire le mot « propre » exactement ? Le propre est l'antonyme du commun. Comme adjectif, il est associé à l'idée d'appartenance, de « propriété ». C'est « ce qui appartient d'une manière exclusive ou particulière à une personne ». Comme nom commun, il est « ce qui est possédé à l'exclusion de tout autre ». Il s'oppose à ce qui est « collectif », ou ce qui est « en commun ».

Les mots « soi », « identique », « même », « propre », appartiennent à des sphères sémantiques proches, facilitant par là des passages et des métaphores. Ils sont voisins sans être semblables, mais si l'on ne fait pas attention, on peut les confondre aisément, les mêlant dans une sorte de brouillard.

Le « non-soi », le « différent », « l'autre », « le commun », en sont les antonymes respectifs. Eux aussi peuvent être aisément confondus, dans une brume sémantique.

On peut certes opposer terme à terme soi et non-soi, identité et différence, similitude et altérité, propriété et communauté. Tous ces couples de mots se rapportent en quelque manière à l'opposition fondamentale entre « soi » et « non-soi », et l'éclairent de manière diverse.

Le couple « soi/non-soi » est le plus fondamental : il se fonde sur l'être, sur ce que nous sommes. Le couple « propre/commun » se fonde, lui, sur l'avoir, sur ce qui nous appartient.

Nous ne possédons pas le commun en propre, et pourtant nous le possédons d'une certaine manière, en tant que nous sommes membres de la communauté, qui est le sujet du commun.

Si, par un effet de l'époque, par une sorte de myopie de l'âge, les mots soi, même, identique, propre, se rapprochent encore, s'ils se mettent à coaguler, à devenir indistincts, à se confondre dans un à-peu-près, alors c'est notre propre regard sur l'être, notre vision du moi, notre compréhension de l'autre, notre attente de la différence, notre éclairage sur « ce qui est en commun » qui en seront aussi directement affectés.

Confondre allégrement le soi, l'identique, le même et le propre ne nous induit pas seulement à confondre le non-soi, le différent, l'autre et le commun. Cette confusion s'étend à notre sentiment profond du moi, dont les mots pour le décrire perdent leur précision, leur sens, s'émoussent, s'ébrèchent.

Crise des mots et des concepts, crise majeure du langage, qui se généralise en crise plus profonde encore, en crise du sens, crise du politique, crise du monde commun, crise de l'âme.

La langue de notre époque rapproche et tend à confondre les catégories du « soi » et du « propre ». Si, de ce fait, nous assimilons ou confondons les catégories du « non-soi » et du « commun », c'est une confusion mentale (et monumentale) qui s'annonce également, et par ailleurs une catastrophe politique de première grandeur.

Si nous assimilons le commun au non-soi, nous ne sommes plus en effet en mesure de penser le « commun » autrement que comme une catégorie s'opposant au « soi ». Nous détruisons par là même le fondement de l'être ensemble, de l'être en commun, c'est-à-dire le fondement du « politique », dont Aristote disait qu'il était l'essence de l'homme.

De plus il y a dans le concept de « communauté » une dimension qui touche à l'être, qui concerne le soi le plus profond. D'où contradiction radiale, fondamentale, si nos mots ne portent plus nos réalités sociales ou intimes.

Cette discussion peut être généralisée. Ainsi l'opposition entre le privé et le public. Hannah Arendt a bien montré le renversement de sens qu'a subi l'antithèse privé/public, entre l'Antiquité romaine et notre époque. Jadis le privé était le domaine ancillaire, et le « domaine public » était précisément le domaine « commun », le lieu politique par excellence où le meilleur de l'homme, sa valeur et sa vertu, pouvait pleinement se réaliser, s'exposer, se confronter à l'autre, à tous les autres, précisément parce que l'homme a besoin du public, du jugement des autres, de leur regard, pour se dépasser.

Le « commun », le « public », l'« autre », loin de s'opposer au « soi », lui donnaient alors l'unique opportunité de se révéler dans la pleine lumière de l'agora, d'apparaître dans le sein même de la « communauté ».

Le « propre » et le « commun », loin de se contredire, grandissaient ensemble.

Aujourd'hui, le « privé » est à la mode, ainsi que « l'identité ». Le « public », le « commun », sont dévalorisés, dépassés, dérégulés. La différence et l'altérité sont en perte de vitesse. Un voile d'opprobre latent ou explicite enveloppe toute cette famille sémantique (le public, le commun, l'autre, le différent).

Pourquoi ?

Dans un monde de plus en plus « abstrait », la catégorie de « l'autre » perd de sa force. L'autre s'identifie (et se confond) avec le non-soi. La mondialisation, bien qu'elle nous mette théoriquement en contact, ou plutôt en court-circuit informationnel et financier avec l'autre, produit surtout du non-soi (d'où crises, peurs, sursauts identitaires). La mondialisation-abstraction génère l'attente du même et de l'identique, et non pas plus de goût pour l'inouï et le vraiment jamais vu. D'ailleurs la pensée abstraite, mathématique, numérique, n'est pas adaptée à la contemplation de la différence, à l'intuition de l'altérité. L'abstraction favorise la norme, la loi, l'homogénéité. La mondialisation, en tant qu'elle est elle-même d'essence abstraite, provoque donc un réel problème, c'est-à-dire un problème de réalité. Alors que la « compression planétaire » met de plus en plus les êtres humains « en rapport » les uns avec les autres, la nature abstraite, désincarnée, mathématisée, de ces « rapports », qui sont surtout d'ordre technique ou économique, produit en fait le contraire de ce que l'on pourrait attendre. Au lieu de la diversité, de la multiplicité désirées, c'est une occultation des différences, un abrasement des altérités, qui prend le dessus.

De plus, c'est un pan entier de notre rapport aux « autres » qui subit une attaque frontale, à savoir la notion de domaine commun, de communauté.

Pourquoi ?

Parce que les domaines de la différence, les lieux de l'altérité, marquent le pas devant l'empire identitaire, la super-puissance de l'homogénéisation. Le non-soi régresse devant l'empire du soi. Les valeurs du soi, du même, de l'identité, du « propre » prennent leur envol. Corrélativement, les valeurs antithétiques du non-soi, de l'autre, du différent, du « commun » perdent du terrain.

La faiblesse, la pauvreté, l'exclusion sont rejetées hors de l'espace commun. Ce sont des situations autres, qui concernent d'autres que nous, avec lesquels nous voulons croire que nous n'avons rien en commun. La richesse, la puissance, la dominance, la maîtrise du monde, en revanche, sont assimilées à des valeurs elles-mêmes dominantes, donc partagées, publiquement plébiscitées.

Plus les valeurs du soi progressent, plus elles entrent en synergie avec le développement de la mondialisation, de l'abstraction.

Plus les valeurs liées au non-soi s'affaiblissent, plus le « bien commun » en pâtit.

Plus la mondialisation-abstraction s'accélère, plus la privatisation se renforce, et plus le « sens commun » entre en crise.

Plus longtemps ce sens commun se fera attendre, plus notre sentiment de « crise » gagnera en intensité.

Les images

La confusion des images, ensuite.

Les confusions que l'esprit entretient en lui-même et sur lui-même trouvent une illustration exemplaire dans le cas des « images » qu'il se plaît à utiliser. Comme il y a une certaine analogie entre « voir » et « comprendre », en analysant la manière dont nous « voyons » les images, nous pouvons espérer mieux « comprendre » comment nous pensons. La pensée est faite de vie et d'erreurs, d'oubli et d'opacité.

L'image incarne et illustre les confusions que nous avons rencontrées, dans le domaine du langage et des modèles, comme dans celui des fins et des valeurs. Ainsi, l'image et le langage, jadis séparés, se rejoignent désormais objectivement, confusément. L'image et le « modèle », jadis catégories duales, s'analysent désormais plutôt comme des aspects complémentaires d'un « paradigme » commun, latent, dont elles sont les instants de visibilité ou d'intelligibilité, les confondant d'ailleurs. De même, l'image et le « lieu », l'image et la « présence », jadis opposables terme à terme, se mettent à fusionner et à s'hybrider de manière inattendue. Pour ne pas tourner à notre confusion, cette fusion progressive de l'image avec ses concepts duels doit s'analyser toujours plus finement. Le cas de l'image est un cas d'école. En échappant à la confusion où les images pourraient nous plonger aisément, en effectuant une ascèse de l'image, ce que Maître Eckhart appelait en son temps une « désimagination » *(Entbildung)*, nous nous préparons en fait à mieux désimaginer la réalité elle-même. L'exercice de critique de l'image et de ses virtualités sert d'entraînement irremplaçable à la « suspension » de notre croyance au monde, à sa mise entre parenthèses.

La distance entre ce qui est visible et ce qui reste au-delà du visible, dans le domaine purement intelligible, est toujours apparue comme impossible à combler. Mais aujourd'hui, dans le cas des images virtuelles, le visible et l'intelligible semblent se confondre toujours davantage. On peut saisir cette confusion en analysant le destin de catégories couramment utilisées à propos des images, catégories recouvrant des oppositions dont les bases deviennent aujourd'hui caduques. Ainsi les rapports classiques entre l'image et le *langage*, l'image et son *modèle*, l'image et le *lieu* et l'image et la *présence* évoluent d'une manière fondamentale. Entre les pôles de ces couples de concepts se nouent des nœuds neufs.

Classiquement, le monde des images et celui du langage (le visible et le lisible) restaient aussi étanches l'un à l'autre que le nombre et la lettre ou que la lumière et la parole, que l'idole et le Livre.

Le logos on le commente, l'idole on la manipule.

Les mots pouvaient tout au plus accompagner les images ou venir s'inscrire en elles, les images pouvaient illustrer les mots, mais il n'y avait pas de liaisons opératoires, directes, entre ces deux univers de représentation. En revanche, avec la synthèse d'image, des formes langagières abstraites, des arrangements symboliques peuvent produire directement des images. Les images jadis intrinsèquement liées aux rayonnements visibles produits par le monde réel et à l'interaction de ces rayonnements photoniques avec des surfaces photosensibles peuvent désormais être produites *in concreto* par des manipulations *in abstracto*. Des représentations mathématiques peuvent directement produire du visible. Les conséquences de ce lien direct entre représentation langagière, formelle, et visualisation sensible sont considérables. L'image s'affranchit de la matérialité du monde (les pigments de la peinture, la gélatine photochimique, l'effet photo-électronique) et se constitue essentiellement comme pure abstraction. L'image surtout peut se manipuler comme on manipule des formes langagières, sans avoir à subir les lois de la matière ou de la lumière.

Une seconde démarcation par rapport à la position classique des images s'est produite avec l'abolition effective de la différence essentielle de nature entre le monde des images et le monde des modèles dont elles sont tirées. Pour les anciens (et les anciens incluent aussi les cinéastes et les vidéastes…), l'image n'est jamais que l'ombre affaiblie d'une réalité préexistante, d'un modèle réel dont elle est l'*image*. Elle n'est que le simulacre de quelque chose de plus réel qu'elle, à quoi elle renvoie sans cesse, dans une économie de la mémoire, de la trace, ou de la copie. Le modèle incarne toute la substance du réel dont l'image, simple ectoplasme, est dépourvue. Le modèle du peintre est toujours plus vivant que le tableau auquel il donne lieu. L'image photographique ou cinématographique n'est qu'un symptôme, un signe renvoyant à une réalité se tenant essentiellement ailleurs, au-delà de l'image. La séparation est stricte entre les modèles et les images, le réel et le simulacre.

Les images de synthèse en revanche ne sont pas d'une nature différente des modèles qui les engendrent. Les images numériques ou synthétiques et les modèles dont elles sont issues possèdent la même essence mathématique. L'image numérique n'est pas moins substantielle que le modèle numérique, puisqu'ils sont l'un et l'autre de même nature, de la nature intermédiaire des représentations mathématiques. Quant aux modèles, ils sont déjà des sortes d'images. Cela a pour notable conséquence de permettre un aller-retour fonctionnel entre les modèles et les images. En clair, les images peuvent servir à modifier les modèles dont elles proviennent. Les techniques de vision par ordinateur, de reconnaissance de formes, de traitement d'images peuvent être utilisées pour changer les paramètres ou la structure même des modèles ayant généré les images, créant un bouclage inédit entre le niveau des modèles et celui des images. Les images et les modèles entretiennent alors des liens de génération complexes. Sans forcer la métaphore, on peut dire que l'image génère le modèle tout autant que le modèle engendre l'image. Il y a là un processus de co-évolution récurrente, auquel ne nous avaient certes pas habitués les images du passé, nécessairement figées dans leur matérialité propre.

En raison de nombreuses contraintes liées à la fabrication ou à la projection des images, nous étions limités jusqu'à présent à une attitude de spectateur. Nous restions postés *devant* les images. Les images étaient nécessairement liées à l'écran, induisant par là même un rapport limité à l'espace environnant. En focalisant notre regard sur l'écran, les images effacent le monde alentour, elles occultent l'espace pour lui substituer un trompe-l'œil, un voile sans secret, sans épaisseur propre.

En revanche, avec les techniques du virtuel, on peut entrer *dans* l'image. L'illusion virtuelle ne dissimule plus l'espace, elle le simule. Le virtuel devient un monde propre, *à côté* du monde réel. Avec l'apparition des mondes virtuels, l'image quitte l'écran, et devient elle-même un « lieu », où l'on peut se déplacer, rencontrer d'autres personnes, dans lequel on peut prendre ses aises, ses marques, dans lequel on peut finir par passer le plus clair de son temps professionnel ou de ses loisirs. Le véritable réel, le monde où l'on mange et l'on dort, deviendra alors peut-être une sorte de port d'attache dans lequel il faudra bien revenir de temps en temps pour se sustenter avant de repartir sur les réseaux virtuels du télétravail et des communautés cyberspatiales...

Cela ne sera pas sans impact sur notre manière de nous inscrire dans le monde. Où est-on réellement ? Là où on est ou là où on pense ? On se rappelle le mot du Docteur angélique : « l'âme est plus là où elle aime que là où elle anime ». Le virtuel n'a pas de position, il ne nous permet pas de nous poser en lui. Le virtuel est le contraire d'un espace réel, c'est un espace de langage : il appartient à l'univers infini des tropes et des métaphores. Il n'est pas position mais mouvement, flux. On ne peut l'occuper, il se dissout sans fin. Le virtuel est héraclitéen. Il nous coule dans ses flux déracinés.

Classiquement, l'image sert de substitut à la présence même de la chose. Le médaillon contenant le portrait, ou le photogramme portant le visage de la star signifient sans aucune ambiguïté l'absence, la distance des sujets représentés. L'image est le contraire de la présence.

En revanche, avec la télévirtualité ou la téléprésence, l'image virtuelle n'est plus une simple image, une illusion, comme celle du « présentateur » télévisé, chargé de mimer les signes de la présence. L'image télévirtuelle présente le signe d'une « présence » réelle. Quelqu'un de vivant est bien « là », certes virtuellement par l'apparence mais bien réellement par l'attention disponible, la capacité de communiquer et d'agir. La télévirtualité, à la différence des techniques de vidéoconférence, permet de décliner diverses modalités de « présence », de multiples manières de se faire représenter symboliquement et fonctionnellement, dans le temps et l'espace.

Par leur fusion croissante avec ce qui jadis leur était le plus contraire (le langage, le modèle, le lieu, la présence), les images nous obligent à la critique. Il ne s'agit pas de sémiologie, de critique des images en tant que telles. Il s'agit d'adopter face au monde réel, de plus en plus saisi par la néo-réalité des images, une attitude critique qui tienne compte de leur technicité et de leur complexité. Faire l'impasse sur l'éducation du regard et sur la critique du monde devenu image ne conduirait qu'à plus de confusion.

La raison

La confusion de la raison, enfin.

Il y a la raison claire qui se porte sur les essences en tant qu'elles sont connues, clarifiées, et la raison obscure qui se porte sur les essences en tant qu'elles sont cachées, hermétiques.

La première va du visible au visible, la seconde va du visible à l'invisible. Celle-ci ressemble à la sagesse philosophique qui cherche une connaissance par les causes premières, celle-là ressemble à la science qui connaît seulement par les causes secondes. C'est pourquoi c'est à la philosophie de se prononcer sur l'ordre qui règne entre les sciences et non l'inverse, puisqu'elle est en mesure de se donner sa propre mesure.

« L'homme qui songe est un dieu, celui qui pense, un mendiant », disait Hölderlin. La pensée claire ne peut se donner les mêmes ambitions que la pensée obscure ; quand les concepts restent cloués au sol, les songes peuvent voler infiniment. Il est important de ne pas mélanger ces deux manières de penser, parce qu'elles correspondent à deux manières d'être, deux façons radicalement opposées d'être homme : l'homme-machine et l'homme-dieu.

Si l'homme-machine est une invention récente, ses racines sont profondes. Pythagore pensait que l'âme est un nombre qui se meut. Cette intuition première est loin d'avoir été démodée par la science contemporaine. La visée pythagoricienne comme le projet contemporain des sciences physiques reposent sur une certaine forme de raison, et donc sur une certaine manière d'envisager l'homme. Il s'agit d'une raison raisonnable, ayant foi en l'intelligibilité des choses. La raison a foi en sa propre cohérence et en son harmonie avec l'essence profonde de l'homme. Si tout est « numérique », l'homme peut être assimilé à une machine, comme le pensait d'ailleurs Descartes. Julien Offroy de La Mettrie, dans *L'Homme-machine* (1747), a enfoncé le clou en affirmant que le corps humain est une « horloge » et que les hommes ne sont que des « machines perpendiculairement rampantes ». Plus proche de nous, Bergson s'écrie pendant une conférence à Birmingham en 1911 : « Je vous défie de prouver, par expérience ou par raisonnement, que moi qui vous parle en ce moment je sois un être conscient. Je pourrais être un automate ingénieusement construit par la nature, allant, venant, discourant ; les paroles mêmes par lesquelles je me déclare conscient pourraient être prononcées inconsciemment. » C'était le test de Turing avant la lettre. Les automates sont parmi nous, et même en nous. Bergson souligne quand même qu'on ne pourra pas aller jusqu'à recréer « l'élan vital » de l'évolution. On peut imiter la vie, mais pas « le mouvement même de la vie ».

Plus proches encore, Michaux montre dans ses études sur les effets de la mescaline que dans l'âme il y a « une machine qui sommeille », qui travaille « par répétition et symétrie », et réciproquement André Breton trouve dans le machinal « absolu » l'âme d'un art surréel.

Mais cette raison claire, cette raison des nombres et des machines est incapable de saisir la nature obscure de l'âme et de l'homme. Elle prépare seulement le triomphe de l'abstrait sur la forme concrète de l'être, et la victoire du pur mental sur le sentiment. Elle annonce le danger de la pensée claire nous aveuglant par de fausses lumières et prétendant illuminer les gouffres de la pensée obscure. Heidegger pensait que « le succès des machines électroniques à penser et à calculer » allait conduire à « la fin de la pensée méditative ». Nous ne partageons pas cette crainte. Il reste à la conscience qui médite la tâche de méditer sur la conscience qui calcule. Certes la pensée calculante a la puissance de la raison, amplifiée par les machines. Mais cette puissance n'a pas de but, n'a pas de fin, comme on a vu. Elle est donc livrée à elle-même, ou alors offerte au sage qui voudra l'ordonner à ses propres fins. La pensée obscure doit planer au-dessus des nombres, comme un vent de Dieu au-dessus des eaux.

Les fins

La confusion n'est pas seulement dans le langage ou la raison, elle est aussi dans les fins. Nous vivons dans une civilisation caractérisée par le renversement des fins et des moyens. Pour Simone Weil, c'était là la « folie fondamentale qui rend compte de tout ce qu'il y a d'insensé et de sanglant » dans l'histoire. Ce renversement vient selon elle de la recherche continue du pouvoir, qui est essentiellement impuissante à se saisir de son objet, et qui se condamne à se prendre elle-même pour seule fin. Ce renversement est aussi causé par la chosification croissante que les systèmes de représentation nous imposent. La cohésion de la science est assurée par des signes, des expressions toutes faites qu'on utilise au-delà de leur domaine de validité initial justement parce que les calculs symboliques proposent « naturellement » des généralisations qui semblent évidentes *a priori*. Dans le domaine du travail et de la production, ce sont les infrastructures et les machines qui jouent ce rôle de ciment « naturel ». Dans le domaine économique, la chose qui règle l'échange, le rapport entre production et consommation, c'est la monnaie. Les modèles mathématiques, les calculs algébriques, les signes symboliques, les machines et la monnaie imitent à la perfection le rôle de régulateur qu'ils jouent de plus en plus systématiquement sans contrôle – parce que les hommes ont renoncé à réguler leur propre régulation, par paresse ou parce que la tâche est surhumaine. Tous ces ersatz de pensée sont aveugles à la réalité qu'ils sont censés représenter. Bien sûr, ils font illusion. Ils peuvent nous faire croire à leur caractère heuristique ou régulatoire. Le simple jeu des calculs symboliques est souvent parvenu à faire apparaître, dans les mathématiques par exemple, des notions nouvelles, à ceci près que ces notions n'ont pas d'autre substance que celle d'être des rapports de signes, des abstractions en relation avec d'autres abstractions, mais sans véritable contenu humain. Dans le domaine économique, la « valeur » de la monnaie semble exprimer la sagesse omnisciente du « marché » et paraît posséder une vertu régulatoire. Mais une étude plus attentive montre que l'inventivité ou la capacité régulatoire des signes restent limitées. En se soumettant à leur logique immanente, l'homme renonce sûrement à sa liberté. En acceptant leur férule, il ne gagne même pas nécessairement le confort qu'il semblait espérer de son obédience à cette tyrannie sans visage.

Ce renversement des fins et des moyens s'étend à presque tout. Les savants ne mettent pas la science au service d'une pensée souveraine, ils s'enrôlent dans l'armée anonyme des serviteurs et des adorateurs de la science constituée. L'industrie ne se met pas au service des véritables besoins des hommes, ce sont les hommes qui doivent se mettre au service de la logique industrielle de leur époque. L'argent n'est plus depuis longtemps un procédé commode pour échanger des produits ou des services, ce sont les produits et les services qui servent à faire circuler l'argent, selon des modalités de plus en plus spéculatives, dématérialisées, désincarnées, virtualisées... Les signes et les mots, les modèles et les métaphores, l'argent et les instruments financiers font désormais fonction de « réalités » qui semblent plus « réelles » que les choses réelles qu'elles sont censées symboliser. Ces purs signes forment en effet la matière des rapports sociaux, qui se structurent par le moyen de ces fictions irréfutables. Les signes ne sont certes pas toujours seulement des simulacres, mais ils ne resteront jamais que des moyens. En les prenant pour des fins, ce sont les hommes qui sont devenus des moyens.

Le succès actuel du paradigme du « virtuel » possède, entre autres, une cause d'ordre psychologique. Le monde, ayant perdu toute notion claire du « réel », trouve une sorte de réponse provisoire à l'angoisse qui en découle en invoquant un « virtuel » qui en tient lieu. Le « virtuel » est une sorte d'alibi du réel, il semble contenir la somme inexpliquée des mystères du monde. Le « virtuel » est une métaphore ample et pratique qui résume d'un mot tout ce que nous ne « réalisons » pas clairement au sujet de la réalité. Le « virtuel » introduit dans le quotidien une distance quasi philosophique vis-à-vis du réel. Il nous oblige à considérer les « réalités » que l'on nous donne à voir avec de plus en plus d'esprit critique. La « réalité virtuelle » et plus encore la « réalité augmentée » viennent ainsi à point nommé pour nous donner à expérimenter des « réalités intermédiaires » faites de bric et de broc, c'est-à-dire de modèles mathématiques et de sensations physiques, de concepts abstraits et de perceptions concrètes. Les « êtres intermédiaires » permettaient à Platon de relier la matière et la forme, le savoir et l'ignorance, la beauté et la laideur, les dieux et les hommes. Les intermédiaires permettent de relier ce qu'il serait inconcevable de lier sans eux. Les intermédiaires sont les anges, les quarks et les gluons qui font tenir le monde ensemble, et à défaut, ils comblent au moins les béances profondes que notre langage creuse dans la chair du monde.

Nous parlions plus haut du « renversement » qui s'opère entre les fins et les moyens. Nous sommes aujourd'hui les témoins d'un autre renversement : celui du réel et du virtuel. Le virtuel est aujourd'hui considéré comme ontologiquement inférieur au réel (alors que jadis la « vertu » des hommes s'opposait à l'inertie des choses « réelles »). Mais dans le même temps, second renversement, le virtuel se met à devenir « plus réel que le réel ». Il permet en effet d'agir sur le réel de plus en plus « efficacement », et de mieux le comprendre. La mise en place de ce nouveau renversement est progressive. Elle prend d'abord l'économie à revers. Les « manipulateurs de symbole » deviennent les opérateurs de référence d'une économie en voie de dématérialisation, de déterritorialisation. Les bulles spéculatives, financières ou foncières, attestent du renversement des « valeurs ». Notre thèse est que cette « virtualisation » de l'économie va aussi se traduire par une virtualisation croissante de l'image que l'homme se fait de lui-même, puisqu'il sera de plus en plus saisi dans sa vie quotidienne par le jeu « virtuel » des forces abstraites d'un marché laissé à lui-même. Paradoxalement, cette virtualisation va sans doute l'obliger à se définir autrement que par des réalités ou des « avoirs » matériels, de moins en moins pertinents. La virtualisation pourrait être une voie de remise en question profonde. La « vertu » pourrait bien redevenir d'actualité dans la Babylone explosive du virtuel généralisé. Cela sera d'autant plus nécessaire que la confusion entre les diverses notions de la « valeur » risque d'augmenter avec la généralisation des croisements entre le réel et le virtuel.

La « valeur » des choses non marchandes n'est pas reconnue de la même manière que la valeur des choses marchandes. On fixe le prix d'un livre selon ce qu'il coûte à fabriquer et à distribuer, et non pas en fonction de la « valeur » des idées qu'il contient. Cette contradiction est générale : c'est pourquoi notre système est devenu schizophrène. Le décalage entre valeur « réelle » et valeur « marchande » ne cesse d'augmenter, parce que seules les choses dont la « valeur » est quantifiable sont admises par le « marché ». Autrement dit, seule la partie quantifiable est évaluée par le marché, mais celui-ci tire cependant beaucoup de profit de la partie non quantifiable des choses, qui en fait la véritable « valeur ». Les choses de l'ère du virtuel, de plus en plus, se vendent pour ce qu'elles valent culturellement, symboliquement. Or cette valeur immatérielle (celle des idées, des inventions, du style) est pratiquement impossible à saisir effectivement. On ne peut en saisir que l'ombre incarnée : celle que laissent les « objets » industriels, les « images de marque », les « réputations établies ». La logique du marché l'emporte, mais sur un malentendu fondamental : les marchands croient nous vendre des « objets », mais nous n'achetons plus que du « sens ». De plus, la logique de la dématérialisation continue de progresser. Combien de temps l'ordre marchand pourra-t-il continuer à vivre sur l'exploitation de produits matériels dont la réelle valeur, immatérielle, pourra désormais s'incarner de plus en plus librement, sans contrainte de temps, d'espace, de supports ? Une première digue consiste à renforcer le droit d'auteur, le droit de la propriété intellectuelle, parfois au-delà du ridicule. Mais cette digue est fragile. La lame de fond de la virtualisation va emporter toute notre société « matérialiste » sur son passage.

DEUXIÈME PARTIE

La nouvelle imprimerie :
le virtuel, abstraction concrète

Chapitre V

LE VIRTUEL : UN ÉTAT DU RÉEL

Je suis effaré de tout ce que j'ai réussi à ne pas voir.
Fernando PESSOA

Ego vir videns
Lam. 3,1

Le mot « virtuel » connaît depuis quelque temps un succès médiatique remarquable. On l'utilise dans les contextes les plus variés et les plus incongrus. Échappant à la sphère technologique relativement étroite dont elle est issue, c'est-à-dire le développement de la « réalité virtuelle » et des techniques de trucage et de manipulation numérique des images, la métaphore du virtuel a pris ainsi une sorte de valeur générale, susceptible de s'appliquer à des phénomènes sociétaux beaucoup plus amples, et paradoxalement de plus en plus « réels » du moins quant à leur impact sur la vie des citoyens, des consommateurs ou des travailleurs. On parle de plus en plus de capitaux et de marchés virtuels, de monnaie virtuelle, de « bulle virtuelle », d'économie virtuelle, mais aussi d'entreprises virtuelles, de communautés virtuelles, et même de société virtuelle. Le virtuel semble prendre une place laissée vacante par le réel. Tout se passe comme si le « virtuel » pouvait justement fournir certaines clés pour la compréhension de phénomènes globaux, dont tout le monde sent confusément l'importance, mais dont il reste très difficile de saisir la nature profonde.

Le virtuel fait partie du réel

Qu'est-ce que le virtuel ? Le virtuel est un état du réel, et non pas le contraire du réel. Ce qui est virtuel dans le réel, ce sont les essences, les formes, les causes cachées, les fins à venir. Le virtuel c'est le principe actif, le révélateur de la puissance cachée du réel. C'est ce qui est à l'œuvre dans le réel.

Le mot « virtuel » vient du mot latin *virtus*, la vertu, qui tire sa racine de *vir*, l'homme. Pour les Romains, l'homme véritable, c'est l'homme vertueux. Seule la vertu peut transformer le réel. C'est l'homme vertueux qui peut réellement agir sur le réel (le mot « réel » vient du latin *res*, la chose). Car c'est lui qui peut se transformer en ce qu'il n'est pas encore.

Le virtuel, avec ou sans vertu, connaît une fortune grandissante, à un moment où notre société subit de profonds bouleversements : une extraordinaire épopée technologique, une mutation économique durable, une mondialisation accélérée, une perte de repères politiques, une absence de grilles d'interprétations philosophiques, un sentiment général d'impuissance quant à la possibilité de lutter effectivement contre les problèmes de tous ordres qui assaillent l'ordre ancien des choses. Le virtuel arrive donc à un moment crucial, et on ne peut s'empêcher de vouloir lui prêter beaucoup de pouvoirs de transformation, comme moyen de représentation et de simulation, comme arme conceptuelle, économique ou guerrière. Le virtuel fait peur aussi, semblant exacerber les contradictions déjà à l'œuvre dans le réel, et paraissant incarner par exemple la quintessence de la société du spectacle, comme drogue ludique, comme simulacre parfait du rêve. Le virtuel possède donc une double nature : c'est une sorte de néo-réalité venant s'immiscer dans le réel, c'est aussi un outil d'intelligibilité du réel. Le virtuel est à la fois un nouveau territoire et une nouvelle carte.

Le virtuel est le lieu de déploiement d'une nouvelle manière d'être au monde, de penser le monde et d'agir sur lui.

Le virtuel n'est pas encore une culture et encore moins un concept éprouvé. C'est d'abord une métaphore, qui se prête à toutes les dérives sémantiques, à toutes les dérives utopiques, mais aussi à toutes les découvertes pratiques, réalistes. La métaphore du virtuel recouvre une galaxie d'outils et de techniques, une nébuleuse d'applications concrètes, qui vont des effets spéciaux numériques ou des jeux électroniques à la téléprésence et aux communautés de clones synthétiques, en passant par le développement du cyberespace, dont la préfiguration est Internet. Le virtuel est une utopie en cours de réalisation.

Le virtuel est un système de représentation

Le virtuel est une « écriture ». Si l'on accepte pleinement cette idée, il faut en mesurer toutes les conséquences, positives et négatives.

En tant qu'« écriture », le virtuel sera probablement à l'origine d'une nouvelle manière d'oublier la « parole », d'oublier l'être, d'oublier le réel. Mais, par effet dialectique, nous serons aussi amenés à « réaliser » le statut pathogène de l'immersion virtuelle, et nous serons amenés à nous remémorer notre condition oublieuse.

À la civilisation du « matériel » succède une civilisation de l'immatériel, qui s'appuie sur des lois de fonctionnement très différentes : l'infinie réplicabilité des informations, leur mise à disposition en temps réel pour le bénéfice de tous les usagers mondiaux du réseau. L'économie de l'immatériel comme l'économie des réseaux bénéficient de la loi des rendements économiques croissants. Plus on utilise un logiciel, une norme, un standard, un réseau, plus ils prennent de la valeur.

Cette économie de l'immatériel va nous obliger à inventer une nouvelle société. On ne pourra plus se contenter de répartir un travail de plus en plus rare et qualifié entre des chômeurs de plus en plus structurels et nombreux. Il s'agira en priorité de répartir au mieux les fruits de la productivité globale, qui ne cesse d'augmenter, afin de conserver une certaine cohésion sociale et transnationale. Les robots industriels comme les robots de connaissance (les *knowbots* d'Internet) permettent de gagner du temps. Mais pour quoi faire ? Ce temps libéré doit être redistribué équitablement, par d'autres moyens que par les seuls mécanismes du marché. Pendant que les nouveaux prolétaires, les robots, travaillent dans tous les domaines où ils ont montré leur supériorité, il faut permettre aux hommes, munis d'une reconnaissance sociale indispensable, de se livrer à des activités proprement humaines. Ces activités socialement productives, mais, selon la logique limitée du « marché », « économiquement » improductives, sont laissées de côté par le capitalisme libéral. Des secteurs prioritaires en termes civilisationnels et humains comme la santé, l'éducation, la culture, la solidarité, l'environnement, la création artistique, la recherche, n'ont pas ou n'ont que peu de viabilité économique, selon les critères du capitalisme libéral, qui préfère évidemment se décharger de ces responsabilités sociétales sur l'État, lequel s'effondre sous le poids toujours croissant de charges non « rentabilisables ». La tendance actuelle à la privatisation des îlots de profits et à la socialisation des océans de pertes ne peut que nous mener à des formes d'injustice de plus en plus criantes, et ne peut d'ailleurs que miner en profondeur les bases mêmes du fonctionnement de l'économie capitaliste actuelle. Le marché laissé tout entier à la « main invisible » qui le conduit est bien incapable de voir ou de prévoir les imprévisibles détours du chemin.

Comme système d'écriture, le « virtuel » va jouer un rôle capital dans l'organisation de la société en genèse, cette société de l'immatériel, tant pour les secteurs « économiquement productifs » que pour les secteurs culturels, associatif, artistique, créatif, bref le secteur sociétal, non « rentable » et abandonné par le marché. Il est donc important d'analyser cette nouvelle écriture non pas d'un point de vue étroitement instrumental, mais en tentant de lui donner sa véritable envergure civilisationnelle.

La puissance de la représentation virtuelle et ses limites

La représentation virtuelle se distingue de la représentation écrite ou de la représentation iconique par plusieurs traits caractéristiques : l'universalité du codage de base (le numérique), le lien opératoire entre langages formels et image, la calculabilité, la capacité de simulation et de visualisation concrète de modèles abstraits. Le virtuel permet d'agir sur le réel à l'aide de représentations « efficaces » du monde. L'image virtuelle n'est pas une image du monde, c'est la fenêtre d'un monde « intermédiaire » dans lequel on peut s'immerger, dans lequel on peut rencontrer les autres, et dans lequel on peut agir sur le monde réel par l'intermédiaire de toutes sortes de capteurs et d'effecteurs.

Le virtuel introduit des interfaces nouvelles de communication entre les hommes. Il n'est donc pas limité à la représentation des modèles, il peut se mettre au service de la représentation des hommes, avec le clonage réaliste des visages et la « télévirtualité ». La télévirtualité est une technique de partage à distance d'un « lieu virtuel », afin d'y effectuer virtuellement des travaux collectifs *(groupware)*. Chaque participant est représenté par un « clone », ce qui offre deux avantages très importants par rapport à la visioconférence : une bande passante très faible pour les liaisons de télécommunications, une interactivité totale allant jusqu'à occuper le « point de vue » de ses interlocuteurs.

Les limites des mondes virtuels doivent être soulignées. Elles viennent essentiellement de leur nature conceptuelle, et du fait qu'ils sont définis et composés par la pensée logico-mathématique, formelle, abstraite. Cela les réduit nécessairement aux seules structures qui se prêtent à une telle formalisation. Le virtuel, qui est d'essence logico-mathématique, peut-il rendre compte de ce qui constitue la substance même de la réalité, peut-il saisir dans ses filets mathématiques tous les poissons du réel ?

La variété du virtuel

La nature profonde des mondes virtuels est logico-mathématique. C'est leur limite, mais c'est aussi leur puissance. Le virtuel est le lieu idéal du déploiement concret, sensible, des abstractions et des modèles. Le virtuel nous permet de mieux comprendre non pas le monde, mais l'idée que nous nous en faisons. Tout ce qui peut être quantifié ou numérisé dans le réel peut être simulé, visualisé dans le virtuel. D'où la variété infinie des applications du virtuel. On observe une extrême diversité des couplages entre réel et virtuel. Le virtuel envahit tous les secteurs d'activité : le pilote de chasse, l'agent de change, le chirurgien, l'enseignant, l'ingénieur, le bibliothécaire, peuvent dès aujourd'hui trouver dans le virtuel une aide incomparable à la compréhension, et des outils puissants pour l'action... Il semble que cette universalité du virtuel en fasse une sorte de *lingua franca*, une langue commune à des cultures foncièrement différentes.

Le virtuel sert aussi bien à représenter et à simuler la réalité qu'à donner chair et consistance aux imaginations les plus libérées. Il sert de pont entre le réel et l'imaginaire. D'où le risque d'une confusion croissante entre les divers régimes de réalité qu'il induit, qu'il confronte, qu'il hybride.

Cette confusion est provoquée par la nature même du virtuel qui tend à effacer les frontières reconnues du réel, pour leur substituer toutes sortes de passerelles entre ce qu'il est convenu d'appeler le réel et ce qui appartient à un autre monde, de nature langagière, le monde intermédiaire des êtres de raison.

Platon [1] dit qu'il y a trois sortes d'art, l'art qui se sert des choses, l'art qui les fabrique et l'art qui les imite. Cette belle distinction est malaisée à appliquer au cas du virtuel. En effet, le virtuel tend à confondre et fusionner ces trois arts et pourrait se définir comme « l'art qui fabrique des imitations dont on peut se servir ». La confusion des genres à laquelle il donne lieu s'explique en partie par l'effacement des catégories de la raison classique, comme on va maintenant le voir. Mais auparavant une tentative de taxonomie du « virtuel » et des diverses instantiations de la virtualisation du réel est indispensable.

Les applications du virtuel ne cessent de se diversifier. Il est de plus en plus vain de tenter de les énumérer toutes. En revanche, il paraît intéressant d'essayer de les classer suivant les modalités de médiation qu'elles permettent. Entre l'homme et le monde, trois grandes catégories de médiation sont possibles, les sens, l'intelligence, l'action : à savoir la médiation sensible, la médiation intelligible et la médiation effective. Dans le cas du virtuel, on interagit avec le monde réel par l'intermédiaire d'images virtuelles (médiation sensible), mais aussi à l'aide de modèles représentant notre savoir sur le monde (médiation intelligible) et enfin grâce à des effecteurs ou des senseurs (médiation effective). Ces trois types de médiations sont souvent corrélés à divers degrés. Elles forment les trois axes d'un cube, dans lequel s'inscrivent toutes les formes d'hybridation du réel et du virtuel. Selon l'axe de l'image, on trouve les divers degrés de « présence » rendus possibles par les techniques : vidéo-conférence, télévirtualité, clonage, communautés virtuelles. Sur l'axe des modèles, on trouve les divers degrés d'adéquation cognitive avec la réalité : simulations réalistes, simula-

---

1. Dans *La République*, X, 601.

tions abstraites, simulations heuristiques, modélisations formelles, etc. Enfin, selon l'axe de la médiation avec la réalité, on trouve la gamme des techniques permettant d'agir effectivement sur le réel par l'intermédiaire d'une médiation virtuelle : téléprésence, téléexistence, téléopération, télévirtualité, mettant en œuvre des robots plus ou moins autonomes ou téléguidés.

Le virtuel se caractérise, on l'a dit, par une extraordinaire labilité des niveaux de représentation et des niveaux d'hybridation avec le monde réel. Ceci entraîne un risque croissant de confusion, et aussi un risque d'aliénation pour ceux qui ne sauraient pas maîtriser les articulations entre la réalité et ses diverses représentations virtuelles. Le risque est d'autant plus grand que le virtuel devient une réalité à part entière, tant il est vrai que l'on peut agir réellement avec le virtuel. On peut évaluer la « réalité » du virtuel avec des critères comme l'efficacité pratique, lorsqu'il s'agit de modélisation ou de simulation, ou encore la satisfaction du public lorsqu'il s'agit de fiction ou de jeux. D'une certaine manière, on l'a vu, le virtuel est donc bien réel, puisqu'il permet d'agir sur la réalité. De manière symétrique, le réel possède une certaine virtualité. C'est ce qu'Aristote appelait la « puissance ». Il y a du réel dans le virtuel et du virtuel dans le réel. Le paradoxe s'accroît lorsque dans certains cas il est possible de dire que le virtuel est « plus réel que le réel ». La simulation virtuelle possède, on le sait, une réalité propre capable de remplacer le déficit éventuel de la réalité réelle. Les militaires ou les chirurgiens ont déjà su faire appel à cette réalité « augmentée ».

Même avec le virtuel, il faut toujours en revenir au principe de réalité. Le problème est que la réalité dépend, dans une certaine mesure, de la représentation que nous nous en faisons. C'est encore plus vrai dans le cas du virtuel. Le niveau de réalité des images virtuelles (qui est de l'ordre du « visible ») ne cesse d'interférer avec le niveau de réalité des modèles virtuels (qui est de l'ordre de l'« intelligible »). Cette « réalité » du virtuel fait penser à la réalité « intermédiaire » des êtres mathématiques qui intriguaient tant les Anciens, et qui continue d'ailleurs à occuper certains philosophes contemporains. Platon utilisait le concept de *metaxu* (« intermédiaires » en grec) pour rendre compte de l'existence d'« êtres de raison » comme les êtres mathématiques, situés « entre » le sensible et l'intelligible. Cette catégorie des « intermédiaires » était riche de tout ce que la catégorisation classique ne permettait pas de classer.

Le virtuel possède aussi une certaine réalité « intermédiaire ». C'est une réalité « a-topique », à la fois nulle part en réalité, et pourtant quelque part virtuellement. Le virtuel est un lieu fait de non-lieux, non pas parce qu'ils n'auraient pas d'existence mais parce que cette existence ne s'inscrit pas dans l'espace classique. Le virtuel est délocalisé, déterritorialisé. Les lieux virtuels possèdent certes une certaine réalité, une certaine spatialité, une certaine temporalité, mais ces catégories qui nous semblent aller de soi dans les contextes classiques perdent dans le contexte virtuel une partie de leur pertinence, de leur capacité à rendre la vérité des phénomènes.

Le virtuel est une a-topie, parce qu'il n'appartient pas à un *topos*. Le *topos* c'est le lieu où l'on est, le lieu de notre position dans le monde. Or le virtuel n'a pas de position, il ne nous permet pas de nous poser en lui, il est transposition. À la différence d'un espace réel, l'espace virtuel est un espace de langage, capable de s'hybrider à l'espace réel. L'espace virtuel n'est pas un *topos* mais un *tropos*, il appartient à l'univers infini et langagier des tropes et des métaphores. Il est jeu langagier, rhétorique, mouvement, flux. Le virtuel est héraclitéen. On ne peut s'y fixer, s'y enraciner, car il se dissout sans fin.

L'idée d'un lieu de langage, d'un espace de métaphores, d'un *topos* traversé par le flux des virtualités, est une très ancienne intuition :

« Que la gloire de l'Éternel soit louée en son *lieu*. »

« Voici un *lieu* auprès de moi »[1], c'est-à-dire « un degré

---

1. Ex. 33.21.

de spéculation, de pénétration au moyen de l'esprit et non de pénétration au moyen de l'œil », commente Maïmonide. On comprend la leçon : le « lieu » n'est jamais seulement un simple emplacement, un « endroit » : il se comprend selon qui l'habite, et même il se constitue par lui. Un lieu est d'abord une situation, l'occasion d'une présence.

L'effacement des catégories classiques que nous évoquions plus haut commence avec l'effacement de la frontière entre images « réelles » et images « virtuelles ». Les techniques – désormais éprouvées – du trucage et de la manipulation des images sont capables de tout. Ces performances, dont on sait qu'elles sont accessibles aisément et à un coût raisonnable, vont tout simplement tuer notre confiance dans les images. Le privilège exorbitant d'une croyance en une vérité naturelle de l'image est en train d'agoniser. Toute image sera ressentie d'abord comme résultant d'un processus de « manipulation numérique » au sens large, et sera progressivement considérée de ce fait comme une création de l'esprit, et non nécessairement comme l'enregistrement d'une vérité photonique ou photochimique, d'une vérité ayant eu une inscription « visible », une réalité lumineuse. Sa réalité physique, sa capacité à servir de preuve et d'épreuve du réel, sera certes encore possible, mais sous des contraintes très fortes de validation et d'authentification. Il faudra prouver la réalité du visible et l'image ne pourra pas imposer naturellement son « évidence ». Le rapport de force se trouvera ainsi inversé : les images seront ressenties comme *a priori* coupables du péché originel de la numérisation. À force de faire naviguer des clones de synthèse dans des scènes « réelles », ce sont les images de la réalité qui seront d'emblée assimilées aux images virtuelles. Ce sera donc la mort de toute illusion sur la nature des images. Enseignement précieux, mais cher payé. Certes, c'est le doute cartésien enfin mis à la portée de tous, l'esprit critique imposé par la nécessité des temps, mais au prix de l'abandon d'un certain lien social, d'une certaine croyance possible dans des images communes, dans un patrimoine d'icônes partageables.

Le virtuel rend caduque l'opposition entre image et action. Avant l'arrivée du numérique et du virtuel, les images étaient condamnées à la représentation passive. Elles ne permettaient pas l'action. Les images étaient des mémoires, photographiques ou picturales, ou de pures fictions. Elles étaient physiquement et surtout fonctionnellement limitées par leur nécessaire matérialité : la pâte picturale, la gélatine photochimique, la surface photosensible des caméras de télévision. Avec le numérique, l'image s'affranchit de toute matérialité spécifique pour acquérir au contraire une universalité fonctionnelle. On peut dès lors l'intégrer à des processus d'action et de transformation matérielles, la coupler avec des robots par exemple, par le biais de mécanismes de vision assistée par ordinateur, ou encore l'insérer dans des boucles de commande complexes mobilisant divers capteurs et effecteurs. La téléprésence et la télévirtualité utilisent à divers degrés le virtuel pour agir sur le monde réel. On ne peut plus opposer représentation virtuelle et action réelle, puisque la représentation fait partie de l'action, en constitue le support, le modèle et même dans certains cas la substance. Par exemple, on peut se rendre virtuellement « présent » au cœur même d'une molécule, grâce à une technique dite de « nanoprésence ». Un microscope à effet de champ permet en effet de visualiser une structure moléculaire complexe atome par atome. Lorsqu'on visualise la molécule, on peut aussi simuler les champs de force qui émanent d'elle, et coupler ainsi simulation visuelle et simulation proprioceptive (à retour d'efforts). On peut enfin agir « réellement », c'est-à-dire physiquement au niveau de chacun des atomes représentés. Une telle expérience, fameuse, de nanotechnologie a permis de placer avec précision, un par un, la trentaine d'atomes nécessaires pour « écrire » le sigle de la firme IBM sur une surface de silicium.

On pourrait citer d'autres exemples d'action réelle grâce au virtuel. La guerre virtuelle des contre-mesures électroniques abonde de situations intéressantes à cet égard. On peut ainsi créer synthétiquement des signatures radar artificielles pour brouiller activement des autodirecteurs de missiles. Pendant la guerre du Golfe, on a utilisé des simulateurs pour représenter la position des forces en présence et préparer les opérations sur un « champ de bataille virtuel ». La base de données SAKI avait la précision des satellites d'observation militaires et couvrait tous les territoires concernés : Irak, Koweit, Arabie Saoudite. Elle permettait non pas seulement une simulation mais une préparation opérationnelle. Après le succès de SAKI, l'armée américaine a décidé d'étendre le procédé à la planète tout entière. C'est le projet de « simulation distribuée » DIS de la DARPA. Il s'agit de développer une norme commune d'échange de données permettant à tous les simulateurs de fonctionner comme autant de « points de présence virtuelle » dans le réseau mondial de l'OTAN. Le but poursuivi à terme est de permettre au haut commandement de se brancher directement sur le monde réel grâce à l'interface virtuelle globale du DIS. On pourra ainsi faire un « zoom » continu sur n'importe quel point du globe et afficher à toutes les résolutions les informations disponibles, qui pourront être des images vidéo (satellites d'observation) ou des images abstraites : situation du champ de bataille, organisation d'une unité, ou même état de santé d'un soldat relié en direct au reste du monde, comme ce fut le cas récemment pour le sauvetage d'un pilote américain en Bosnie.

Le proverbe le dit bien : « Ce que l'on entend, on l'oublie, ce que l'on voit on s'en souvient, ce que l'on fait on le comprend. » Avec les images virtuelles, on peut faire et on peut agir. On peut donc comprendre le réel par le virtuel. Les images virtuelles nous permettent de transformer la représentation que l'on se fait du monde, et le monde lui-même.

Paysages d'information

L'image virtuelle efface également la frontière entre imagerie de représentation réaliste (photographie, vidéo) et imagerie de représentation abstraite (cartes, schémas, tableaux, diagrammes...). Ces deux types de représentation sont parfaitement combinables au sein du virtuel, média œcuménique par excellence. En combinant leurs qualités respectives, ils peuvent constituer des « hyperimages », par analogie avec la notion d'hypertexte, et acquièrent avec cette fusion plus de force et d'efficacité. L'expression de « paysage d'information » *(data landscape)* est un bon exemple du développement de ces hyperimages, aux combinaisons de réalisme et d'abstraction des plus variées.

Les travaux du MediaLab du MIT ont toujours été à la pointe dans ce domaine, comme en témoignent plusieurs recherches lancées récemment. Citons le projet NewsViews, consacré à la présentation d'informations journalistiques sous forme de « paysages » tridimensionnels. Les informations sont regroupées de diverses manières suivant les intérêts personnalisés des utilisateurs. Le projet Financial Viewpoints exploite la même idée dans le contexte de l'information boursière. Le projet GeoSpace s'attache à présenter des informations géographiques en tenant compte du profil de l'utilisateur, et en tirant également parti de techniques interactives d'affinement des requêtes et de techniques de navigation 3D.

L'image virtuelle se prête particulièrement bien à la représentation d'abstractions mentales, du fait de sa nature formelle. Comme elle permet aussi la représentation iconique et la visualisation « réaliste » classique en incorporant des images naturelles numérisées, elle devient un outil idéal d'hybridation, de combinaison entre divers « niveaux » de représentation. Le virtuel, en favorisant les passages entre genres d'images, entre catégories d'énonciation, entre modes d'expression, apparaît d'emblée comme un moyen de penser l'au-delà de l'image. En rassemblant et en fédérant toutes les images et toutes les représentations disponibles sur un sujet donné, le virtuel nous incite à ne pas en privilégier certaines aux dépens d'autres, et donc nous invite à les dépasser toutes et à chercher dans la prolixité et la multiplicité des références un point de vue plus global, plus conceptuel que perceptuel.

Représentation et présence

Avec la téléprésence ou la télévirtualité, nous avons affaire à des « représentations » à base d'images réalistes ou virtuelles, mais ces représentations sont aussi porteuses de la présence effective, quoique distante, des personnes en situation de communication. Par exemple, un chirurgien peut être téléprésent dans une salle d'opération bien réelle grâce au clone virtuel de lui-même. Il peut même téléopérer à distance le malade à l'aide de robots télécommandés, ou alors, plus subtilement, téléguider la main d'un confrère moins expérimenté que lui, mais susceptible de suivre ses indications à la lettre, tout en s'installant virtuellement dans son champ de vision opératoire pour en contrôler minutieusement la mise en œuvre.

En abolissant la coupure classique entre la représentation et la présence (qui en français du moins sont deux concepts antagonistes), le virtuel efface la frontière entre diverses sortes de « lieux ». Quel est le véritable lieu de notre présence au monde, lorsqu'on est impliqué dans une telle relation de téléprésence ? Où est-on réellement quand on est virtuellement présent ailleurs ? Est-on là où on est physiquement ? Est-on là où on agit ? Là où on pense ? Là où nos clones virtuels circulent à notre place ?

Que peut-on dire de représentations qui sont des formes atténuées et cependant parfaitement efficaces de présence ? Cette question pourrait même avoir un prolongement juridique lorsqu'il s'agit de la responsabilité induite à la suite d'une « téléaction » ou d'une téléopération. Elle se complique encore lorsque ce sont de véritables communautés virtuelles qui se constituent, dans des réseaux internationaux, dans une très grande variété de situations (communautés synchrones ou asynchrones, degrés divers de « coprésence », interaction plus ou moins réelle avec le monde réel).

La « réalité augmentée »

La « réalité augmentée », c'est tout simplement le mariage du réel et du virtuel, de la carte et du territoire : on utilise les techniques de la représentation virtuelle pour superposer des images ou des informations virtuelles au monde réel. Cette hybridation intime permet d'expliciter, de mettre en valeur ou de souligner certains aspects de la réalité réelle grâce aux artefacts de la réalité virtuelle. C'est pourquoi l'on dit que le virtuel vient « augmenter » le réel. La réalité augmentée peut être utilisée dans le champ opératoire, pendant une opération chirurgicale. Une application en a été faite dans le cadre de la chirurgie de la scoliose : un appareillage produit une image de synthèse tridimensionnelle qui est superposée optiquement aux vertèbres opérées en étant placée directement dans le champ de vision du chirurgien. Une autre application, particulièrement spectaculaire, est la création d'un système de guidage pour les aveugles présentée par Jack Loomis et Reginal Golledge lors d'Imagina 95. Le système comporte trois modules : le premier permet de repérer la position et l'orientation de l'aveugle dans le monde réel. On peut atteindre une précision de 30 cm en utilisant des balises **GPS** *(global positioning system)*. Le deuxième module est un système d'information géographique, c'est-à-dire essentiellement une base de données dont le niveau de détail est suffisant pour rendre compte de tous les obstacles permanents qu'un aveugle est susceptible de rencontrer sur son chemin lorsqu'il se promène en ville. Le troisième module est chargé de « représenter » au mieux l'information perçue pour les besoins du guidage de l'aveugle. En l'occurrence, l'aveugle dispose d'un casque stéréophonique capable de créer une sorte de « paysage sonore virtuel », généré en temps réel par un synthétiseur de sons. L'interface utilisateur permet aussi quelques fonctions comme la possibilité de « noter » virtuellement sous forme d'indications sonores tel ou tel point du monde virtuel ainsi attaché au monde réel, mais aussi de changer certains paramètres comme l'échelle du « monde ». Ce genre d'application (hybridation de divers niveaux de représentation reliant la carte et le territoire, le virtuel avec le réel) est déjà utilisé depuis plusieurs années par les militaires.

Lorsque les techniques de réalité augmentée vont se généraliser au grand public, le réel perdra son *innocence* perceptive et ressemblera plus que jamais à un palimpseste, dont il faudra s'exercer à déchiffrer les niveaux de lisibilité, les épaisseurs de commentaires éventuels, cachés dans les replis des interfaces, les profondeurs potentielles des dérivations et des navigations hypertextuelles... Il est vrai que le réel n'a jamais eu cette « innocence » dans le cas de contextes culturels à haute valeur ajoutée, mais dans la vie quotidienne la réalité reste encore lisible pour tout le monde. Bientôt, la situation aura changé : les nouvelles formes de cohabitation réel/virtuel vont de plus en plus polluer notre vie sous prétexte de l'« augmenter ». Nous risquons de devoir nous familiariser avec ce nouveau réel augmenté sous peine de ressembler bien vite à des analphabètes perdus dans les jungles symboliques.

Autre problème : la coexistence, dans les mêmes unités perceptives, de divers niveaux de représentation va nous obliger de plus en plus à surfer entre les différents degrés de réalité et de virtualité. La perception du réel nous semblait jusqu'à présent relativement « unifiée » et donc maîtrisable. Un minimum de bon sens suffisait pour se repérer dans les forêts de signes, puisque ces signes se laissaient deviner comme signes et se laissaient aisément lire sur le fond stable et tranquille du « réel ». Il se pourrait que la fin de cet âge d'or soit proche. À l'heure où le réel devient de plus en plus orphelin d'une vérité qu'il semble bien incapable de donner à voir, il va falloir changer notre regard sur le monde. Il va falloir apprendre cette nouvelle écriture hybride. Si nous ne le faisons pas, nous serons les esclaves des nouveaux scribes, les maîtres de l'écriture hiéroglyphique du virtuel, et nous serons incapables de déchiffrer les multiples nœuds nouveaux qui enlacent étrangement tous les niveaux de représentation du réel, du symbolique, du simulé, de l'« augmenté », etc.

En nous « alphabétisant », nous gagnerons bien sûr plus de pouvoir sur le monde. Mais nous courrons alors un autre risque : la perte d'une certaine simplicité du regard, la perte de la contemplation tranquille du monde, occulté par un fatras abscons d'indispensables images.

L'épreuve du réel : l'accident

Lorsque deux hélicoptères américains ont été abattus, il y a quelques années par des F-16 américains au-dessus du nord de l'Irak, on a pu s'étonner de la dangerosité des systèmes d'armes les plus perfectionnés, incapables malgré tout de distinguer les amis des ennemis, et susceptibles d'amplifier considérablement les conséquences d'erreurs humaines. Cette affaire rappelle d'autres sanglants épisodes de la guerre du Golfe, lorsque des avions américains ont attaqué et réduit en cendres des transports de troupes britanniques. Évoquons encore l'épisode du *Vincennes*, ce navire américain anéantissant un Airbus iranien transportant des passagers civils pendant la guerre Iran-Irak et faisant plus de deux cents morts à la suite d'une erreur d'interprétation des radaristes, qui avaient « confondu » l'écho radar de l'Airbus avec celui d'un Mig. Tous ces « accidents » ont un point commun, à savoir l'utilisation de techniques de représentation artificielle, ou plus exactement de *simulation* de l'état du monde réel (comme les images radars, les signaux électroniques des balises, etc.) et l'incapacité d'assurer une correspondance exacte entre cet état du monde réel et sa simulation, conduisant aux pires conséquences. Il y a là une limitation intrinsèque des techniques de représentation artificielle et de simulation, limitation qui n'est pas simplement d'ordre technique, mais plutôt d'ordre épistémologique. Il faut aussi tenir compte de l'élément le plus important, le plus imprévisible et sans doute le moins fiable : l'homme. On a répertorié de nombreux cas de pilotes ayant mis hors circuit des ordinateurs de bord sous prétexte (le plus souvent à juste titre...) que les informations affichées par l'ordinateur étaient « manifestement » fausses. Une enquête récente menée auprès d'un échantillon de pilotes professionnels fait ressortir que 80 % d'entre eux n'ont pas une totale confiance dans les données affichées sur leurs écrans de contrôle...

Lorsque les techniques du virtuel, au sens large, servent à simuler le monde réel, elles ajoutent de ce fait de nombreux artefacts « virtuels » aux erreurs classiques venant du « réel ». La confusion de la « réalité » et de sa représentation virtuelle ne fait que s'accentuer par l'introduction d'erreurs humaines, accidentelles ou structurelles (comme des bogues de programme informatique). Il devient alors pratiquement impossible d'analyser, surtout en temps d'urgence, l'origine de la panne. Le plus grave, c'est qu'il devient même impossible de distinguer le *niveau de réalité* de cette panne, puisqu'elle peut affecter précisément la représentation qu'on se fait de la réalité. Le virtuel est une machine à créer des paradoxes épistémologiques...

On pourrait faire l'analogie avec le principe d'incertitude de Heisenberg, selon lequel on ne peut mesurer avec la même précision simultanément la position et la vitesse d'une particule. Dans toute simulation, il y a de même une incertitude fondamentale dans l'interprétation des résultats quant à ce qui appartient à la sphère du réel et du virtuel.

On ne peut jamais mesurer avec précision ce qui est « réellement » réel et ce qui appartient aux artefacts de la simulation virtuelle du réel, puisque c'est avec la simulation qu'on représente ce qu'on croit savoir du réel. Il y a donc un risque toujours présent d'autoréférence, indécelable par nature. Il n'y a plus de pierre de touche de la réalité même.

Dans l'affaire des deux hélicoptères, une enquête approfondie a conclu à la responsabilité lourdement engagée d'au moins huit personnes. Une incroyable série de négligences humaines a été à l'origine de la catastrophe. La balise IFF *(identification friend or foe)* d'un des hélicoptères envoyait bien un signal « ami » mais correspondant à un autre type d'appareils ; l'un des deux pilotes ayant tiré des missiles sur les hélicoptères a transmis oralement à l'autre pilote une confirmation de reconnaissance visuelle d'un objectif « ennemi » ; les diverses équipes de radaristes présentes à bord de l'avion AWACS surveillant alors l'espace aérien ne se sont pas transmis les informations critiques au moment de l'attaque alors que les uns étaient en communication avec les chasseurs mis en alerte et les autres avec les hélicoptères menacés...

La conclusion générale de l'enquête fut que la présence d'intervenants humains dans toute boucle décisionnelle rend toujours possibles l'erreur, l'inattention, l'accident.

Lorsqu'on ne peut pas éliminer l'homme de la boucle de décision, et on ne pourra jamais l'éliminer, on introduit de ce fait une incertitude radicale.

Le retour du réel

Les techniques du virtuel risquent de déréaliser toujours plus notre rapport avec la « véritable » réalité. Autrement dit, le virtuel va de plus en plus faire écran. Mais qu'est-ce que la « véritable réalité » ? Le virtuel est désormais partout, dans les détails du local et dans les interférences du global. Le virtuel s'enchevêtre finement avec le réel, comme le local s'enchevêtre finement avec le global. Il ne faut surtout pas tenter de séparer le réel du virtuel, comme le bon grain de l'ivraie. Il faut faire feu de tout bois, réel ou virtuel, en ne perdant pas de vue le but ultime. Il faut agir localement, dans le réel comme dans le virtuel, à condition de penser réellement aux conséquences globales de ces actions locales. On connaît l'expression : « Think global, act local ». On pourrait ajouter : « Think real, act virtual ». Pensez réellement, agissez virtuellement. Car la vertu réelle de l'action n'est pas dans son moyen mais dans sa fin. Le virtuel nous propose d'abondantes métaphores du réel qui sont autant de sources de confusions potentielles et parfois mortelles. Comment se doter d'un critère de vérité qui puisse nous aider à naviguer entre les divers niveaux de réalité et de virtualité ? Le virtuel doit être considéré, on l'a dit, comme un outil d'écriture, un système de représentation. À ce titre il apparaît aussi comme un élément du lien social. C'est pourquoi il nous paraît nécessaire de juger de la « vérité » du virtuel d'après un critère garantissant l'optimisation de ce lien social. La vérité du virtuel doit, en dernière analyse, s'évaluer d'après sa participation au bien commun. L'épreuve du réel c'est le bien commun global. Le critère du bien commun global implique que la réalité de référence soit la société planétaire (ou transnationale si l'on préfère) dans son ensemble.

Les mondes virtuels seront considérés comme « réels » seulement dans la mesure où ils contribuent « réellement » au bien commun global, à la société planétaire. Sinon ils ne seront qu'un opium du peuple supplémentaire. Le virtuel doit se mettre au service du réel, et ce réel c'est celui de la communauté humaine. Une communauté composée d'individus bien réels est elle-même d'essence virtuelle. Mais le virtuel peut aider la communauté virtuelle des humains à « se réaliser », en l'aidant à « se représenter ». C'est cette représentation-réalisation du bien commun qui pourrait constituer l'utopie ultime du virtuel.

Le cyber-réel

On l'a déjà dit maintes fois : le virtuel n'est pas le contraire du réel, c'est l'une des formes du réel, l'un de ses masques. Mais le mot virtuel a aussi un autre sens : c'est le virtuel comme figure fourre-tout de l'« immatériel », comme métaphore pratique de l'insaisissable. L'inflation médiatique actuelle du mot « virtuel » augmente de plus en plus la confusion entre ces deux sens. D'un côté, le déploiement *matériel* des techniques du virtuel qui finit par composer une sorte de « cyber-réalité », et de l'autre l'influence *immatérielle* du virtuel dans le réel, ce qui fait que le réel, de plus en plus saisi par des concepts et des représentations du monde venant de l'univers cyber, devient un « cyber-réel ». Cyber-réalité et cyber-réel se côtoient et se renforcent l'un l'autre. Mais leur essence est différente. La cyber-réalité c'est la réalité du cyberespace. Le cyber-réel, c'est la virtualisation et la dématérialisation du monde réel.

On le voit chaque jour davantage, les techniques matérielles du virtuel font de plus en plus partie de la réalité, elles sortent du ghetto des spécialistes et envahissent notre quotidien. Ces techniques ne sont pas en elles-mêmes immatérielles, elles sont au contraire parfaitement concrètes. Elles reposent sur des circuits en silicium et des électrons disciplinés. La miniaturisation n'est pas une dématérialisation. C'est objectivement le contraire. On utilise intensivement la matière, dans ses moindres électrons. De plus, sur un plan plus « marxien », le virtuel est une affaire tout à fait sérieuse : les techniques du virtuel au sens large coûtent cher à développer et des enjeux économiques énormes dépendent aujourd'hui de leur fonctionnement sans faute. Autrement dit, de ce point de vue là, le virtuel n'a rien d'immatériel ; il est, bien au contraire, on ne peut plus ancré dans la réalité.

L'autre aspect du virtuel, la contamination immatérielle des modes de pensée et des représentations, est beaucoup plus difficile à saisir.

Le cyber-réel possède déjà une existence immatérielle, au sein des communautés virtuelles des utilisateurs d'Internet qui forment une sorte de plasma humain virtuel. Les innombrables mémoires artificielles et les mémoires humaines qui les utilisent forment des réseaux hétéroclites, qui se font et se défont constamment. Ces hybridations se fondent dans des flux permanents, dans des territoires évanescents.

Le cyber-réel est indestructible, non pas parce qu'il serait capable de résister à une attaque nucléaire, à l'image d'Internet, mais parce qu'il a la forme d'une idée. C'est aussi un métalieu fait de métaliens, de cyber-territoires, d'univers-flux, constitués seulement de symboles circulants, incontrôlables.

Cette idée, c'est que la culture du virtuel appartient à tout le monde, qu'elle est indéfiniment réplicable, modifiable, partageable, comme le feu qui se donne, ou les idées elles-mêmes. C'est l'idée d'un espace de valeur virtuelle totalement différent de l'espace de la valeur économique, capitalistique. Le processus d'accumulation de la valeur virtuelle échappe à tout contrôle réel. Le virtuel – tout comme une idée – ne peut pas être possédé.

Bien entendu, la réaction sera violente, voire implacable. On le voit déjà sur Internet. Les grandes manœuvres et les intimidations ont commencé. Tous les *lobbies* sortent du bois. Tous les puissants de l'ordre ancien tentent de pérenniser leur position de domination dans le monde nouveau. Ils feront illusion, un temps. Ils se battront à coups de « brevets » et de propriété intellectuelle ou industrielle. Ils chercheront à reconstruire les murs et les barricades, les privilèges et les péages qui structurent le monde passé. Mais il est déjà trop tard. L'oiseau s'est échappé, la boîte de Pandore du virtuel s'est ouverte. Nous savons désormais qu'un autre monde est possible, plus intéressé par l'échange et le partage que par le profit et l'exclusion.

Où allons-nous ? Vers une nouvelle cité numérique, un village virtuel global, une cyber-terre ? Des ghettos virtuels, des chaos viraux, des fragilités pestifères, des terrorismes fluides ou gazeux, comme le sarin à Tokyo ou autre chose encore ? Quelle est la juste métaphore ?

N'oublions pas que toujours nous sommes victimes du syndrome de la femme de Loth. Toujours nous voulons jeter un œil sur le passé au moment de le fuir.

Le réel et le virtuel sont des représentations.

Il nous faut prendre possession du réel, simplement pour être. Il nous faut ensuite renoncer à cette possession, car le réel n'est au fond qu'une représentation. Le virtuel peut nous aider à cette renonciation, nous aider à nous éloigner du réel, pour mieux nous ouvrir à l'au-delà du réel.

L'homme doit apprendre à abandonner sans cesse les formes premières de sa pensée ou de son art, pour d'autres formes et d'autres représentations, secondes, puis tierces... On ne doit plus s'arrêter. Toujours il faut s'arracher aux campements provisoires que toute image et toute pensée proposent, et reprendre la route, laisser derrière soi les métaphores les mieux connues, les idées les plus aimées, pour s'ouvrir aux abîmes impensables, insondables. Le virtuel ne fait que nous rappeler, à sa manière et de façon plus adéquate, à notre temps sans doute, notre obligation d'errance, il nous encourage à continuer d'avoir l'esprit vagabond.

Ce qu'il faut, c'est voir. Et voir c'est chercher à voir, derrière toutes les images, toutes les représentations, derrière toutes les visions, ce qui ne se laisse pas voir, mais se laisse chercher. Au-delà du voir, au-delà de la vision, commence une nuit impénétrable, la nuit de ce que nous sommes, la nuit qui nous constitue. Il faut déchirer ce voile nocturne, par l'exercice inassouvi de la recherche, l'*évidement* du voir, la fine pointe de la critique ultra-vive. Ce déchirement continuel n'est pas une déchirure. Il nous refonde, nous fait renaître, nous métamorphose. En sortant de nous-mêmes, nous devons nous déraciner définitivement, comme des graines voyageuses, pour féconder des territoires immenses, des « milieux » infinis, qui s'enracinent en nous.

Chapitre VI

VIES VIRTUELLES

Pour sauver la vie virtuelle de son *tamagochi* agonisant, accroché à la clé de contact de sa voiture, une jeune femme a provoqué un jour un accident mortel de la circulation. De nouvelles versions de ces jeux électroniques ont pris le relais. Elles nous proposent non plus de petits animaux virtuels *(virtual pets)*, mais déjà des « amoureuses », dont il faut s'occuper avec tact et sentiment, si l'on veut pouvoir aller plus loin avec elles. Le Japon, pays des jeux vidéo, de la miniaturisation et des bonsaïs, avait sans doute tous les atouts pour lancer cette mode de la vie artificielle portative, aussi exigeante que l'entretien des jardins secs.

Le goût des automates et de la vie artificielle a des racines profondes. Les recherches actuelles sur l'intelligence artificielle, les automates cellulaires, les algorithmes génétiques, les réseaux neuronaux, ne font que manifester à nouveau une fascination immémoriale pour la simulation de la vie, dont les golems et les automates mécaniques furent un temps les incarnations tangibles.

Pourquoi chercher à simuler la vie ? Parce que nous sommes troublés de constater à quel point il est difficile de distinguer clairement ce qui paraît vivant et ce qui vit vraiment. Ce malaise nous incite à nous reconsidérer nous-mêmes. Si un simulacre peut singer la vie, notre propre vie n'est-elle pas une sorte de simulacre ? En tout état de cause, simuler la vie, c'est s'efforcer de comprendre ce qui en elle est apparence et ce qui est substance. Il s'agit en réalité d'un enjeu métaphysique. Les vies artificielles nous proposent une métaphore roborative de différentes sortes de vies « intermédiaires ». Notre propre vie étant elle-même « intermédiaire », comme l'âme platonicienne qui relie le sensible et l'intelligible, qui conjoint la condition mortelle et la vie immortelle, nous pouvons sans doute trouver matière à réflexion dans ces zoos de synthèse, et méditer devant ces êtres hybrides au statut mouvementé.

Ces êtres artificiels n'ont peut-être pas d'existence propre, mais désormais ils peuvent en donner l'illusion tangible. L'autonomie des formes de vie virtuelle que l'homme est capable de créer donne fortement à réfléchir sur la nature même de notre propre vie. Autrement dit, le progrès de nos propres « clones » nous pousse à reconsidérer notre propre essence. Plusieurs questions de fond se posent :

• Quelle est la nature des êtres mathématiques et informatiques ? Les êtres artificiels vivant dans les mémoires et les réseaux sont-ils simplement des « êtres de raison », ou bien ont-ils un statut ontologique plus affirmé, d'une autre nature (« êtres intermédiaires »), dans la mesure où ils peuvent interagir physiquement avec le monde réel (ex. : les virus informatiques) ?

• L'abstraction langagière qui produit les automates artificiels (les « zooïdes », les « cyborgs ») est-elle capable de fournir des métaphores convaincantes de notre propre nature ? Autrement dit, la métaphore de la « vie virtuelle » est-elle signifiante pour nous ?

• Plus généralement, l'art ou le langage, qui « vivent » aussi symboliquement en nous et par nous, peuvent-ils bénéficier de ces formes particulières de langage et d'art que sont les êtres intermédiaires qui vivent dans et par les machines ?

Pour les biologistes, le plus petit organisme « vivant » est la cellule. Mais celle-ci contient d'autres organismes (par exemple les virus et les plasmides) qui sont, pourrait-on dire, « quasi vivants ». Ils n'ont pas toute l'autonomie de la cellule mais peuvent se répliquer et même évoluer de façon indépendante. Ces organismes « intermédiaires » sont placés à la frontière entre le vivant et le non-vivant. Ils présentent certaines caractéristiques de la vie, mais ne répondent pas à tous les critères qui caractérisent un organisme vivant minimal, comme la cellule.

Les plasmides sont simplement des molécules d'ADN capables de se reproduire de manière indépendante. En somme, les plasmides parasitent les bactéries tout en faisant partie de leur patrimoine génétique. Ils sont suffisamment autonomes pour se déplacer de bactérie en bactérie, comme des gènes voyageurs. Par exemple, deux bactéries peuvent « s'accoupler », et c'est le plasmide lui-même qui sert de lien conjugal, et qui passe alors de la bactérie donneuse ou « mâle » à la bactérie réceptrice ou « femelle ». Un autre mode de dissémination consiste à parasiter un parasite de la bactérie. Si un virus bactérien attaque une bactérie, il prolifère et finit par la tuer. Ce faisant, il peut incorporer un plasmide de la bactérie agonisante. Le virus est ainsi lui-même parasité et devient inoffensif, son propre ADN étant modifié par le plasmide. Lorsque le virus ainsi modifié infecte (sans succès) une autre bactérie, le plasmide profite de l'occasion pour trouver une nouvelle terre d'élection. En bref, le plasmide représente un cas intéressant de forme de vie intermédiaire, n'étant pas vraiment vivant (ce n'est qu'un petit morceau d'ADN) mais tirant astucieusement parti de la vie de ses hôtes de passage, pour mener son petit bonhomme de chemin.

Un autre cas intéressant de vie intermédiaire est le « prion », qu'on appelait aussi « virus lent non conventionnel ». Les prions semblent contrevenir à la règle fondamentale de la biologie moléculaire. En effet, ils ne renferment ni ADN ni ARN, qui constituent jusqu'à preuve du contraire le plus petit dénominateur commun des organismes vivants. Le prion est une protéine, capable de répliquer sa molécule sans passer par le mécanisme classique de l'ADN. Une hypothèse envisagée est que la protéine du prion est à elle-même sa propre matrice de synthèse. Le prion, protéine autoréférentielle, est une sorte d'automate moléculaire.

En un sens, les êtres mathématiques et autres êtres de raison sont comme les « virus », les « plasmides », les « prions », de notre propre intellect, et même de la société humaine. Ils nous parasitent, malgré nous, pour notre bien ou pour notre malheur. Tout le monde connaît Melissa et ILOVEYOU, et les milliards de dégâts bien réels résultant de quelques lignes de code lâchées sur Internet. Les virus informatiques sont des programmes qui infectent les autres programmes, les modifient et utilisent le fonctionnement propre de ces programmes pour se reproduire et continuer d'infecter d'autres programmes et d'autres machines, tout comme les virus biologiques. La métaphore rend bien compte de leur comportement – ou du moins de ce qu'on en perçoit. Faut-il en déduire que les virus informatiques possèdent à l'instar des virus biologiques une forme de vie « intermédiaire » ? Mais la vie artificielle des virus informatiques peut-elle être mise sur le même plan que la vie intermédiaire des virus de la nature ? N'y a-t-il pas une différence de nature ?

De proche en proche, les virus peuvent parasiter l'ensemble d'Internet. Le code d'un virus peut comporter seulement quelques dizaines de lignes de programme. Toute une ménagerie de virus existe, et il s'en crée des dizaines tous les jours, des bombes logiques aux vers et autres chevaux de Troie. Chaque virus en compétition tente d'imposer sa suprématie sur les autres non seulement en infectant le plus d'ordinateurs mais en s'assurant la pérennité. Il y a plusieurs stratégies possibles : se dupliquer très rapidement, se déplacer sans cesse dans les mémoires infectées et dans les réseaux, se camoufler, parasiter des programmes innocents...

Les « vers » sont des programmes qui s'autoreproduisent. Si rien ne les arrête, ils peuvent très rapidement envahir un système entier et tout le réseau Internet.

Les « chevaux de Troie » sont plus subtils. Au lieu de chercher à se répliquer, ils se contentent de pervertir le fonctionnement des systèmes en déclenchant des effets activés inconsciemment par les utilisateurs qui ignorent bien entendu les conséquences réelles de telle ou telle fonction apparemment innocente d'un programme considéré comme utile et inoffensif.

Les « virus » ont deux phases d'activité, l'infection et l'attaque. Pendant l'infection, le virus se propage, par des échanges de fichiers, de disquettes, de transferts sur Internet ou les réseaux locaux. Il faut qu'il soit prudent. S'il se propage trop vite, il va attirer l'attention et être détecté et exterminé. S'il ne se propage pas assez vite, il risque de rester confiné sur un petit nombre de machines, et de mourir. Pendant l'attaque, la charge explosive du virus passe à l'action : destruction des mémoires, dommages physiques, soit en une seule fois, de façon massive, soit de manière insidieuse et larvée. Les virus peuvent être « furtifs » et tentent de présenter aux antivirus une image apparemment convenable du fonctionnement du système. Ils peuvent être « verrouillés » : toute tentative de les analyser, quand on a réussi à en repérer un, provoque par exemple leur autodestruction. Ou encore « polymorphes » : après chaque infection, ils se transforment en un virus d'un autre type, pour tromper leurs adversaires.

Ce qui paraît frappant c'est que les virus informatiques ne sont pas seulement des êtres de raison. Ils peuvent détruire des informations précieuses, paralyser un réseau, provoquer des accidents graves. Ils ont donc une double nature, comme êtres de raison, mais aussi comme phénomènes réels, interagissant avec le monde réel. On attend le prochain virus, qui effacera sans coup férir, et en quelques instants, des millions de disques durs par toute la terre.

Vies artificielles

La biologie est l'étude de la vie. En pratique, nous sommes limités à la seule forme de vie que nous connaissions, la vie sur terre, basée sur la chimie du carbone. Sans autres exemples de référence, il nous est difficile de distinguer les propriétés essentielles de la vie, possédant un caractère universel, généralisables en dehors de notre galaxie par exemple. Par contre, il nous est possible d'inventer des ensembles de lois et de propriétés, dans un but purement spéculatif, de façon à faire progresser le regard que nous portons sur notre propre vie.

La vie artificielle tente de simuler la vie « naturelle » en créant des systèmes complexes qui se comportent « comme » des organismes vivants. D'où les questions : jusqu'où peut-on aller dans cette simulation du comportement ? Quel est le statut ontologique de ces créations ? Que pouvons-nous en tirer pour notre propre réflexion métaphysique ?

La chimie nous a déjà appris que nous pouvions inventer de nouveaux composés de synthèse à partir des éléments de la réalité. Le langage symbolique des chimistes, le codage linguistique de l'ADN et le codage des programmes informatiques représentent différents niveaux de symbolisation et de représentation du monde – mais dans les trois cas cette représentation langagière est opérationnelle, elle modifie le monde réel.

La vie artificielle tente de créer des formes de vies synthétiques à partir d'algorithmes mathématiques et de programmes informatiques, avec des applications aussi diverses que la recherche logicielle, la robotique, les nanotechnologies, ou même les communautés virtuelles.

Les automates ont été les premières formes de vie artificielle. Au début du XVIIIᵉ siècle, Jacques Vaucanson réalise quelques automates célèbres, dont un Joueur de flûtes et un Canard digérateur. Au premier rang des admirateurs de l'automate, on trouve Descartes, qui considérait le corps humain comme une machine. Des théoriciens du « mécanisme » apparaissent comme Julien Offroy de la Mettrie, qui écrit en 1747 *L'Homme-Machine*. Mais Voltaire ironise déjà : « Tout le XVIIIᵉ siècle se moque de l'automatisme. »

Plus récemment pour Turing, il suffisait que l'ordinateur ait l'air plus intelligent qu'un compétiteur humain pour qu'il le soit effectivement. Autrement dit, si la machine donne satisfaction dans son activité de simulation, si elle donne l'illusion d'une intellection en acte, elle remplit sa mission. La conscience (ultime refuge de l'homme) n'est pas indispensable à l'exercice de l'intelligence artificielle. Entre intelligence et conscience, il y a donc une faille qui rappelle celle séparant la vie de la non-vie.

Mais cette coupure est évidemment trop simple. L'intelligence des calculateurs est forcément limitée. Et leur « inconscience » n'est même pas une garantie de leur fiabilité, de leur prédictibilité. Il y a des êtres mathématiques « semi-calculables », comme les automates infinis de Church, qui sont tout à fait déterminés, mais absolument non prédictibles. Des processus informatiques parfaitement formalisés (par exemple de simples itérations de fonctions) peuvent s'enchevêtrer en boucles « indécidables », c'est-à-dire totalement imprédictibles. Pire, il est impossible de détecter de manière certaine l'existence de ce genre de bogues structurels dans des programmes informatiques complexes, comportant par exemple des millions de lignes de code. Ces programmes, certes conçus pour produire des résultats déterminés, sont en pratique plus complexes que ce que l'esprit humain peut se représenter. Comme ils ont été réalisés par des dizaines voire des centaines ou des milliers de programmeurs travaillant de manière indépendante ou non, personne ne se représente vraiment la complexité de l'ensemble. Des interactions structurelles néfastes peuvent très bien résister à toutes les corrections d'erreurs, et ne jamais être mises au jour.

Les automates cellulaires sont des modèles mathématiques, qui servent à modéliser des systèmes complexes, naturels ou artificiels. Un automate se présente comme un réseau de cellules pouvant prendre plusieurs valeurs numériques. L'évolution de l'automate se traduit par le changement de ces valeurs suivant des règles, qui peuvent elles-mêmes varier dans le temps et l'espace. En général, la valeur d'une cellule dépend des valeurs présentes et passées des cellules voisines. Dans la plupart des cas les automates évoluent de manière irréversible. Les automates les plus complexes, comme le « jeu de la vie » de J.H. Conway (1970), peuvent générer des structures stables, des formes complexes capables de « comportements » improbables (on appelle cela des « miracles »). Par exemple, l'accouchement inattendu d'une « structure glissante » se détachant d'une structure chaotique et se mettant à dériver ; la création d'organismes autoreproducteurs, capables de modifier l'environnement dans lequel ils sont apparus.

On distingue plusieurs types d'applications pour les automates cellulaires. On les utilise par exemple comme des outils de calcul pour effectuer des calculs en parallèle. Chaque cellule est un microprocesseur qui reçoit des données de ses voisins, effectue ses calculs tout en les retransmettant de manière synchrone. On peut utiliser ce type d'architecture notamment pour la reconnaissance de la parole ou pour modéliser des phénomènes réels (croissance d'organismes biologiques, réseaux de neurones, interactions entre gènes, embryologie).

Les automates peuvent simuler la structure même des systèmes, et non pas seulement leur « phénoménologie ». On les envisage comme une alternative plutôt que comme une approximation de la modélisation par équations différentielles ou par des « lois » physiques. C'est pourquoi des physiciens comme R. Feynman font résolument le pari d'une physique plus « simple » : « Pourquoi devrait-on avoir besoin d'une somme infinie de logique pour comprendre ce qui va se passer dans un tout petit morceau d'espace-temps ? Je fais souvent l'hypothèse qu'en fin de compte la physique ne demandera pas une explication mathématique, que finalement la machinerie sera mise au jour et que les lois physiques se révéleront simples, comme un échiquier avec ses complexités apparentes. » Mais une modélisation par automates correspond-elle à une véritable intelligibilité ? Si l'on renonce à formuler des lois synthétiques pour se contenter de mettre au point des automates capables de mimer le réel, on disposera certes d'une certaine intelligence du phénomène, mais pourra-t-on en saisir l'essence ? La description exacte des mouvements de la carte du ciel équivaut-elle à la vision copernicienne ?

Autrement dit, à quel type d'intelligence du réel vise-t-on par l'utilisation des automates ? La modélisation par automates est porteuse d'une vision du monde plus pragmatique, plus efficace, certes, mais aussi plus limitée.

Les automates cellulaires tirent le principe de leur mouvement artificiel de la récurrence mathématique et algorithmique. L'algorithme peut modifier ou altérer certaines des lois qui le constituent, mais pas son principe même, ce qu'on pourrait appeler son « idée fondamentale ». Si on le faisait, l'algorithme ne marcherait tout simplement plus, il ne ferait que générer du chaos. Par là on mime la propriété fondamentale de la vie : la capacité d'établir une frontière entre le dedans et le dehors. La question est : où est le « dedans » de l'algorithme ? Il n'est pas dans sa forme matérielle : un algorithme peut avoir de nombreuses notations, de multiples façons de s'incarner dans les codes d'un programme. Mais s'il se modifie lui-même, quelle est son essence pérenne ? S'il la perd du fait de ces modifications, altérations, mutations, il risque aussi de « mourir », n'étant plus capable d'assurer sa survie syntaxique. L'algorithme existe par l'idée qui le constitue, mais cette idée comment s'incarne-t-elle matériellement ? Elle peut avoir de nombreuses formes équivalentes, apparemment très différentes matériellement. Mais si on porte atteinte physiquement à l'un des éléments qui incarne l'idée de l'algorithme, son modèle fondamental, alors l'algorithme « meurt ».

Prenons l'exemple de simulateurs de végétaux. On a utilisé des modèles mathématiques pour simuler l'algue verte *chaetomorpha*. Un système à réécriture parallèle L de Lindenmayer se présente sous forme de séquences d'états qui représentent par exemple les cellules de l'organisme. Les transitions entre états sont régies par une « grammaire » comprenant tous les états possibles (l'alphabet des états de l'organisme), l'ensemble des règles de transition, et les conditions initiales et extérieures. Toute cellule étant en contact avec d'autres cellules, son évolution va dépendre des règles de la grammaire ainsi que de l'état de toutes les cellules voisines. La grammaire peut inclure des règles tenant compte de la proximité physique mais aussi de la mémoire des états passés. C'est une façon de simuler l'épigenèse. On peut aller plus loin en autorisant une érosion ou une dégradation des règles de la grammaire dans le temps. Mais il faut garder malgré tout un centre intouchable qui représente l'essence du modèle.

Des travaux comme ceux de Horton (1945) ont mis en évidence l'analogie existant entre la ramure des arbres et les branchements des réseaux hydrographiques. Murray en 1926 avait tenté de mathématiser le « travail » effectué par la circulation de la sève. Ce travail devant rester constant, les rameaux sont d'autant plus chétifs que l'angle qu'ils forment par rapport au tronc est plus grand, exactement comme pour les cours d'eau ou les embranchements d'autoroutes. Cette loi est très générale, et susceptible d'adaptations importantes, mais on ne peut guère aller fondamentalement contre son esprit. Elle serait alors antinaturelle. C'est là la frontière entre l'essence d'un modèle et tout ce qui est susceptible de mutation.

On peut créer des modèles qui incarnent la loi de Horton, et ajouter des processus stochastiques : accroissements aléatoires, activité, mortalité, viabilité, dormance des bourgeons, caractère synchrone ou asynchrone de la croissance de tous les bourgeons. Le CIRAD de Montpellier a pu simuler de cette manière de nombreux arbres : caféier, cotonnier, palmier, frangipanier, peuplier, épicéa, hêtre, litchee, ainsi que des fleurs : jonquille, tulipe… On peut aussi simuler des arbres fossiles.

On voit ainsi qu'un même paradigme conceptuel (de simulation végétale) peut donner lieu à toute une floraison de « modèles » d'espèces d'arbres, eux-mêmes capables de fournir toutes sortes d'arbres synthétiques uniques.

À chaque niveau, la vie du modèle générique peut donner lieu à des variations, des mutations, dans le cadre de la cohérence conceptuelle imposée par le paradigme de niveau supérieur.

Les modèles ne sont pas à proprement parler autonomes. Mais toute « autonomie » doit pouvoir être modélisée, incarnée dans un modèle d'ordre supérieur.

La loi et l'image de la loi

Comment rendre plus « vivant » un être intermédiaire ? Le comportement de ces êtres est régi par un ou plusieurs modèles, c'est-à-dire par un ensemble de règles reliées entre elles par d'autres règles, d'un niveau supérieur, qui en assurent la cohérence et la compatibilité en fonction des intentions du programmeur.

Comme disait Zheng Ji, « on ne peut avoir de règles, ni être sans règles. Ce qu'il faut c'est être sans règles absolues ». Il faut que les états successifs de l'être intermédiaire (le « zooïde ») soient éventuellement susceptibles de faire évoluer les règles mêmes du modèle. Bref, le modèle doit pouvoir se réformer lui-même par une sorte de rétroaction conceptuelle.

Voici quelques exemples de lois, s'établissant dans une hiérarchie d'influence sur la vie du modèle :

– lois simples réglant l'évolution des états, des cellules actives ;

– lois activant ou désactivant les lois simples, en fonction de critères extérieurs ;

– lois modifiant la syntaxe des autres lois (« mutations externes ») ;

– lois modifiant leur propre syntaxe (« mutations internes ») ;

– lois inviolables absolument par quelque mutation que ce soit (« lois constitutionnelles ») ;

– lois (extrinsèques) définissant le « sens » du jeu, du comportement du modèle, de la raison d'être de l'automate ;

– lois définissant la hiérarchie des lois en cas de conflit
(« Cour de cassation ») ;

– lois de secours en cas de suppression accidentelle
(« révolutions ») des lois dites « constitutionnelles » (« état
d'urgence ») ;

– lois implicites, immanentes (ex. : loi de récurrence),
liées à la nature même des systèmes artificiels utilisés.

La manière de relier ces lois entre elles équivaut à un
métamodèle, qui régit les relations entre les images et les lois,
entre les apparences visibles et les formalisations abstraites.
La loi devient elle-même une image soumise à la loi plus
haute, plus visionnaire du métamodèle, c'est-à-dire de ce qui
incarne l'intention unique du créateur.

Les images variables du virtuel sont toutes issues d'un
modèle.

Les modèles de la vie artificielle sont eux-mêmes saisis
par la multiplicité et le mouvement : auto-évolution, interaction, boucles de rétroaction, récurrence, lois stochastiques.
Ils peuvent et doivent évoluer pour tenir compte du contexte,
des interactions avec le monde. Il n'y a pas de borne dans les
raffinements possibles en matière de modélisation. On peut
aller aussi loin que l'on veut dans les enchevêtrements de
niveaux de modélisation, dans les modifications, les mutations, les transformations des modèles au cours du déroulement de la simulation. Plusieurs modèles peuvent être mis en
concurrence pour rendre compte des mêmes phénomènes.
Un modèle peut être pris comme une image d'un modèle plus
abstrait : l'idée générique, le métamodèle, l'intention du créateur.

Le processus de la vie virtuelle met ainsi en scène
diverses « images » : il y a des images visibles (les images de
l'écran) et il y a des images intelligibles (les différentes occur-
rences des modèles formels rendant compte du développement de l'œuvre virtuelle, du zooïde, ou de l'être intermédiaire virtuel).

L'œuvre virtuelle met en scène deux types d'espace :
l'espace des signes concrets, qui est un espace « topolo-

gique », avec des formes, des objets, et l'espace des signes abstraits, qui est un espace « tropologique », un espace de métaphores incarnées matériellement dans des équations, des modèles, des algorithmes, mais possédant un sens figuré – lequel n'est intelligible que lorsque l'on a compris l'intention générale de l'œuvre.

En essence, le virtuel est de l'ordre du travail de l'esprit, confronté à la myriade infinie des phénomènes de la réalité, et s'efforçant de l'unifier, de lui donner un sens. Le virtuel nous renvoie sans cesse à la méditation du rapport entre le modèle (unité du concept) et l'image (infinie variabilité des représentations et des perceptions). Les modèles eux-mêmes ne sont plus que des sortes d'images d'un modèle plus abstrait encore, que l'on a appelé « paradigme », et qui relève du sens, de l'intention. Le virtuel est éminemment multiple, il fait proliférer les êtres intermédiaires, il multiplie les variations et les possibilités, il ne cesse d'étendre le champ et le genre des « copies ». Mais dans ce capharnaüm il permet aussi d'unifier cette multiplicité des images et des représentations en la subsumant par des niveaux toujours plus élevés d'abstraction. Le virtuel nous oblige, par l'éclatement même du réel, à rechercher avec plus de constance et de détermination un sens, une idée, une intuition, qui résume et fait enfin signe. En ce sens, le virtuel est une image concrète de l'homme plongé « dans » le monde.

Ces vies virtuelles, artificielles, intermédiaires, sont autant d'aide-mémoire : elles nous rappellent que les êtres de raison, des êtres mathématiques aux automates cellulaires, sont indissolublement mêlés à notre chair et à notre sang, à notre souffle et à tout ce qui fait sens pour nous.

Puissent les diverses vies virtuelles que nous faisons proliférer nous aider à mieux simuler, et donc à mieux voir, ce qui est l'autre en nous et ce qui est le même chez les autres.

Chapitre VII

LES FUSIONS DE L'ART VIRTUEL

La tendance à l'hybridation du réel et du virtuel n'est pas seulement porteuse de confusions. Il y a aussi des fusions heureuses, bénéfiques, novatrices.

De la proximité et de la transparence des médias naissent de nouvelles médiations, de nouvelles formes de création. Un art authentiquement neuf émerge, qui ne se réfère pas aux grammaires et aux styles du passé, un art qui possède sa propre forme. De multiples voies de recherche s'ouvrent dès maintenant aux artistes du « virtuel ». Elles sont extraordinairement variées. Il est cependant possible de signaler quelques pistes caractéristiques, suivies par des artistes qui se dégagent résolument des schémas classiques de production. On peut relever les recherches liées au langage même de l'image (métamorphoses et combinatoires d'images réelles et virtuelles), le développement de l'animation des images par l'intermédiaire de modèles (vie artificielle), l'exploitation de nouvelles formes d'interaction entre les spectateurs et les œuvres, les dispositifs proposant de nouvelles expériences de l'espace scénique et des « environnements virtuels », et enfin l'émergence de nouvelles manières de partager les œuvres avec le public, à travers des musées en réseau et des formes d'art *on line*.

Les innovations formelles possibles grâce aux nouvelles techniques de manipulation numérique et de synthèse de l'image permettent de développer un environnement onirique, imaginaire, apparemment dépourvu de toute référence à la réalité objective ou au contraire se servant de certains aspects du réel pour les métamorphoser librement. Des artistes comme Yoichiro Kawaguchi ou Michel Bret ont fondé leur style sur des mondes de formes fluides et métamorphiques, à la plastique indéfiniment modelable. D'autres comme Tamas Walicky utilisent le libre jeu des mathématiques pour créer des environnements aux perspectives paradoxales, intégrant des personnages réels dans des décors en images de synthèse dotés de propriétés déroutantes. D'autres encore comme Peter Voci ou Nancy Burson exploitent les possibilités de la métamorphose continue des images *(morphing)* pour créer des visages impossibles, ou pour recréer le visage de personnes disparues, ou encore pour réaliser de subtiles et troublantes transitions entre des visages réels et imaginaires.

Toutes ces démarches ont un point commun : l'image numérique ou virtuelle permet toutes les combinaisons, toutes les hybridations entre nature et artifice, entre réalité et virtualité. Dès lors, ce qui fait l'intérêt de ces recherches tient dans la tension ou même la contradiction entre les divers niveaux de réalité et de virtualité coexistant dans une même représentation, ou plutôt dans un même « monde ». Les efforts des artistes intéressés par ces nouveaux langages de l'image aboutissent, bien souvent, à une interrogation sur la nature même de la représentation et une libération plus ou moins radicale de tout lien à un référent réel.

Profitant du progrès des algorithmes développés dans le domaine de l'intelligence artificielle ou même des retombées de recherches plus fondamentales (algorithmes génétiques), une des tendances les plus novatrices de l'art du virtuel réside dans la création de formes de « quasi-vies » purement symboliques, pouvant adopter des comportements extrêmement complexes allant jusqu'à mimer l'idiosyncrasie d'« êtres » symboliques dotés de « personnalité », de « volonté », de « désir », mais pouvant aussi simuler des comportements collectifs, « sociaux », évolués.

L'artiste peut endosser en quelque sorte le rôle du démiurge et créer des « êtres » de synthèse, capables d'évoluer et d'interagir avec l'environnement virtuel mais aussi avec le monde réel. Ces « êtres » de synthèse peuvent emprunter des métaphores végétales, animales ou même « humaines » pour déterminer leur façon de « vivre », de se « reproduire », d'« évoluer » et de « mourir ». Dans tous les cas, la complexité de leur évolution est si grande et si riche que toute apparence d'automaticité disparaît, et qu'ils semblent être « vivants ». L'artiste s'apparente au « dieu » de ces quasi-mondes et de ces quasi-univers, dont il nous propose de goûter la structure et le destin. Il crée les conditions initiales de ces mondes ainsi que les grandes « lois » qui les gouvernent. Loin de tomber dans un déterminisme fade, ces mondes utilisent les propriétés des modèles pour suivre des « boucles étranges » indécidables et imprédictibles, ouvertes à toutes les mutations.

On peut citer le nom de Karl Sims qui réussit à créer des formes quasi vivantes et dotées de capacités d'évolution génétiques, et susceptibles d'apprendre des comportements complexes à l'aide d'essais et d'erreurs, le nom d'Ulrike Gabriel pour son travail sur des formes de vies artificielles réagissant avec l'environnement (lumière, sons) et les spectateurs (gestes, démarche exploratoire), et plus récemment celui de Michael Tolson (« Las Meninas »).

L'une des fonctions les plus intéressantes du numérique est d'encourager toutes sortes d'interactions avec les images ou les mondes générés par l'ordinateur. Ces « environnements interactifs » permettent ainsi aux spectateurs de participer (à des niveaux variés et suivant des modalités concrètes très diversifiées) à la création de l'œuvre ou à l'évolution de celle-ci. Les niveaux d'interaction peuvent être limités à l'apparence extérieure de l'œuvre, à son image, mais peuvent aussi aller jusqu'à modifier en profondeur la structure même de l'œuvre, affectant le modèle formel qui la régit et pouvant même modifier dans une certaine mesure le concept de l'œuvre, dans la limite voulue par l'artiste. C'est la notion même d'œuvre artistique, signable, authentifiable, qui est alors remise en cause. L'artiste interactif radical propose aux spectateurs une coopération créative, une « cocréation », un processus de remise en question de l'« œuvre », qui reste ainsi toujours « à l'œuvre ». Dans cet esprit travaillent des artistes comme Monika Fleishmann (Rigid Waves, Liquid Views), Christa Sommerer and Laurent Mignonneau (A-volve, Trans Plant, Phototropy), Jeffrey Shaw (The Legible City, The Virtual Museum), Agnes Hegedus (Handsight, Between the Words), Maurice Benayoun (World Skin, Collective Retinal Memory).

L'immersion virtuelle « dans » l'image est indéniablement l'un des aspects les plus connus et les plus médiatisés de la révolution du virtuel. Les casques de stéréovision et autres lunettes stéréoscopiques permettent d'entrer dans l'image. Jusqu'alors, avec la peinture, le cinéma ou la télévision, nous avions une expérience frontale et bidimensionnelle de l'image. Désormais, l'image devient un espace dans lequel on peut virtuellement ou même « physiquement » se déplacer, que l'on peut explorer comme un « monde » infiniment complexifiable. Ces « espaces virtuels » peuvent être de simples métaphores de l'espace réel ou bien constituer des mondes à part, aux propriétés arbitraires, oniriques, soumises à la volonté programmatique de l'artiste, architecte et animateur. On peut ainsi citer le travail de Christian Hübler de Knowbotic Research (« DTWKS »). On peut reconstituer des expériences vécues réellement mais jusqu'alors difficilement partageables, comme l'hallucination, le rêve ou le cauchemar, on peut aussi créer des univers de formes et de sons différents de toute expérience réelle. On peut évoquer la tentative remarquable de Rita Addison de simuler les conséquences de son accident ayant entraîné un traumatisme crânien (« Detour Attention : Brain Deconstruction Ahead »). On peut aussi mélanger, hybrider la réalité (l'environnement réel, tangible) et les images virtuelles, créant ainsi une sorte de « néo-réalité » ou de « réalité augmentée ». On peut ainsi superposer images virtuelles et architectures réelles. Le virtuel, là encore, loin de s'opposer au réel, est en mesure de faire intimement partie de la texture même de la réalité.

Les œuvres musicales, picturales, cinématographiques, audiovisuelles sont désormais de plus en plus abondantes sur les réseaux mondiaux de communication. Internet offre un nombre croissant de serveurs d'images et de sons, qui peuvent être gratuitement accessibles et libérés de tous droits, ou au contraire consultables contre redevance ou par abonnement (les serveurs commerciaux commencent à proliférer). Le Vatican a annoncé son intention de mettre *on line* l'intégralité des reproductions des manuscrits de la bibliothèque Vaticane. Les manuscrits de la mer Morte sont en partie accessibles sur Internet ainsi que des œuvres de prestigieux musées.

Mais déjà quelques artistes cherchent à utiliser le réseau Internet comme un média original, en tirant parti de son interconnectivité généralisée et de la puissance collective inimaginable des terminaux qu'il relie à travers le monde. Certains font ainsi circuler des images le long de chaînes de création, comme Toshihiro Anzaï et Rieko Nakamura recréant sur les réseaux électroniques les *renga* (poèmes circulants) du Japon médiéval. D'autres comme David Blair avec son WaxWeb créent des « mondes » accessibles en ligne, dans lesquels d'autres artistes peuvent venir créer de nouveaux « liens », de nouvelles « galeries », composant ainsi une superbe métaphore audiovisuelle et multidimensionnelle de la bibliothèque de Borges.

Il est possible d'aller encore plus loin dans le jumelage de la fonction « réseau » et des autres fonctionnalités cidessus évoquées (vie artificielle, interaction, immersion). Par exemple, le projet de « réserve virtuelle » appelé « Tierra », lancé sur le réseau Internet par Tom Ray. On pourra y rencontrer toutes sortes d'êtres quasi vivants, y compris des « virus » informatiques, qui devront apprendre à cohabiter, à s'hybrider et à coévoluer. Tous les créateurs de vie artificielle sont invités à placer leurs « êtres » dans cette

« réserve » mondiale. On peut là encore imaginer de nombreuses généralisations de ce type de pratique, dont les mots clés sont coopération, interaction, échange, partage, ubiquité, instantanéité – valeurs plus proches du monde de la recherche universitaire que de celui de l'art, et, pour cette raison, ferments d'accélération des mutations techniques en cours et des transformations des pratiques sociales à l'échelle planétaire.

Chapitre VIII

LE VIRTUEL, JEUX ET HORS-JEUX

Maintenant que l'image elle-même devient un monde, maintenant que le virtuel devient un « état du réel », nul doute qu'une analyse critique, dubitative, sceptique, ne soit utile pour nous aider à distinguer les plans enchevêtrés de réalités et de virtualités. Descartes, le premier, a su révéler dans ses *Méditations* le doute radical qu'impliquait le rapport de la pensée au monde des phénomènes, au monde considéré comme image. La phénoménologie husserlienne présente aussi des apports utiles dans le contexte du virtuel : la « réduction phénoménologique », la suspension de la croyance aux phénomènes. Il nous faudra cependant dépasser la méthode phénoménologique parce que nous ne pourrons plus seulement « suspendre notre croyance » aux images. Il faudra sauver simultanément les images, les réalités et les idées, pour les réunir, les conjoindre. Pour saisir le phénomène de l'image mais aussi ce qui est au-delà de l'image, par exemple les modèles qui la rendent possible ou qui s'en nourrissent, il faudrait forger non une *phénoménologie*, mais une *phé-nouménologie* alliant l'observation des phénomènes et l'appréhension critique des noumènes.

Nous avons choisi trois terrains d'analyse (l'espace, le corps, la vision) pour explorer cette fusion du phénomène et du noumène, de l'image et de l'idée, en une réalité hybride.

L'espace

Pour tout être vivant, l'espace induit une dualité fondamentale : entre ici et là-bas, entre le proche et le lointain, entre l'espace qui nous est propre et l'espace de l'autre. Mais cette essentielle dualité s'est diffractée différemment suivant les cultures. Le problème de l'espace a reçu un traitement différent selon les civilisations.

Pour la culture égyptienne, le grand symbole de l'espace est le Nil, ou le chemin de vie, simplement dirigé vers la mer. L'être humain est un voyageur, qui se dirige aussi vers la mer, vers la mort. Les temples sont des chemins sacrés, et offrent au prêtre le lieu d'un cheminement, l'occasion d'une procession, le conduisant jusqu'à l'illumination.

L'Antiquité grecque n'avait pas de mot pour l'espace. L'être y est centré sur le corps, le proche, l'ici et le maintenant. Euclide. Les îles de la mer Égée. Les Cyclades. Le Grec sacrifie « devant » le temple, et fait du cabotage. La colonne monolithique est le meilleur symbole de l'être, dans sa puissance érectile, phallique, phatique.

Pour la pensée magique, le symbole le plus signifiant de l'espace est la caverne. De Platon à l'église Sainte-Sophie de Constantinople. Grottes, cryptes et tombeaux. Le prêtre et le fidèle sont « dans » la crypte. Les lueurs des torches et des bougies se réfléchissent sur les peintures dorées.

Pour l'Occident, l'espace s'ouvre à l'infini, à l'universel et à l'abstrait. Copernic, le télescope, le Big Bang. Mais aussi Descartes : espace abstrait, antieuclidien. La cathédrale offre un espace tout ouvert, vers le haut et le dehors. On est à la fois « dans » la cathédrale, et « dehors » par la lumière et le vitrail, par la tension énergétique qui se dégage des colonnes, l'effusion du soleil, et ses jeux de couleurs.

Le virtuel nous offre une nouvelle expérience de l'espace. *L'immersion* dans l'image, *l'interaction* gestuelle en temps réel avec l'espace virtuel nous environnant, *la « navigation »* et la « dérive » qu'autorisent les hyperimages et le cyberespace sont là pour nous le rappeler. Mais ces espaces virtuels sont-ils vraiment des lieux, des lieux stables et pérennes, des lieux où se tient l'être ? Il s'agit de savoir quelle sorte de vie on pourra vivre dans ces « lieux », quelle sorte d'aisance ils nous offriront, et s'ils nous permettront de nous enraciner humainement, affectivement, intellectuellement. Les lieux virtuels ont la réputation de n'être que des métaphores gratuites, froides et périssables. Autrement dit, il s'agit de savoir comment on peut *habiter le virtuel*, comment on peut y travailler, y rencontrer les autres, y jouer, ou y jouir. Comme on prévoit que le virtuel dominera les modes de représentation de ce siècle, on juge que la question n'est pas superflue. En bref, le virtuel sera-t-il colonisable par l'homme et même civilisable ou sera-t-il une sorte de lune inhabitable, un monde à côté du monde, presque aussi inhospitalier qu'une tour à la Défense ou une barre d'HLM de banlieue ?

Pour tenter de répondre, je voudrais évoquer rapidement quelques variations du concept d'*espace*.

Les Grecs font l'expérience du spatial à partir du concret : le *cosmos*, c'est l'ordre, l'univers physique ; le *topos* c'est le lieu tangible, si j'ose dire. La *chora* c'est l'intervalle « entre », la « distance ». La notion de lieu (le *topos*) est très différente de celle d'espace (le *cosmos*). Pour les Grecs, le lieu c'est ce qui est occupé par ce qui se trouve « là ». Le lieu appartient à la chose qui se trouve « là » et non l'inverse. La vision grecque du lieu est fondée sur une philosophie de l'être qui délie l'être du lieu pour mieux le reconnaître dans son essence. Nous ne sommes pas des étants asservis à l'espace, nous ne sommes pas partie prenante d'un lieu originaire qui serait le monde. C'est bien plutôt l'inverse : c'est dans la mesure où nous sommes là que le monde prend sens. Nous sommes là, dans, pour ou vers le monde. Nous ne sommes pas *du* monde, nous sommes *dans* le monde, comme dit l'Évangile. L'« être dans » caractérise notre rapport au monde, en le relativisant. Descartes opère la même remise en cause radicale dans ses *Méditations métaphysiques*. Il s'efforce d'abolir toute liaison « naturelle » entre la conscience cogitative du sujet et l'illusion objective du monde. « Je doute donc je suis. » Le sujet ne se fonde que dans le doute. Cette abstraction du sujet, ce retirement hors du monde a d'amples conséquences – sur le désir, sur le regard par exemple. Jésus dit : « Croyez m'en ! Je suis dans le Père et le Père est en moi. » L'être n'est pas dans l'espace. Il est là où il aime. Il est là où il regarde, c'est-à-dire là où est l'objet de son désir.

On mesure l'abîme qui s'ouvre ainsi, dès lors qu'il n'y a plus d'espace, mais seulement le trope du désir vers l'autre, la figure du désir de l'autre. Il faut renoncer à une conception spatialisante et localisante de l'être. L'être n'est pas un attribut de l'espace, c'est le contraire. Ce raisonnement peut se généraliser au fur et à mesure que l'on grimpe les barreaux de l'échelle de l'être. Ainsi saint Augustin affirme : « Toute la joie n'entre pas *dans* ceux qui se réjouissent, mais ceux qui se réjouissent entreront tout entiers *dans* la joie. » La métaphore utilisée par saint Augustin hiérarchise les êtres par le biais d'une inclusion. On trouve une structure étrangement similaire pour une leçon foncièrement différente chez Wagner discourant sur « l'œuvre d'art de l'avenir » : « L'art peut-il pénétrer *dans* la vie, ou ne faut-il pas plutôt que la vie pénètre *dans* l'art ? » Wagner hiérarchise aussi et soumet la vie individuelle à l'art, l'art étant compris comme projet collectif, constitué par le Peuple lui-même : « L'instinct artistique le plus direct et le plus sincère ne se manifeste que dans le désir de passer de la vie *dans* l'œuvre d'art ; car il est le désir de se faire nécessairement comprendre et reconnaître (…). Or le désir d'intelligibilité suppose une communauté. L'égoïste n'a à se faire comprendre de personne. » Le seul problème c'est que la fusion dans la communauté, dans le « Peuple », se fait aux dépens de la personne. Sous couvert de la critique de l'« égoïsme », c'est la personne même que l'on invalide. Wagner prophétise : « Qui sera l'artiste de demain ? Le poète ? L'acteur ? Le musicien ? Le sculpteur ? Disons-le d'un mot : le Peuple. Ce même Peuple auquel nous devons même de nos jours l'œuvre d'art uniquement vraie, qui vit dans nos mémoires, imitée par nous d'une manière qui ne peut que la défigurer, le Peuple enfin auquel nous devons l'Art lui-même. » On sait quel fut le destin funeste d'une telle idéologie, reprise par le national-socialisme. Lorsqu'on renonce à *être-là* pour entrer dans ce en quoi on se fond, dans ce avec quoi on se confond, on perd alors toute base, tout *Grund*, toute raison. Même de l'*être-là*, il faut savoir se déprendre. Il faut sans cesse se défier d'une inclusion qui pourrait nous réifier, nous figer « dans » le monde. Mais comment s'approcher de soi sans être en soi, et comment être en soi sans se laisser enfermer « dans » soi ? C'est une difficile frontière à distinguer que celle qui nous divise nous-mêmes à nos propres yeux.

Mais aujourd'hui notre sentiment « naturel » de l'espace est dominé par une vision mathématisée, objectivée dont Kant a formulé le principe philosophique.

Pour Kant, l'espace est une condition *a priori* de l'expérience. C'est une représentation nécessaire *a priori* qui sert de fondement à toutes les intuitions extérieures. « On ne peut jamais se représenter qu'il n'y ait pas d'espace. » Par ailleurs, l'espace n'est pas un concept universel, mais une pure intuition. « L'espace est essentiellement un ; le divers qui est *en lui*, et par conséquent aussi le concept universel d'espace en général, repose sur des limitations. » Il faut que l'espace soit et qu'il soit un pour que l'on puisse y inscrire l'être. En conséquence, l'espace ne représente ni une propriété des choses en soi, ni ces choses dans leur rapport entre elles. L'espace n'est rien d'autre que la condition subjective de la sensibilité. On ne peut donc parler de l'espace qu'au point de vue de l'homme. Si nous sortons de ce point de vue subjectif, sensible, « la représentation de l'espace ne signifie plus rien ». Mais comme notre sensibilité ne saurait régir les conditions de la possibilité des choses, mais seulement leur manifestation phénoménale, nous pouvons dire avec Kant que « l'espace contient toutes les choses qui peuvent nous apparaître extérieurement, mais non toutes les choses en elles-mêmes ». En conséquence, l'espace est à la fois une *réalité empirique* et une *idéalité transcendantale*. Mais surtout, note Kant, rien de ce qui est intuitionné dans l'espace n'est une chose en soi. Dans l'espace, les objets ne nous sont pas du tout connus en eux-mêmes, et ce que nous nommons objets extérieurs n'est pas autre chose que « de simples représentations de notre sensibilité dont la forme est l'espace ». La chose en soi n'est pas du tout connue et ne peut pas être connue par là.

Ceci étant dit, confrontons-le à ce que nous savons du virtuel. L'espace virtuel n'est pas une condition de l'expérience, il est lui-même une expérience. Il constitue l'expérience. On peut même dire que c'est l'expérience qui constitue l'espace virtuel, puisque l'espace se tisse au fil de l'expérience qu'on en fait. Il n'est pas un, mais multiple. Il n'est pas une réalité empirique (pour ceux qui ne sont pas branchés), et il n'est pas une idéalité transcendantale, car, à la différence de l'espace réel qui ne représente ni une propriété des choses en soi, ni ces choses dans leur rapport entre elles, l'espace virtuel est une propriété des choses qui le constituent (il est de même nature qu'elles) et il est composé des rapports de ces choses entre elles.

Enfin il est intéressant de relever chez Kant les divers « schèmes » de l'entendement, ces schèmes qui tendent à l'unité de l'aperception et de la signification, afin de les comparer à leurs équivalents virtuels. Le schème de la *substance* est la permanence du réel dans le temps. Le schème de la *cause* est le réel qui, une fois posé arbitrairement, est toujours suivi de quelque autre chose. Le schème de la *communauté* est la causalité réciproque des substances par rapport à leurs accidents. Le schème de la *possibilité* est la détermination de la représentation d'une chose par rapport à un temps quelconque. Le schème de la *réalité* est l'existence dans un temps déterminé. Le schème de la *nécessité* est l'existence d'un objet en tous temps. Dans les mondes virtuels, ces divers schèmes peuvent être aisément invalidés. D'abord il n'y a pas de « substances » dans le virtuel, et encore moins de « réel permanent ». Les « causes », dans le virtuel, sont loin d'être nécessaires. On peut décider de la causalité d'un fait, le rendre aussi arbitraire que l'on veut, aussi dénué de raison ou de conséquence que l'on désire. Pour la « réalité », il est clair que la réalité « virtuelle » ne s'entend que métaphoriquement. Enfin, inutile de rêver à un schème de la « nécessité » dans le virtuel, puisque justement l'expérience du virtuel c'est la possibilité d'abolir, à terme, toute loi ou objet, pour le remplacer par une autre loi ou un autre objet, ou par rien du tout. Dans le virtuel, rien n'est nécessaire. Décidément, le virtuel n'est pas kantien.

Serait-il husserlien ? Pour Husserl, il faut refuser toute complicité avec le monde, il faut le *mettre hors jeu*. Husserl reproche à la philosophie kantienne d'être une philosophie « mondaine » parce qu'elle utilise notre rapport au monde au lieu de « s'en étonner ». D'où la réduction phénoménologique : il faut suspendre notre adhésion au monde afin de mieux percevoir que nous sommes « au monde ». Le monde est la fondation de l'être. Ainsi Merleau-Ponty, disciple de Husserl, écrit : « Le seul Logos qui préexiste est le monde même », et aussi : « il n'y a pas d'homme intérieur, l'homme est au monde, c'est là qu'il se connaît ». Et donc il nous faut réapprendre à voir le monde, en se mettant à une certaine distance de nous-mêmes, pour ne plus interférer avec le monde, ou plutôt avec le fait d'« être au monde ».

Mais que veut dire « être-au » ? L'être-au est originaire. Sitôt né, l'homme « emporte son là avec lui » comme dit Heidegger.

Le mot « là » dans « l'être-là » suggère une essentielle ouverture, une disponibilité. Exister c'est être installé « en plein air et en plein vent » dans cette ouverture du « là », qui est comme l'aura de toutes nos possibilités, le rayonnement de notre liberté, dans le mouvement de l'être dans l'existence. Après tout « exister » c'est en latin l'équivalent de « sortir de soi ». Un peu comme l'abstraction, d'ailleurs…

Bref, ce n'est pas nous qui sommes là, c'est le contraire. Il vaut mieux dire qu'il y a le « là dont chacun de nous est l'homme », le « là dont nous sommes le gardien », toujours selon Heidegger. Ce n'est pas nous qui sommes là, c'est le là qui nous somme d'être là. Nous sommes des hommes-là.

Cette inversion du rapport entre le « là » et l'homme ainsi soumis à son « là » comme le chien à sa niche ne me semble pas satisfaisante.

Ce « là » paraît beaucoup trop envahissant, collant. Nous rêvons de plus de liberté pour l'âme que d'être le « gardien » d'un « là ».

« L'homme doit nécessairement échapper à cette sorte d'enveloppement ou d'immersion dans la matière qui est le lot des autres formes matérielles, parce que l'entendement a pour principe l'âme intellectuelle qui dépasse la condition de la matière corporelle », nous enseigne Thomas d'Aquin.

Disons-le tout net : il y a dans le « là » heideggerien quelque chose qui rappelle l'immanence de la glèbe, la lourdeur de l'attache au « pays ».

Le virtuel invite à l'exode, à ne plus rester « là ».

Nous ne sommes pas « au-monde » ni « là » mais bien « dans le monde ».

L'espace virtuel sous ses différentes formes invalide l'approche de Heidegger comme celle de Husserl. Il n'y a pas de « là » dans le virtuel et nous ne pouvons pas être « au virtuel ». En revanche, nous sommes bien dans un certain sens « dans le virtuel », mais dans quel sens exactement ?

L'espace réel reste latent sous le virtuel évident. Cela n'empêche nullement l'espace virtuel de pouvoir simuler les conditions expérimentales d'une interrogation sur l'espace réel, mais en introduisant par sa propre médiation une perturbation majeure quant à la saisie de ce qui est réellement là, quand on est virtuellement là. Le virtuel recouvre le réel mais ne l'occulte pas complètement. Il complique seulement considérablement le problème. Il rend encore plus confus ce qui n'était déjà pas très clair. De plus, l'espace virtuel n'est jamais stable, mais il est toujours en mouvement. Ce qui n'est pas si éloigné de notre savoir actuel sur l'espace, si loin de la vision kantienne à cet égard. La notion d'un espace entièrement saisi par le mouvement n'a cessé d'occuper le siècle, de Bergson et Einstein à Heisenberg et Hubble. Le virtuel ne fait que décliner à sa manière cette métaphore de l'espace essentiellement mobile, et non plus condition immobile du mobile.

L'espace virtuel est un *espace de langage* où chaque image renvoie à d'autres images et à d'autres modèles. C'est une sorte d'« hyperimage » multidimensionnelle (pour renvoyer à la notion d'hypertexte utilisée dans le contexte du Web), mêlant différents niveaux de sens et de perceptions.

Dans le virtuel, on n'est pas là où on est, on est là où on agit, là où on regarde, là où on pense, là où est l'objet de notre désir ou de notre volonté.

On renonce ainsi à une conception spatiale ou locale de l'être. Pour la remplacer par une conception « intentionnelle » de l'être.

Les espaces virtuels sont polysémiques, métamorphiques. Ils nous fournissent une nouvelle sorte de lieu – le cyberespace – où les tropes et les métaphores tiennent lieu de géométrie. Tout y est toujours possible par le miracle des jeux de langage. Mais nous payons cher cette liberté – par la confusion croissante entre le lieu et l'image du lieu, l'amalgame entre le « dans » et le « là ». Le virtuel déréalise, délocalise, désoriente, schizophrénise. Il déplace et transforme. Peut-on coloniser et habiter un tel espace ? Peut-il y avoir un cyberespace « heureux » ?

Bachelard, dans son livre *Poétique de l'espace*, fut le premier à faire un relevé des espaces réellement vécus, à chercher à saisir « l'espace heureux », habité par l'imagination, fuyant l'espace glacé du géomètre. Ainsi l'espace de la maison, « de la cave au grenier », est vécu comme une « topographie de notre être intime ». Il chante les coffres, les tiroirs, les armoires. Tout coin dans une maison est un espace réduit où l'on se blottit, où l'on se ramasse sur soi-même, où l'on peut enfin dire : « Je suis l'espace où je suis », analogue à la définition apparemment tautologique de Dieu dans l'Exode : « Je suis celui qui suis. » Bachelard vante les mérites de la « miniature ». Nous possédons d'autant mieux le monde que nous sommes plus habiles à le miniaturiser. À l'inverse, « l'immensité » nous permet de prendre conscience de notre propre « profondeur ». Ainsi Baudelaire, dans ses *Journaux intimes* : « Dans certains états de l'âme presque surnaturels, la profondeur de la vie se révèle tout entière dans le spectacle, si ordinaire qu'il soit, qu'on a sous les yeux. Il en devient le symbole. » Rilke oppose aussi le monde et le soi : « Le monde est grand, mais en nous il est profond comme la mer. » Pour finir, la poétique de l'espace aboutit à une « dialectique du dehors et du dedans » : « Dehors et dedans posent, en anthropologie métaphysique, des problèmes qui ne sont pas symétriques. Rendre concret le dedans et vaste le dehors sont les tâches initiales, les premiers problèmes d'une anthropologie de l'imagination. » Il y a une différence de consistance entre le dehors et le dedans. Le cœur de l'être paraît d'emblée bien moins stable, bien moins géométrique que ce qui est hors de lui. Aussi est-on tenté de rester à l'extérieur de soi, lorsque le fond de l'être est trop marécageux, trop boueux, trop fluide. Cet abîme mou logé au cœur de l'être, il faut cependant l'affronter, comme jadis Thésée se mit en quête du Minotaure. Il faut aller le plus loin, le plus profond possible, jusqu'au point de non-retour. Il faut plonger au fond du gouffre pour trouver du nouveau, pour ne pas se solidifier, se géométriser. L'espace du dehors – même infini – nous paraîtra toujours plus étroit, plus étouffant que l'abîme du dedans, dont on ne sort pas sans renoncer à soi.

Quelle poétique de l'espace virtuel peut rivaliser avec la poétique de l'espace « heureux », de l'espace vécu ? Peut-il y avoir dans le cyberespace des maisons, des caves et des greniers ? Peut-on y ouvrir des tiroirs ? Peut-on y miniaturiser le monde ou au contraire nous jeter dans l'immensité des réseaux ? La réponse est oui, tant qu'il s'agit de mimer les créations de l'homme même, tant l'artificiel est reproductible par d'autres artifices. L'espace virtuel peut simuler des espaces artificiels dans tous leurs attributs, mais pour ce qui est des espaces naturels, il s'agit d'une difficulté d'une autre espèce. Il y a espace et espace, lieu et lieu. L'espace n'est pas uniforme, les lieux ne sont pas identiques. Que l'espace virtuel puisse faire souvent illusion, il n'en faut pas douter. Mais si le virtuel est un lieu comme un autre, il pourra lui aussi lasser ses visiteurs plus pressés de vivre du nouveau que de se tenir là, alors qu'ils pourraient être ailleurs. Bref il reste à examiner comment habiter le virtuel, et pourquoi. En tout état de cause, la simulation virtuelle de la nature, de ses formes, de ses volumes, de ses lieux, reste une pierre d'achoppement. Je ne sais pas si un arbre virtuel pourrait tenir son rang, face à l'arbre chanté par Rilke dans ses *Poèmes français* :

> *Arbre, toujours au milieu*
> *De tout ce qui l'entoure*
> *Arbre qui savoure*
> *La voûte entière des cieux.*

> *Dieu lui va apparaître*
> *Or pour qu'il soit sûr*
> *Il développe en rond son être*
> *Et lui tend des bras mûrs.*

> *Arbre qui peut-être*
> *Pense au-dedans*
> *Arbre qui se domine*
> *Se donnant lentement*
> *La forme qui élimine*
> *Les hasards du vent.*

L'arbre est l'être qui sait donner une forme au temps. Il unit la terre au ciel, les racines avides et les généreux nuages. L'arbre est à la fois dedans et dehors. Cela suffit à le rendre difficilement représentable virtuellement, sauf peut-être par une double métaphore. Mais l'arbre n'est pas absolument irreprésentable. Malgré toute la difficulté qu'il représente, l'arbre n'est pas le défi ultime du virtuel : l'arbre est une belle image de l'être, mais il n'a pas de visage.

Le corps

Le virtuel noue de manière nouvelle le corps et les images, le mouvement et le regard.

Nous savons bien que tout point de vue réel sur le monde nous enferme dans sa perspective et dans son horizon. Mais qu'est-ce qu'un point de vue virtuel ? Les écrans du virtuel n'offrent que des horizons artificiels. Ces horizons de synthèse sont sans consistance ni cohérence propres. Ils peuvent être paradoxaux ou contradictoires. Ils n'ont pas nécessairement la calme identité, la tranquillité sûre de la ligne bleue de la mer au loin ou des Vosges. Comment s'assurer de la solidité et de la fiabilité de l'espace virtuel ou des objets qu'il contient ? Avec le virtuel, regarder un objet c'est venir vers lui, le saisir sous toutes ses faces. Je peux venir virtuellement dans la chose. La perception classique repose sur le postulat qu'à chaque instant l'expérience que nous faisons du monde peut être coordonnée avec l'instant précédent. La perception virtuelle abolit cette coordination : rien n'est plus difficile que de savoir au juste ce que nous voyons. La scène virtuelle est un entrelacement, un nœud de relations.

Déjà dans le monde nous ne disposons jamais que d'une vue partielle et d'une puissance limitée d'intégration des angles de vue possibles. Mais dans le virtuel cette vue perd tout fondement *a priori*. L'apparition des objets ou des phénomènes est contingente, jamais limitée par la nécessité de respecter les propriétés de l'espace ou du monde physique. Les espaces virtuels peuvent être ou ne pas être organisés, structurés. Cela contredit franchement notre expérience réelle du corps et de l'espace. En psychologie, on appelle « schéma corporel » une manière d'exprimer que le corps est au monde. Le schéma corporel est une façon d'orienter l'espace autour de soi, de définir et de personnaliser l'insertion du corps dans le monde.

Le corps fonde l'espace, le structure. Il n'y aurait pas d'espace si nous n'avions pas de corps. Mais qu'est-ce qu'avoir un corps ? L'espace corporel peut se structurer de diverses manières, par exemple dans une intention de déplacement, ou de saisie manuelle d'un objet ou alors de connaissance, d'exploration cognitive. Pour les phénoménologues, données tactiles et données visuelles ne sont pas juxtaposées mais il y a une « expérience intégrale » où il est impossible de doser les différents apports sensoriels.

Exactement comme l'acte de nommer, l'acte de montrer suppose que l'objet au lieu d'être saisi soit maintenu à distance. Ainsi la distinction du mouvement concret et du mouvement abstrait, de la saisie et de la désignation, est presque similaire à la différence du physiologique et du psychique, de l'en-soi et du pour-soi.

On cite en psychiatrie des cas de « cécité psychique » lorsque le malade, les yeux fermés, est incapable d'exécuter des mouvements dits « abstraits », c'est-à-dire des mouvements arbitraires, ne correspondant pas à des situations réelles, des mouvements qui ne sont attachés à aucune véritable signification ou intention. Des mouvements tels que le fait de bouger arbitrairement un bras ou de fléchir un doigt en sont des exemples. Le mouvement concret est centripète, tourné vers le soi, vers l'être. Le mouvement abstrait est centrifuge, tourné vers l'autre, vers le non-être. Le premier adhère au réel, le second déploie sa propre virtualité. Ainsi le geste de la saisie ou celui du toucher (qui sont des gestes « concrets ») correspondent à un autre schéma corporel que les gestes de montrer, ou de désigner, qui sont « abstraits ».

Chez l'homme normal, la navigation souple est possible entre le concret et l'abstrait. Le corps n'est pas seulement mobilisable dans des situations réelles, il peut aussi « se détourner » du monde, se prêter à des expériences incongrues, et plus généralement se situer dans le virtuel. L'homme normal compte avec le possible, le potentiel, l'ouvert, qui acquièrent de ce fait une sorte d'actualité.

En revanche, le malade atteint de cécité psychique a besoin de mouvements concrets pour se repérer dans l'espace et intégrer les stimuli. Il ne peut pas se représenter lui-même dans le noir ou dans le virtuel. S'il s'agit de « lever le bras », le malade doit d'abord « trouver » sa tête qui est pour lui l'emblème du haut.

On peut en inférer qu'il n'y a donc pas de geste à l'état pur, mais des complexes gestes-vue-corps.

Nous sommes notre corps et ce corps est en puissance de « schémas », en puissance de mondes, aux propriétés variées.

Des opérations comme comparer, montrer, distinguer, exigent un pouvoir de *tracer* des frontières, des directions, d'établir des lignes de force, d'organiser le monde. Ceci rend possible le mouvement « abstrait » en libérant le corps de son assignation « au monde ». Ceci permet le renversement du rapport entre le corps et le monde, et donc le « jeu ».

Il y a plusieurs manières d'être virtuellement dans son corps. Il y a pour nous une sorte de panorama mental avec des régions claires et des régions confuses, des régions enchevêtrées. Nous pouvons nous donner un ou plusieurs mondes, et les mettre *devant* nous tout en étant en eux. On peut faire paraître ses pensées comme des choses qu'on peut dessiner, visiter, quitter. Le virtuel c'est la représentation au sens propre. Le virtuel c'est pouvoir dominer (survoler) les mondes.

Nous avons vu que pour les phénoménologues nous ne sommes pas *dans* le monde mais *au* monde.

Le corps est pour eux notre ancrage au monde. L'expérience du corps propre nous enracine dans l'existence. C'est en et par notre corps que nous apprenons à connaître le « nœud de l'existence et de l'essence ». Mais cet « ancrage », cet « enracinement », ce « nœud » sont gravement compromis dans le virtuel. La pensée et la perception se libèrent de l'espace réel, du corps réel. Tout ce que nous avons appris « par » et « en » le corps ne sert plus vraiment.

C'est là qu'il faut nous séparer de la phénoménologie, après avoir suivi dans un premier temps cette démarche. Il faut reconnaître, exactement à l'opposé de la théorie phénoménologique, que dans le virtuel *je ne suis plus dans mon corps, je ne suis plus mon corps, je suis devant mon corps*. Cette situation évoque directement le cas que les phénoménologues qualifient de « maladie » ou d'« hallucination ». Ainsi on rapporte que des malades ont l'hallucination de voir leur propre visage du dedans. Les images de synthèse nous permettent cela de manière simple : on peut plaquer son propre visage sur une surface virtuelle, et venir en quelque sorte visiter son propre visage du dedans...

Évoquons quelques autres expériences classiques, rapportées par Merleau-Ponty.

Dans l'expérience de Stratton, on fait porter à un sujet des lunettes qui redressent les images rétiniennes. Le paysage paraît d'abord irréel et renversé. Le second jour, le paysage n'est plus renversé, c'est le corps qui est senti en position anormale. Du 3e au 7e jour, le corps se redresse progressivement et paraît enfin en position normale, surtout quand le sujet est actif. Quand le sujet est étendu immobile sur un sofa, il se représente encore son corps sur le fond de l'ancien espace.

Donc, nous ne sommes pas dans les choses, nous avons des champs sensoriels, des systèmes d'apparences.

Nous sommes en présence d'un espace du troisième type, ni celui des choses dans l'espace, ni celui de l'espace spatialisant : mais une synthèse active des deux. Les structures et les percepts se nouent dynamiquement.

Le virtuel ce sera de plus en plus cet espace morphique, métamorphique et métaphorique. Dans ce contexte déstructurant, aura-t-on besoin d'un cadre, d'un absolu de référence, d'un ancrage ? Sans doute, mais pour mieux s'en déprendre.

Mon corps virtuel deviendra un « lieu » phénoménal, défini dynamiquement par sa « situation » virtuelle, par sa « tâche », ses potentialités. Ce corps virtuel déplacera le corps réel, pour le détrôner peut-être, définitivement.

Dans l'expérience de Wertheimer, un miroir à 45° dans une pièce crée un champ optique qui empêche de « saisir » les objets, en dissociant leur position spatiale de notre perception effective. Mais on devient capable d'y vivre en quelques minutes lorsqu'on sent les jambes et les bras virtuels qu'il faudrait avoir pour marcher et pour agir dans la pièce ainsi reflétée. Le corps effectif vient à coïncider avec le corps virtuel exigé par la scène. C'est l'indice d'une plasticité du réel sur le virtuel.

À la naissance, nous venons à l'espace et « au monde ». Mais cette naissance n'est pas notre première expérience du monde. Nous fûmes tissés dès la fécondation de l'ovule au sein du ventre de notre mère. Alors peut-être pouvions-nous nous croire liés « au monde ». Depuis le traumatisme de la naissance, qui fut aussi une libération, une révélation de notre réelle nature, nous ne pouvons plus oublier que nous sommes mis « au monde » pour être « dans le monde ».

Double expérience donc que ce tissage progressif au monde puis cette projection brutale dans le monde. Le virtuel en est une anamnèse, une réminiscence simulable à volonté mais aussi l'occasion d'expérimentations et d'explorations. Nous pouvons quitter notre place, notre position, notre point de vue, gagner l'ubiquité et d'autres « champs de présence » – sans relation avec le « véritable espace ». Fin de l'ancrage. Errance sans fin.

La vision

Dans le virtuel, notre regard doit reconnaître au premier chef la présomption non seulement de toute raison mais de toute vision. Doute plus radical que celui de Descartes : il ne faut pas seulement douter des sens, mais aussi de la raison. Critique du voir et critique du croire voir.

Ce qui garantit l'homme sain du délire ou de l'hallucination, ce n'est pas son sens critique, c'est la structure de son espace : « les objets restent devant lui, ils gardent leur distance », dit Merleau-Ponty.

Ce qui fait l'hallucination, c'est la « vertigineuse proximité de l'objet ». Il va falloir se déprendre de cette pseudo-proximité pour recréer une distance conceptuelle, critique. Nous devons échapper « au » monde, nous retrouver conscients d'être « dans » le monde, éloignés « du » monde par deux distances, une première distance phénoménologique, une seconde critique.

Les phénoménologues demandent que l'on « s'étonne » devant le monde et que l'on cesse d'être « complice » avec lui, que l'on se « réveille ».

Ils nous demandent de cesser d'être « complices », mais nous assurent cependant qu'il faut continuer de « faire confiance au monde ». Il y a certitude absolue du monde en général, mais d'aucune chose en particulier. Bref, pour Merleau-Ponty, « la merveille du monde réel, c'est qu'en lui le sens ne fait qu'un avec l'existence et que nous le voyons s'installer en elle pour de bon (…). L'imaginaire est sans profondeur (…) Le réel se prête à une exploration infinie, il est inépuisable ». Le virtuel aussi se prête à l'exploration. Mais le virtuel côtoie le réel. Il est à côté du réel, avec sa propre infinité.

L'hallucination désintègre le réel sous nos yeux. Elle lui substitue une quasi-réalité. « Si les schizophrènes disent si souvent qu'on leur parle par téléphone ou par la radio, c'est justement pour exprimer que le monde morbide est factice et qu'il lui manque quelque chose pour être une réalité », dit Merleau-Ponty.

Les hallucinations se jouent sur une autre scène que celle du monde perçu, elles sont comme en surimpression. « La chose vraie repose en soi, agit et existe par elle-même. La chose hallucinatoire n'est pas comme la chose vraie bourrée de petites perceptions qui la portent dans l'existence (...) La chose hallucinatoire n'est pas comme la chose vraie *un être profond*. »

Mais qu'est-ce qu'une chose vraie ? Qu'est-ce qu'un être profond ?

Le monde réel est le monde où l'on fait l'expérience de l'autre. C'est autrui qui fonde la vérité et la réalité du monde. C'est aussi l'Autre qui est notre être profond.

Nous pensons que le virtuel peut être un monde où je peux « rencontrer » autrui, dans une certaine mesure, avec une certaine profondeur. On peut bâtir des « communautés virtuelles » avec d'autres personnes bien réelles. Mais ces « communautés » sont-elles aussi des communautés « réelles » ? C'est-à-dire allient-elles, dans le sens kantien de la *Gemeinschaft*, les notions de *communio* et de *commercum* : la communion et le commerce ?

Le commerce électronique et les groupes de discussion d'Internet suffisent-ils à fonder une communauté ?

Le monde réel est âpre, résistant et indocile. Mais le virtuel offre aussi résistance, engagement, militantisme. On peut entrer en « commerce » dans le virtuel, parce que le réel est déjà présent dans le virtuel.

Cependant il y a une autre face du virtuel – hallucinatoire celle-là. Celle des jeux par exemple, ou du cybersexe – où l'on s'enfuit hors de toute communauté réelle pour se tailler une tanière privée, fictive, schizoïde.

Le virtuel possède donc ces deux visages, l'un tourné vers le réel, permettant de le côtoyer, et d'agir, l'autre tourné vers l'imaginaire, permettant de le fuir et de rêver.

Il faut se rendre capable d'un effort critique assumant cette double face, et se donner le moyen de les mettre l'une et l'autre *à distance*.

Husserl avait cherché à fonder une « philosophie du voir ». Pour lui, la conscience *croit* au monde et *voit* le monde auquel elle croit. La conscience est prise dans cette croyance, « captive du voir ».

En effet, le monde est « toujours là » comme réalité. Tout au plus il est, parfois, « autrement » que je ne le présumais, par exemple dans le cas des simulacres ou des hallucinations.

Afin de nous délier de cet arrière-plan qui nous « captive », Husserl préconise de suspendre notre croyance au monde, de la mettre entre parenthèses, hors circuit, hors jeu.

En procédant ainsi, Husserl ne nie pas le monde ni ne le met en doute comme les sophistes ou les sceptiques. Il s'interdit seulement tout jugement *a priori* sur l'espace ou le temps.

Husserl dit aussi qu'il y a deux sortes de voir, le *voir assertorique*, qui porte sur quelque chose d'individuel, et le *voir apodictique* qui est la vision des essences. Il demande un mot plus général embrassant ces deux sortes de voir et propose pour « concept suprême » le mot *évidence (Evidenz)*.

Nous pensons, contre Husserl, qu'il n'y a jamais rien d'évident. Que toute évidence doit à son tour être *é-vidée* (comme par une continue *Entbildung,* une perpétuelle « désimagination », dans la ligne jadis proposée par Maître Eckhart).

Pourquoi ? Parce qu'une évidence nie par essence tout ce qui pourrait la nier. L'évidence nie le celé, le caché, l'Autre. Pour retrouver la possibilité de l'Autre, il faut é-vider toute évidence, dés-imaginer toute image, dé-voir toute vision.

Chapitre IX

L'É-VIDENCE DE L'AUTRE

Jamais tu ne me regardes là où je te vois.
Jacques LACAN

Le développement des communautés virtuelles semble irréversible. Ludiques, artistiques, éducatives, militaires, financières, bureautiques, elles répondent à de nombreux besoins. Pour les uns, elles offrent à peu de frais l'occasion d'une fuite hors du « véritable » réel, avec la fonction d'une drogue symbolique, d'un opium de synthèse ; pour les autres, le virtuel est une arme redoutable, un instrument de domination économique ou militaire. Pour d'autres encore, c'est un moyen de médiation sociale. Des pratiques sociales de substitution comme celles des *newsgroups* d'Internet, des **BBS** *(bulletin board systems)*, des **MUD** *(multi-user dimension)*, des « chats », émergent durablement et proposent une sorte d'alternative virtuelle à la socialisation *de visu*. Mais déjà une nouvelle phase de virtualisation se prépare. De nouvelles interfaces graphiques vont se généraliser. Des enfants ont à leur disposition des puissances graphiques comparables et même supérieures à celles des simulateurs de vol professionnels des années 80. Ces machines sont facilement connectables au réseau Internet. Des adolescents se retrouvent tous les jours sur BattleNet pour jouer en réseau à WarCraft2, Diablo ou StarCraft. C'est la généralisation de la télévirtualité. On se rappelle que la première expérience mondiale de télévirtualité fut organisée lors d'IMAGINA 93. Cette expérience avait permis à deux personnes distantes de plusieurs centaines de kilomètres de se retrouver virtuellement, sous forme de « clones », dans une simulation 3D de l'abbaye cistercienne de Cluny détruite après la Révolution française. Ce type d'expériences sera bientôt à la portée d'enfants possédant une console de jeux. Alors commenceront à circuler sur les réseaux toutes sortes de « clones », de représentations synthétiques 2D ou 3D de personnes bien réelles, envoyant leur « image » réaliste ou symbolique dans les arcanes du cyber-espace. Que devient notre visage ainsi manipulé ? Que devient notre regard sur le visage de l'autre ? Que voyons-nous ? Confrontons nos *clones* et nos *visions* à la tradition.

Visages

Visage, vision, vue, visée ont la même racine. En allemand, *Gesicht* signifie à la fois visage et vue. Le visage voit et est vu. Il déborde toujours au-delà de ses limites de chair. Il irradie dans l'espace. Il y a un lien profond entre le visage et le lieu qu'il éclaire de sa présence. Le mot hébreu *panim*, visage, face, signifie aussi la *présence* d'une personne et le *lieu* où elle se tient. *Panim* est aussi un adverbe de lieu signifiant *devant*, et c'est également un adverbe de temps signifiant *avant* ou *jadis*[1].

Le mot *panim* est utilisé dans la Bible à plusieurs reprises en jouant de cette ambivalence, comme le fait remarquer Maïmonide, qui donne plusieurs exemples :

« À la *face* de tout le peuple, je serai glorifié » (Lév. 10-3)

« Et l'Éternel parla à Moïse *face à face* » (Ex. 35-11).

---

1. Dans un ordre d'idées comparable, le fameux linguiste W. von Humbolt avait attiré l'attention sur plusieurs cas de langues qui expriment le « je » par « ici », le « tu » par « là », le « il » par « là-bas », in *Sur la parenté des adverbes de lieu avec les pronoms dans quelques langues*, 1829.

Dieu peut aussi retirer sa présence d'entre les hommes, selon la formule hébreue (« hester panim »).

Notons enfin que le mot *panim* est toujours au pluriel (comme *Elohim*). L'homme n'a pas un visage, il offre de multiples apparences. Il est visages. Il est mémoires, il est paysages, il est le paysage de tous les visages rencontrés, il est le souvenir de tous les lieux traversés.

Rilke avait noté que nous usons de beaucoup de visages : « Il y a beaucoup de gens, mais encore plus de visages, car chacun en a plusieurs (...) Certaines gens changent de visage avec une rapidité inquiétante. Ils essaient l'un après l'autre, et les usent. Il leur semble qu'ils doivent en avoir pour toujours, mais ils ont à peine atteint la quarantaine que voici déjà le dernier. Cette découverte comporte bien entendu son tragique. Ils ne sont pas habitués à ménager des visages ; le dernier est usé après huit jours, troué par endroits, mince comme du papier, et puis peu à peu apparaît alors la doublure, le non-visage, et ils sortent avec lui. »

La doublure nous reste après la fin des masques, après l'épuisement des apparences. Le visage a perdu sa nudité, il sera désormais vêtu de son déguisement. Il ressort de ceci que notre regard fonde notre visage, il le sculpte, il le modèle, nous devenons le visage de ce que nous regardons. Il faut prendre soin de nos regards, et en particulier des regards qui dé-visagent ou qui en-visagent. Nous sommes trop souvent des analphabètes du regard. Mais le regard des autres peut nous faire avancer. Un regard bienveillant nous réconcilie avec nous-mêmes. En croisant un beau regard, nous pouvons révéler notre vrai visage, nous pouvons le dévoiler. « Ne détourne jamais ton visage d'un pauvre, et la face de Dieu ne se détournera pas de toi[1]. »

Le visage organise l'espace et incarne le temps. Il s'expose aux regards des autres, se nourrit d'eux. Il ne cesse de tisser des liens avec les lieux qu'il traverse, dans lesquels il se dévoile. Toujours dans l'hébreu de la Bible, le mot *aïn* signifie à la fois

---

1. Tobie, 4-7.

la source et l'œil. L'œil du visage est une source de l'être. D'ailleurs on ne peut guère se retrouver soi-même sans fermer les yeux, comme si l'obscurité était nécessaire à la ressaisie de notre essence, comme si garder les yeux ouverts nous dissipait, nous dilapidait, nous épanchait hors de nous-mêmes. Regarder revient à laisser aller quelque chose de notre être. « Moïse cacha son visage, car il craignait de regarder vers Dieu[1]. » Pour son humilité, Moïse reçut une grande récompense. Mais que craignait-il ? En regardant Dieu, que pouvait-il espérer lui donner d'autre que sa propre vie ?

On n'épuise pas le mystère du visage. Comment reconnaître le moment où la nuit s'achève et où le jour commence ? Un vieux rabbin répondit : « C'est lorsque, perdu dans la foule, le visage de n'importe quel inconnu devient aussi précieux que celui d'un père, d'une mère, d'un frère, d'une sœur, d'un époux ou d'une épouse. Jusque-là, il fait encore nuit dans votre cœur. »

Visions

L'acte de voir est le plus fondamental, car il conditionne tous les autres. Comme dit Dante, « le fondement de la béatitude est dans l'acte de voir, non dans celui d'aimer qui ne vient qu'en second[2] ». Sa puissance vient de ce qu'il nous transforme. Voir transforme celui qui voit en la chose vue. « Ouvre les yeux, et regarde ce que je suis devenue car tu as vu des choses qui t'ont rendu capable de supporter mon sourire[3]. »

Les témoignages abondent, qui assurent que nous devenons même semblables à ce que nous voyons. « Ce que nous serons un jour n'est pas encore manifesté : mais nous savons qu'au temps de cette manifestation nous lui serons semblables parce que nous le verrons tel qu'il est[4]. » Nous

---

1. Ex. 3-6.
2. Au chant 28 du « Paradis ».
3. Au chant 23 du « Paradis ».
4. 1 J. 3-2.

serons alors transformés en l'image même du Seigneur, quand notre visage découvert réfléchira sa gloire « comme en un miroir »[1]. La vision change la vue. « Je sentis la force de mes yeux s'élever au-dessus d'elle-même ; et une nouvelle vertu visuelle m'embrasa[2]. » Il est de première importance, dans le moment de la vision, de ne pas renoncer à voir. « Je crois que dans l'éblouissement dont me frappa le vif rayon je me serai perdu si mes yeux s'étaient détachés de lui. Et il me souvient que pour cette raison j'eus plus de hardiesse à le supporter, si bien que mon regard atteignit la Puissance infinie[3]. »

La leçon qu'il faut retenir est que le regard est un fil d'Ariane et aussi un labyrinthe. Il peut perdre ou sauver. Il convient de ne pas ciller. Comme dans les duels à mort, il ne faut pas baisser les yeux comme on s'aventure « dans » l'être. On « voit » donc que l'œil, la vision, le visage ne sont pas de l'ordre de l'optique. Le regard n'est pas un instrument de perception, pour apercevoir ou inspecter l'aspect des choses. Il n'y a rien d'é-vident dans la vision. Distinguons clairement l'é-vident de l'évident. L'é-vidence (e-videre, et en allemand aus-sehen) n'est pas ce qui se donne à voir d'emblée, mais au contraire ce qu'il faut s'efforcer d'extirper, d'é-vider, d'abstraire hors du visible.

En revanche, l'évident cache le latent. L'être qui se donne dans l'apparaître peut couvrir et garder latente une vérité plus profonde, plus enfouie. Il faut donc s'efforcer d'é-vider cette évidence. Que l'évident ne soit pas é-vident n'a cessé de sauter aux yeux. « Voici la grande énigme : que nous ne voyons pas ce que nous ne pouvons pas ne pas voir. En effet, qui ne voit sa propre pensée ? Et pourtant qui voit sa propre pensée[4] ? »

Il n'y a rien d'é-vident dans un visage. Le visage est toujours en train de renvoyer au-delà de son apparence. C'est

---

1. 2 Co. 3-18.
2. « Le Paradis », chant 30-52.
3. *Ibid.*, chant 33-78.
4. Saint Augustin, *La Trinité*, 15, 9-16.

une fenêtre de l'âme, dit-on. Il paraît, mais pour nous remettre sur le chemin de l'être. Le visage tranche sur l'espace indifférent. Lévinas dit qu'il est la « percée de l'humain dans la barbarie de l'être ». Le visage parle l'homme, comme la parole. Jacques Lacan dit que l'homme est un « parlêtre ». On pourrait ajouter qu'il est aussi un « visêtre ». De même que « ce n'est pas l'homme qui fait la parole, c'est la parole qui fait l'homme », ce n'est pas l'homme qui fait figure, c'est la figure qui fait l'homme. La parole met de la distance entre les êtres. Elle leur permet de se déprendre de leur imaginaire. Dans le même temps, la parole est aussi relation, trait d'union. De même le visage est à la fois distance et relation. Deux personnes se rencontrent par le regard. Ils mesurent leur distance et l'abolissent : « Le regard est la plus belle salle de rendez-vous. » Le visage est aussi profond que l'abîme et aussi abyssal que l'homme. On ne se regarde pas simplement les yeux, on se regarde *dans* les yeux. Les étymologies grecques et latines du mot *personne* éclairent leurs intuitions fondamentales. En grec, la personne se dit *pros-ôpon*, soit : regard à travers. En latin, personne se dit *per-sona*, soit : parole à travers. Les Grecs regardent, les Latins parlent. Qu'est-ce qui prime, la parole ou la vision ? Peu importe en réalité. Le *prosôpon* et la *persona* ne sont que des masques de théâtre. Le masque grec laisse passer le regard. Le masque latin laisse passer le verbe. Mais le véritable visage reste enfoui.

Que retenir de ces remarques ? Le visage est lieu, le visage est pluralité, le visage est vision. Face à cette multiplicité, il faut affûter son regard, il faut chercher son é-vidence cachée. Voir l'é-vident, c'est vraiment voir ce qui se tient au-delà et en deçà de l'évident, du « voyant ».

Les images clonées de nos visages vont bientôt se multiplier sur les réseaux et les écrans. Nul doute que nous ne perdions gros à cette prolifération. Nous allons nous prêter à une sorte de dé-figuration. Car les images ne sont jamais innocentes. Elles ne sont jamais images par elles-mêmes, mais renvoient nécessairement à ce dont elles sont l'image.

Thomas d'Aquin disait qu'il y avait deux sortes d'images, celles qui ne possèdent pas de nature commune avec ce dont elles sont l'image (exemple : la métaphore, qui est « image » d'un objet, mais qui n'est pas de même nature que lui) et les images qui communient dans une même nature avec la chose dont elles sont l'image (exemple : le fils, « image » du père, et de même nature que lui).

Or les images de clones ne renvoient à rien d'autre qu'à des abstractions, sous couvert d'évoquer le signe apparent de visages réels. Les images de clones n'ont pas de nature commune avec ce dont elles sont les images. Ces clones virtuels ne désignent jamais ce dont ils tiennent lieu, et n'expriment même plus qu'ils occultent quelque chose d'ineffable. Il y a lieu de craindre qu'ils nous entraînent dans leur déchéance, et qu'ils nous fassent perdre à nous aussi le souvenir de l'ineffable.

Dans ce monde virtuel, il ne faut pas douter que nous allons être confrontés à de multiples « visages », qui peu à peu nous videront (par leur évidence impudente) de notre propre visage, de notre propre vision. Les communautés virtuelles de demain seront évidemment vidées, é-vidées de ce qui nous rend humains : l'intuition de l'altérité radicale de l'Autre, par-delà toute ressemblance, et aussi l'intuition de la ressemblance radicale de l'Autre, dans la lumière de sa simple présence.

Chapitre X

LE VIRTUEL ET LA GRÂCE

> *Gardez-vous des idoles.*
>
> 1 Jn. 5, 21

Nous sommes dans un monde idolâtre. La pesanteur de l'idolâtrie moderne nous paralyse, nous réduit. Il est temps de se lever, de marcher, de courir, et de « dépasser les idoles », comme jadis Ehud[1].

L'image est l'archétype de l'objet idolâtre. Les empires ont toujours usé des images, des idoles. Hier c'était César sur la « face » des monnaies. Aujourd'hui CNN. Les images reposent. Elles se donnent à voir si aisément. Elles sont si évidentes, si visiblement faites pour être vues. Nous aimons les évidences. Et le pouvoir aime ce que nous aimons aimer.

Mais il n'y a pas que les images. Il y a l'idolâtrie du marché, de l'argent, du pouvoir, et en fin de compte l'idolâtrie du collectif. Curieuse fascination des âmes pour ce qui en fait les nie, mais qui les réunit, par simple addition. L'idée du collectif s'impose d'emblée à l'individu comme une idole persuasive. Comment l'individu pourrait-il longtemps vivre isolé dans la masse majoritaire ? Comment nier la force du groupement ? Alors il s'agglutine, il se fond, il se confond.

La plus grande, la plus forte des idoles, c'est l'image que la foule se fait d'elle-même, son image collective. Les

____

1. Jg. 3, 26.

rassemblements des « masses ». Les stades qui ondulent. Les océans humains. Hegel qualifiait d'« œuvres d'art vivantes » les défilés que l'homme se donne à lui-même en son propre honneur. L'idolâtrie poussée à son comble est celle que la foule façonne avec sa propre image. L'homme croit trouver dans cette pauvre transcendance du « nombreux » de quoi étancher sa soif de dépassement de soi. Mais il se trompe. Ce dépassement n'est que numérique. Dans la foule additionnée, l'individu indivisible, mais multiplié, ne reconnaît finalement que lui-même, à l'infini répété.

Car il y a deux sortes d'infini : l'infini du nombre, et l'infini de la grâce. L'un est fait de répétition, l'autre de différence. L'un ajoute et divise. L'autre soustrait et multiplie. Tel est le mystère.

D'où vient l'idolâtrie, individuelle ou collective ? On l'a déjà dit : l'image repose. Elle nous repose de l'idée. L'idole est le visage mort d'une idée ancienne, figée à jamais. Nos pensées vivantes sont par nature trop mobiles, trop changeantes. Elles sont le contraire des images : elles ne cessent de se réfuter, de nous emmener au-delà de nous-mêmes, elles nous relient au tout autre, à ce que nous n'aurions jamais su être, si nous avions seulement dû nous laisser faire par la « réalité » ou par les images de la réalité. Les idées cherchent à dissembler, à faire preuve d'originalité. Les images visent à se ressembler, comme les idoles. Loin de se réfuter, elles tissent une immense toile, une mafia puissante de citations réciproques. Elles puisent leur force dans leur solidarité globale, si puissante qu'elle va jusqu'à façonner notre supposée « civilisation de l'image ». Avant d'être des images « de » quelque chose, elles sont avant tout des images tout court. Elles sont images d'abord et c'est à cela qu'elles se cantonnent. Aller plus loin serait aller trop loin. Le « quelque chose » dont l'image est image est ce qu'on appelle le « modèle ». Mais le modèle est autrement difficile à saisir. Car il est presque entièrement du côté de l'idée.

L'image, comme l'idole, est du côté du sensible, du réel, alors que l'idée est comme l'âme, du côté de l'intelligible, du virtuel. Les idées nous mettent en relation avec le possible, et même avec l'infini de la virtualité. Les idées sont essentiellement des intermédiaires, comme les anges de l'âme. Elles ne cessent de tisser d'innombrables liens, d'infinies relations, avec tout ce que nous ne percevons pas encore. Grâce à l'idée, nous pouvons rêver à la grâce.

Mais tout ceci (le mouvement des idées, le possible, le virtuel, la grâce) est épuisant. Nous préférons le confort. Le réel, le concret, le visible, l'évident, l'image vont dans le sens du bon sens. Le bon sens est l'idole de l'esprit.

Le problème, c'est que de l'idolâtrie à la barbarie, il n'y a pas beaucoup de chemin à faire. Nous proposons d'entrer en résistance.

La société de l'information, dont on ne peut que constater la prééminence médiatique, représente une formidable occasion de tester notre capacité à résister à la barbarie et aux idoles consensuelles. Il s'agit en réalité d'un défi de civilisation majeur, parce que planétaire et ultra-rapide, mais surtout parce qu'il nous oblige à redéfinir le rôle et l'image de l'homme.

Comme toutes les idoles collectives, l'info-société génère des passions contradictoires. Les uns prônent le laisser-faire et les autres une re-régulation. Les multiples groupes de pression sectoriels, les *lobbies* représentant des intérêts particuliers dévorent à belles dents la chair du bien commun. Les intérêts catégoriels savent mieux se faire entendre, quitte à s'entre-déchirer, et savent mieux occuper le terrain que le mythique « intérêt général » qu'on a toujours plus de mal à définir. On continue de faire croire que des forces aveugles du marché, de la pression assurée de la « main invisible », naîtront l'ordre et la justice universels. On oublie que tout ce qui est par nature insolvable échappe au marché. L'enfance et la justice, la maladie et la recherche fondamentale, la création et la paix, la contemplation et le désintéressement, par exemple, ne sont guère rentables aux yeux du marché.

Le marché, roi nu, occupe le monde. Il est l'idole du jour. Et l'info-société se plie à ses désirs. Il est vraiment pathétique d'observer cette progression générale du marché devenu l'instrument majeur de l'humanité, parallèlement à la démission du politique, au moment même où on aurait le plus besoin d'une pensée régulatrice, d'une pensée de sagesse.

Car le marché n'a rien à dire et il ne dit rien. Il compte. Le marché optimise. Mais il ne rend pas heureux. Il produit, mais ne redistribue pas. Il profite. Mais il ne rend jamais. Il abuse de sa force, mais il ne console pas des malheurs qu'il engendre.

Nous vivons une période exceptionnelle de l'humanité. Pour la première fois dans l'histoire, nous pourrions libérer collectivement du temps pour nous « consacrer » à ce qui fait l'essence de l'homme : l'amour, le rire, la poésie, l'enfance, la solidarité, la prière. Il suffit de le vouloir et de traduire cette volonté politiquement, en redistribuant aux hommes, et non au capital, la valeur produite par les machines. Ce que nous persistons à appeler « chômage » deviendrait alors la condition de possibilité d'un temps de moissons, d'un âge neuf, d'une civilisation en métamorphose. Nous refusons encore de saisir cette immense chance, cette libération des chaînes de la nécessité. Alors que nous pourrions devenir plus « libres », nous continuons de nous plaindre, ô paradoxe ! de ce que les robots et les microprocesseurs nous délivrent de notre servitude. Sans doute est-ce parce qu'ils mettent à bas notre idole la plus imposante : l'image que nous nous faisons de nous-même.

Changeons l'homme en changeant son image. Changeons nos rêves.

TROISIÈME PARTIE

La nouvelle Réforme :
Le bien commun, mondial
abstraction politique

Chapitre XI

L'ABSTRACTION DU BIEN COMMUN

> *Le bien commun est toujours plus divin que celui de l'individu.*
>
> SAINT THOMAS D'AQUIN [1]

> *Le bonheur n'est pas une idée abstraite, mais un ensemble concret.*
>
> John Stuart MILL

> *Le bien commun n'est pas un certain état de choses, mais réside dans un ordre abstrait.*
>
> Friedrich A. HAYEK

La recherche du bien commun est l'essence de la politique. « Le bien relève de la science souveraine, de la science la plus fondamentale de toutes. Et celle-là, c'est précisément la science politique [2]. » Pour le Philosophe, l'affaire est claire, évidente, limpide. « Nous devons poser que la politique existe en vue de l'accomplissement du bon et non pas seulement de la vie en société [3]. »

Mais aujourd'hui comment définir le bien commun ? Comment définir le « bon » à une époque qui a perdu tout sens métaphysique ?

---

1. *Somme contre les Gentils*, III. 125.
2. Aristote, *Éthique à Nicomaque*, I, 1,9.
3. Aristote, *Les Politiques*, III, 9.

Est-ce que le bien commun est une « idée abstraite » ou un « ensemble concret » ?

Est-ce un certain « état des choses » ou un « ordre abstrait » ?

Le bien commun est-il une utopie irréalisable ou un objectif politique réaliste ?

Les opinions sont partagées. D'un côté, le bien, comme le bonheur, est éminemment concret, tangible. Mais d'autre part le concept de « commun » n'est-il pas particulièrement abstrait, comme le général ou l'universel ? Et d'ailleurs, existe-t-il un sujet collectif, une entité sociale, capable d'éprouver effectivement et de jouir de ce « bien commun » ?

Le bien commun, mélange contradictoire de concret et d'abstrait, n'est-il donc en fin de compte qu'un oxymore ?

De plus, le bien « commun » est-il compatible avec le bien « propre », le bien de l'individu ? Le bien de la personne, sujet de base de la civilisation occidentale, entre-t-il en conflit avec le bien collectif ?

Comment la personne se situe-t-elle par rapport à la sphère commune, comment l'intérêt privé se combine-t-il à la chose publique ?

La chute des idéologies collectivistes atteste la victoire de l'individualisme, tout au moins en Occident. En Orient, on tient encore aux fameuses « valeurs asiatiques » qui placent avant l'individu la famille, le groupe, la société, la nation... Pour combien de temps encore ?

La chute de la sphère publique, la perte de foi en cette abstraction qu'est l'« intérêt général » sont d'autres symptômes du cynisme rampant de la *Real Politik* mondialisée, de la société de marché mondiale qui se met en place.

La société de marché n'est pas d'abord fondée sur l'économique, ou sur la rationalité quantifiée du gain. Elle est d'abord fondée sur l'intérêt personnel, sur l'égoïsme des individus. Avant d'être « économique », l'*Homo œconomicus* est égoïste, séparé, indifférent, a-politique : il est l'antithèse du *zoos politikos* d'Aristote, qui n'existe que par la parole partagée avec les autres, par la cité construite en commun.

Le triomphe, peut-être passager, de l'individualisme dans les cultures occidentales n'est pas seulement une victoire qui semble définitive sur le collectivisme mais c'est aussi le symptôme de la perte de vitesse et de l'échec (provisoire ?) d'une forme d'humanisme. Il se traduit par une inflation tous azimuts de la sphère privée, sous l'influence des forces centripètes du désir de possession et de connaissance, et des forces centrifuges du désir de puissance.

La victoire de l'individu (étiqueté comme seule réalité effective dans le monde) sur le groupe, la société ou l'humanité (qui ne seraient que des abstractions idéologiques) avait été préparée de longue date par le travail de sape des nominalistes avant d'être théorisée par une certaine pensée économiste libérale.

Mais cette victoire n'apporte évidemment pas de réponse à la question essentiellement politique du bien commun, du bien de la communauté en tant que telle. L'individualiste ne recherche que son bien propre. Le bien de la communauté ne le concerne en rien. L'individualiste peut finir par se rendre compte que son idéologie pose vite des problèmes d'arbitrage lorsque des intérêts privés divergents sont en concurrence. Il faut bien alors une instance d'arbitrage, qui doit en principe se déterminer en fonction d'un critère supérieur. Mais quel critère choisir ? La « justice » ? Le « droit » ? L'« équité » ? L'« intérêt général » ?

Encore une fois, comment définir en général l'intérêt général ?

Il y a eu, dans l'histoire, des moments où cette question s'est posée avec virulence, de manière extrêmement concrète. Car le bien commun n'a pas d'abord été une idée abstraite, mais bien un « ensemble concret ». Les « biens communaux » en sont le prototype.

Il faut ici évoquer l'exemple fameux de l'appropriation des terrains « communaux » (les *commons*) en Angleterre. La clôture des terrains communaux et des champs ouverts *(enclosures)* et la conversion des terres arables en pâturages dans l'Angleterre des Tudor et des Stuart produisirent une véritable catastrophe sociale. Elles permirent certes aux riches investisseurs de développer l'élevage et l'industrie lainière, ce qui devait être bénéfique à très long terme, mais inaugurèrent aussi une assez longue période d'immenses souffrances sociales. « Les seigneurs et les nobles bouleversaient l'ordre social et ébranlaient le droit et la coutume d'antan, en employant parfois la violence, souvent les pressions et l'intimidation. Ils volaient littéralement leur part de communaux aux pauvres, et abattaient les maisons que ceux-ci, grâce à la force jusque-là inébranlable de la coutume, avaient longtemps considérées comme leur appartenant, à eux et à leurs héritiers. Le tissu de la société se déchirait[1]. »

Des régions entières furent décimées. De 1490 à 1640, la dépopulation prit des proportions gigantesques. Les Tudor et les premiers Stuart tentèrent délibérément d'empêcher par la législation que les demeures des laboureurs ne fussent détruites par les propriétaires, qui trouvaient plus rentable de convertir la terre à labour en terre à pâturages. Ils ne parvinrent qu'à ralentir ce processus, tant la pression économique fut forte. « Le simple expédient de tracer un unique sillon à travers un champ permettait parfois au seigneur contrevenant d'échapper à la condamnation[2]. »

Avec la « mobilisation des terres », tout un ordre du monde s'effondrait. Alors que « ni dans l'Antiquité ni dans le haut Moyen Âge – il faut l'affirmer avec force – les biens de la vie quotidienne n'ont été normalement vendus ou achetés[3] », on transforma les produits de la terre en marchandises mobiles, susceptibles de circuler à grande distance. La division du travail entre industrie et agriculture avait commencé. Ce processus ne devait plus jamais

---

1. Karl Polanyi, *La Grande Transformation. Aux origines politiques et économiques de notre temps*, Paris, 1983.
2. *Ibid.*
3. K. Bücher, *Entstehung der Volkswirtschaft*, 1904, cité par K. Polanyi.

s'arrêter, mais s'étendre dès lors jusqu'aux confins de la Terre. Le libre-échange et l'interdépendance planétaire commencèrent alors leur processus d'intégration économique de l'humanité, mais aussi de désintégration des valeurs anciennes.

Les valeurs féodales, pour « réactionnaires » qu'elles fussent aux yeux des « modernes » du capitalisme industriel naissant, n'en comportaient pas moins des aspects positifs, du moins du point de vue d'un certain équilibre social. Le cultivateur s'engageait, se fixait dans un environnement particulier, il créait les conditions concrètes de l'établissement d'une communauté humaine viable. Des générations patientes ont permis de construire peu à peu un tissu humain, un territoire habité, structuré, une substance sociale.

Ce sont ces valeurs, ces enracinements, ces coutumes, qui furent brutalement remis en cause. Les intérêts terriens n'étaient plus en phase avec le libéralisme économique en germination.

Cent cinquante ans plus tard, un bouleversement d'importance comparable au phénomène des *enclosures* s'abattit à nouveau sur l'Angleterre avec la révolution industrielle anglaise du XVIIIe siècle. Celle-ci s'est certes traduite par l'amélioration extraordinaire des moyens de production mais aussi par une désagrégation tragique de la vie du peuple. Les gens de la campagne s'entassèrent dans les taudis déshumanisés des villes, véritables abîmes de dégradation humaine. Les liens sociaux furent brisés. La substance même de la civilisation, les relations sociales, fut anéantie. « L'image même de l'homme avait été profanée par [cette] terrible catastrophe (...) Jeté dans le morne bourbier de la misère, le paysan immigrant se transformait bientôt en un indéfinissable animal de la fange (...) Il vivait maintenant dans des conditions matérielles qui étaient la négation de ce qui fait la forme humaine de la vie (...) Si les ouvriers étaient physiquement déshumanisés, les classes possédantes étaient moralement dégradées (...) À l'ahurissement des esprits réfléchis, une richesse inouïe se trouvait être inséparable d'une pauvreté inouïe (...) La compassion fut ôtée des cœurs et une détermination stoïque à renoncer à la solidarité humaine au nom du plus grand bonheur du plus grand nombre acquit la dignité d'une religion séculière[1]. »

On ne comprenait pas bien d'où ce paupérisme exacerbé pouvait bien venir. Mais on découvrait peu à peu, sans pouvoir les concevoir clairement car elles bafouaient la logique habituelle, les forces effrayantes de lois cachées, mais toujours à l'œuvre, tapies dans les circonvolutions du marché et dans les profondeurs réactives de la société, des lois non dites, mais capables de soumettre n'importe quel pouvoir apparent, y compris celui de l'État, à ses filets invisibles.

Jusqu'alors certaines valeurs morales inspirées du puritanisme anglais servaient de base d'analyse à la situation des pauvres. Le pauvre méritait sans doute de l'être par quelque atroce « prédestination », ou alors parce qu'il s'était rendu coupable d'un des nombreux péchés que la religion aime à trouver aux hommes. Autre hypothèse encore, il pouvait s'agir d'une épreuve comme celle que Job, dans son malheur, dut subir.

On se mit néanmoins à considérer la violence du développement du paupérisme et l'aggravation incroyable de leur situation suite à des mesures pourtant prises de bonne foi, mais qui accéléraient la déconfiture sociale, telle la loi sur les pauvres ou la loi de Speenhamland, dite du « système des secours », du 6 mai 1795, qui décida qu'un revenu minimum devait être assuré aux pauvres indépendamment de leurs gains.

Le résultat de cette loi fut paradoxalement calamiteux. « L'homme du commun perdit tout amour-propre au point de préférer à un salaire le secours aux indigents, son salaire, subventionné sur les fonds publics, étant voué à tomber si

---

1. *Ibid.*

bas qu'il devait en être réduit à vivre *on the rates*, aux frais du contribuable (...) Sans l'effet prolongé du système des allocations, on ne saurait expliquer la dégradation humaine et sociale des débuts du capitalisme (...) Les masses en perdirent presque forme humaine », assène Polanyi.

On commença donc à découvrir que la « société » n'était pas innocente, qu'elle est bien « réelle » et non « nominale », n'en déplaise aux nominalistes. La « société » produit directement ou indirectement des effets d'une puissance telle qu'ils peuvent briser n'importe quel individu, pour peu qu'il soit placé au mauvais endroit, au point d'exercice de ces lois fantastiques, qui imposent leur tyrannie aux hommes, éberlués d'avoir ainsi ouvert la boîte de Pandore, sans même savoir comment.

Avec le problème lancinant de la pauvreté comme une énorme tache au milieu de la richesse inouïe et du progrès rapide de l'industrie, on avait découvert que la société humaine se trouvait désormais, par quelque magie, soumise à des lois invisibles, des lois non voulues par l'homme, et donc non humaines, et même proprement inhumaines, qui contrevenaient à toutes les bonnes volontés, à toutes les idées reçues.

On avait découvert l'économie politique.

On se mit à la recherche de ces lois invisibles, capables de casser les sociétés en morceaux, de briser les uns tout en apportant la prospérité aux autres, indépendamment de leurs mérites propres.

Adam Smith, l'un des premiers économistes « politiques », posa qu'une « main invisible » permet aux intérêts individuels de poursuivre tranquillement, en toute bonne conscience, leur activité : ils travaillent ce faisant au bien commun. Smith note très pragmatiquement que la tendance naturelle de l'homme à l'échange, au troc, au trafic, repose sur l'égoïsme. « Ce n'est pas de la bienveillance du boucher, du marchand de bière ou du boulanger que nous attendons notre dîner, mais bien du soin qu'ils apportent à leurs intérêts. Nous ne nous adressons pas à leur humanité, mais à leur égoïsme ; et ce n'est jamais de nos besoins que nous leur parlons, c'est toujours de leur avantage[1]. »

Mais il nuance cependant son propos. Les comportements de l'individu sont certes autocentrés, mais sont aussi susceptibles de se décentrer, de s'ouvrir aux autres. Pour Adam Smith, certains hommes cherchent en fait, contre toute attente, à transcender leur propre intérêt : « Qu'est-ce qui porte constamment les hommes généreux, et souvent les autres, à sacrifier leur intérêt propre à l'intérêt supérieur de leurs semblables ? C'est l'amour de ce qui est honorable et noble, l'amour de la grandeur, de la dignité et de la supériorité de notre propre caractère[2]. »

L'homme est donc double : il est d'une part égoïste et tourné vers son propre intérêt, et il est aussi capable d'altruisme, en tant qu'il peut se rendre indispensable à certains êtres, et qu'il lui est indispensable (par amour-propre, ou pour d'autres raisons d'estime de soi) d'être indispensable à ces quelques êtres qui dépendent de lui. Ceci ouvre la voie aux théoriciens du lien social, les observateurs avisés de la compénétration et de la solidarité intrinsèque de la société et de l'individu, qui ne peuvent être niées sans contradiction patente.

L'individu ne s'oppose pas à la société. Il s'oppose à lui-même, et aux autres, et il collabore avec eux, dans son intérêt, mais aussi dans leur intérêt. Il est lui-même partagé, à la fois égoïste et social, solidaire et contradictoire.

La position « équilibrée » de Smith est intéressante à garder en mémoire, ne serait-ce que pour la confronter aux théories des libéraux contemporains, comme Friedrich Hayek, chez qui l'égoïsme est revendiqué sereinement, avec un parfait aplomb, comme une qualité fondamentale du bon fonctionnement de la « société ouverte ».

---

1. Adam Smith, *Recherches sur la nature et les causes de la richesse des nations*, livre I, chap. 2.
2. Adam Smith, *Théorie des sentiments moraux*, 1759, cité in Jean-Pierre Dupuy, *L'Individu libéral, cet inconnu. D'Adam Smith à Friedrich Hayek.*

Les lignes d'intérêt et de partage entre individu et société sont confuses, mêlées. L'égoïsme sert la société, et l'altruisme social n'est pas sans récompense narcissique pour l'individu.

L'individu est dans un lieu paradoxal, « intermédiaire » (au sens platonicien des « intermédiaires », des *metaxu*[1]). Il est le passeur entre deux zones ontologiques, entre deux attracteurs de sens, entre deux espaces de signification : entre le propre et le commun, entre le soi et le non-soi.

« On a beau dire que le Mien et le Tien sont la cause de toutes les guerres : il est certain au contraire que le Mien et le Tien ont été introduits pour éviter les contestations, d'où vient que Platon lui-même appelle la pierre qui marque les limites d'un champ une chose sacrée, qui sépare l'amitié et l'inimitié[2]. »

L'espace « propre » est celui du désir de l'individu pour lui-même et de son détachement par rapport au monde, et par rapport aux autres.

L'espace « commun » est celui du désir pour l'autre et du goût pour la différence, qui le fascine et l'attire, l'aspire. L'individu, comme son nom ne l'indique pas, est *divisé* entre ces deux pôles. Il est le lieu de la tension entre le repli sur soi et la sortie de soi, entre la solitude et la fusion, entre la séparation et la communion.

Il est le lieu d'une schizophrénie structurelle entre le soi et l'autre, entre le centripète et le centrifuge. Il est l'otage d'une tension entre le goût identitaire et la tentation de l'imitation, entre l'autre comme frontière et l'autre comme miroir. Car l'égoïsme est encore trop court. Il ne suffit évidemment pas au bonheur de l'homme... On ne s'aime pas vraiment soi-même, on ne s'aime que si les autres vous aiment aussi. On aime cet amour qu'ils ont pour nous. On n'aime pas les autres que pour cela, bien sûr. Mais on ne

---

1. Cf. Philippe Quéau, *Metaxu : Théorie de l'art intermédiaire*, Éd. Champ Vallon, 1989.

2. Pufendorf, *Le Droit de la nature et des gens*, trad. Barbeyrac, 1712, t. 1, livre IV, chap. IV. Cité par F. Dagognet in *Philosophie de la propriété*.

s'aime soi-même que dans ce regard autre qui nous fonde, précisément par cela qu'il est autre.

En cherchant la reconnaissance et l'admiration des autres, la personne montre qu'elle se sent bien seule dans le vaste monde. Elle n'a pas confiance dans son propre jugement et elle cherche une assurance chez les autres. Comment ne faire confiance qu'à soi-même : il y a trop d'incertitudes et de hasards, trop d'impondérables. Il est tellement plus simple de s'en rapporter à la décision immanente du collectif, de la majorité.

De plus, il est beaucoup moins dangereux de se tromper avec tous les autres que d'avoir raison seul contre les autres. On n'a jamais raison contre la multitude, même si on a raison...

Keynes note que « la sagesse universelle enseigne qu'il vaut mieux pour sa réputation échouer avec les conventions que réussir contre elles ». On peut en tirer une morale économique et financière. En ces matières, le « sage » est celui qui devine mieux que tous les autres – et donc mieux que la foule elle-même, ce que la foule va faire. Il s'agit d'imiter la foule avant même que la foule ait pris conscience de son choix collectif, il faut l'imiter avant qu'elle ait commencé de s'imiter elle-même.

Selon l'argument nominaliste, on l'a dit, il n'y a que des individus. Mais même selon cet argument il faut bien prendre en compte l'effet de leurs groupements, l'efficacité de leurs réunions, le résultat de leurs interactions collectives, qui « transcendent » leur conscience et leur compréhension. L'opinion publique n'est pas seulement la somme des opinions individuelles. Et réciproquement, l'opinion publique n'abolit pas le jugement final, l'évaluation libre, distanciée de la personne sur le cours du monde et sur l'évolution de la société. En dernière analyse, c'est la personne qui juge, et la société tout entière reste sujette à l'approbation du for intérieur, approbation certes strictement individuelle et donc relativement impuissante – sauf à considérer, comme le fait Hayek, que c'est précisément cette invulnérabilité de l'égoïsme des individus qui est la plus précieuse des qualités pour le développement de l'ordre social.

Chez Hayek, les fins différentes et même divergentes des individus « égoïstes » ne représentent pas un obstacle mais la condition même de la société ouverte.

Chez Rawls, de manière comparable, la liberté est première par rapport au bien-être et à la richesse. La liberté est certes une valeur de l'individu, mais elle fonde la valeur sociétale par excellence. Mais, à la différence de Hayek qui nie l'idée même de justice sociale, Rawls ajoute que l'état social le plus juste est celui qui maximise la situation du groupe le plus défavorisé. Celui qui pourrait être la victime ne doit pas être sacrifié au nom du bien commun. Il ne doit pas y avoir d'exclu, de bouc émissaire. Transcendance de l'humilié, du pauvre, du plus petit d'entre tous. C'est lui qui fonde l'ordre social, qui le justifie. La personne la plus exclue du système est celle qui est chargée d'incarner la valeur politique et sociale du système.

La question la plus intéressante du rapport entre le propre et le commun, entre l'individu et la société est celle-ci : comment l'individu, seul face à lui-même et face aux autres, face à cette opacité qui l'environne, face à cette humanité abstraite qu'il ne peut percer à jour en tant qu'abstraction, comment peut-il porter un jugement sur elle, comment peut-il accepter de vivre dans cette absence de sens, dans cette distance avec la catégorie universelle (l'humanité) qui le fonde en tant qu'être humain ?

En réfutant l'humanité comme abstraction, la personne concrète réfute la part d'elle-même qui est « humaine », et qui la dépasse comme individualité pure, en la rattachant à un groupe qui la transcende et qui lui donne peut-être par là un sens qu'elle n'eût point pu acquérir par elle-même.

La principale critique envers l'individualisme n'est donc pas l'argument communiste, ou collectiviste, c'est l'absence de sens.

L'individu « individualiste » doit se résigner à ne rien pouvoir comprendre, ni prédire, de la société où il se trouve. Il doit se contenter, au mieux, d'en tirer profit, au pire d'en subir les conséquences – mais dans tous les cas de ne tirer aucun sens intelligible, aucune explication rationalisable, ni aucune émotion partageable de son être-au-monde, de son être-en-société.

Les nominalistes n'ont pas su remplacer le sens qu'ils biffaient d'un seul trait de plume. L'individu ne peut pas se tirer par les bottes pour s'élever par ses propres moyens vers l'idéal, le général, l'universel. Il lui manque dès lors une catégorie fondamentale de pensée, la catégorie de l'universel. Il lui manque aussi la capacité de penser l'autre comme même (puisqu'il n'atteint pas à l'universalité de la condition humaine), et donc, par contrecoup, il lui manque aussi la capacité de penser l'autre en tant qu'autre.

Si les nominalistes ont échoué, est-ce que les penseurs du « bien commun » ont su trouver ce sens ? Ce n'est guère évident.

En opposition frontale avec ceux qui, comme Hobbes, pensent que le souverain bien n'existe pas, John Stuart Mill considère que la question du *summum bonum* (le souverain bien ou bien suprême) est le plus important des problèmes de la pensée spéculative. Il s'agit du fondement de la morale. Mill part du principe que la seule fin de l'action humaine, la seule chose désirable est le bonheur, c'est-à-dire le plaisir et l'absence de douleur. Le bonheur est le critère fondamental de la moralité.

Notre bonheur dépend directement de nous-mêmes pour une part. Mais il dépend aussi des progrès réalisés par l'humanité. C'est pourquoi tout être humain doit être capable d'affections privées sincères mais aussi d'un réel attachement au bien public.

Sa doctrine, l'utilitarisme, vise l'intérêt de tous. Il faut maximiser le « bonheur total » et promouvoir le « bien général ». « L'idéal utilitariste, c'est le bonheur général et non le bonheur personnel (...) Cet idéal n'est pas le plus grand bonheur de la personne elle-même, mais la plus grande somme de bonheur totalisé. » En maximisant ainsi « l'utilité totale », et en faisant l'impasse sur quelques bonheurs personnels, on risque peut-être d'avantager relativement plus ceux qui sont déjà avantagés. L'utilitarisme exige de l'individu qu'il soit impartial, désintéressé et aussi bienveillant à l'égard d'autrui qu'à son propre égard. Mill écrit : « Dans la règle d'or de Jésus de Nazareth, nous retrouvons tout l'esprit de la morale de l'utilité. Faire ce que nous voudrions que l'on nous fît, aimer notre prochain comme nous-mêmes : voilà ce qui constitue la perfection idéale de la moralité utilitariste[1]. » Pour Mill, la vertu n'est pas seulement le moyen du bonheur, elle est une partie du bonheur. Car elle contribue de manière essentielle au bonheur général, et ce faisant bonifie le bonheur privé. Il accorde beaucoup d'importance à des biens communs comme le respect de la vérité, de la confiance ou de la parole humaine. « Celui qui accomplit un acte capable d'influer sur la confiance réciproque que les hommes peuvent accorder à leur parole, les privant ainsi du bien que représente l'accroissement de cette confiance, et leur infligeant le mal que représente son affaiblissement, se comporte comme l'un de leurs pires ennemis. » Mais il y a aussi le progrès politique. La société humaine est impossible si elle ne repose pas sur le principe que les intérêts de tous seront consultés. Le progrès politique exige d'« écarter les inégalités fondées sur les privilèges que la loi établit entre individus ». Pour Mill, l'esprit humain est en progrès lorsque progresse et s'approfondit en chaque individu le sentiment du lien qui l'unit à tous les autres. Par exemple, prenons le cas de la rémunération du travail. Pour les uns, il convient avant tout de déterminer ce que l'individu doit recevoir en toute justice. Pour les autres, il faut déterminer, également en toute justice, ce que la société doit (ou peut) donner. Comment trancher ? Mill dit que c'est l'utilité sociale, c'est-à-dire la maximisation du bonheur total, qui doit servir de critère.

---

1. John Stuart Mill, *L'Utilitarisme*, Paris, 1988.

Le problème c'est que personne ne sait mesurer concrètement ce qu'est le « bonheur total ». C'est une vue de l'esprit, une « abstraction ».

Il existe de plus, dans ce vide conceptuel, de forts risques d'entreprendre des actions qui peuvent (en théorie) augmenter « l'utilité générale », et qui pourtant ne sont pas acceptables du point de vue des valeurs de la civilisation ou de la morale. Par exemple, la mise à mort des gladiateurs dans les jeux du cirque romain avait à l'époque une réelle « utilité sociale ». De nos jours, nous avons su y renoncer, pour des raisons qui n'ont rien à voir avec la théorie économique.

Pour Friedrich Hayek, qui prend le contre-pied de Mill, ce n'est pas le bonheur total qu'il faut maximiser, mais les « chances de tous ». Il affirme que la notion de « justice sociale » est « sans consistance ». C'est un « mirage », une « inepte incantation », une « superstition quasi religieuse », un « vocable vide de sens, malhonnête, cause de perpétuelle confusion en politique, facteur de dégradation de notre sensibilité morale »[1]. Il reproche aux concepts de bien public ou de bien commun d'être rebelles à toute définition précise, et par conséquent d'être en réalité instrumentalisés, d'être récupérés par les groupes dominants du moment en vue de leurs propres intérêts sectoriels. Dans bien des cas, les intérêts collectifs de ces groupes de pression sont décidément contraires aux intérêts généraux de la société. Il faut bien constater, un peu cyniquement, que tout ce qui tend au bien commun n'est pas très utile politiquement, parce que personne en particulier ne se sent bénéficiaire. « Pour le représentant élu, avoir à offrir un avantage spécial et gratuit est une clé de pouvoir bien plus intéressante et efficace que n'importe quel bienfait qu'il pourrait procurer indistinctement à tous. » Les politiciens ont universellement tendance à prêter attention aux conséquences très visibles qui frap-

---

1. Friedrich A. Hayek, *Droit, législation et liberté*, t. 2 : *Le Mirage de la justice sociale*, Paris, 1980.

pent de manière spectaculaire (comme les grandes catastrophes) un petit nombre de gens, plutôt qu'à s'attaquer aux effets moins visibles, et donc plus facilement négligeables, qui affectent indifféremment un grand nombre de personnes.

Mais Hayek va plus loin. Ce n'est pas le cynisme des plus forts qui pose le réel problème. Pour lui, il n'y a tout simplement aucun moyen de découvrir ce qui est « socialement injuste », parce qu'il n'y a pas de sujet susceptible de commettre une telle injustice, et il n'y a pas de règles de conduite individuelle « juste ». Il y a aussi cette inéluctable ignorance de la plupart des faits et des données qui composent l'ordre social, ou des structures sur lesquelles repose le fonctionnement de la société. « La civi-lisation repose sur le fait que nous bénéficions tous de connaissances que nous n'avons pas. » Nous sommes structurellement dans l'ignorance, mais cela nous permet objectivement de bénéficier du savoir des autres. Certes, ce savoir reste émietté parmi les individus. Mais il se diffuse dans la société, et tout le monde en profite. Le vrai problème, cependant, c'est le regroupement et l'utilisation efficaces de ces connaissances et de ces talents qui sont dispersés parmi des millions de personnes.

Renonçant à définir positivement et concrètement le bien commun, il suggère de ne le considérer que comme un ensemble de conditions et de facilités offertes à la poursuite par chacun de ses objectifs individuels. Le bien commun n'est pas un certain état de choses, mais réside dans un « ordre abstrait », l'ordre abstrait de la société dans son ensemble, ordre qui doit faciliter une grande diversité d'intentions individuelles. Cet ordre abstrait c'est *grosso modo* la « libre » concurrence. Hayek estime que « la concurrence n'est pas seulement la seule méthode que nous connaissions pour profiter des connaissances et des talents que peuvent avoir les autres, mais elle est aussi la méthode par laquelle nous avons été amenés à acquérir les connaissances et les talents que nous-mêmes possédons ». Sa thèse fondamentale est que « la concurrence est ce qui oblige les gens à agir rationnellement pour pouvoir subsister ».

L'intérêt général dépend de règles générales, abstraites qui forment un arrière-plan tacite, tout en restant cependant présentes à l'esprit de tous, allant de soi, comme formant une évidence, un « ordre des choses ». Le bien commun tient tout entier dans cet « ordre spontané » qui structure ce qu'Adam Smith appelait la « Grande Société » et que Karl Popper nommait la « Société ouverte ». Car « tout ce qui est véritablement social est nécessairement abstrait et général ». Dans la « Grande Société », chacun tire parti de la multiplicité même des désirs des individus et de la variété des objectifs poursuivis. La concurrence entre ces désirs innombrables, compatibles ou non, est un procédé de découverte, elle met en œuvre une heuristique sociale, en communiquant à tous les membres de la société des informations sur ce corps immense, qui resterait muet, inaudible, sans ces mécanismes, ces « mains invisibles ». Ensuite, les comportements, les connaissances, les méthodes, les informations qui confèrent aux individus un avantage comparatif se répandront tout naturellement « par imitation », assure-t-il.

Cette idée est à la base même de l'idéologie libérale. Elle repose sur une sorte de paradoxe : l'égoïsme des individus serait bon socialement. « Lorsque l'individu poursuit des buts égoïstes, cela le conduit généralement à servir l'intérêt général, tandis que les actions collectives des groupes organisés sont à peu près invariablement contraires à l'intérêt général (...) Les tentatives pour "corriger" les résultats du marché dans la direction de la "justice sociale" ont probablement engendré plus d'injustices sous la forme de nouveaux privilèges, d'obstacles à la mobilité et d'efforts déçus qu'elles n'ont apporté d'adoucissement au sort des pauvres. »

On le voit, Hayek part d'un point de vue absolument contre-intuitif. Il piétine le bon sens, le « sens commun ». Car le sens commun n'est pas en mesure de comprendre que l'égoïsme est une bonne chose. C'est donc que le sens commun n'est plus adapté à la nouvelle donne. Le sens commun ne comprend rien à l'abstrait, il se révolte contre ces exigences abstraites, ces potions amères, ces logiques froides, qui travaillent au bien commun, mais sans qu'aucun objectif concret, tangible, « commun », puisse se voir – et par conséquent puisse être discuté, ou même remis en cause politiquement. Cette rébellion du sens commun, du bon sens, est le signe de « notre insuffisante maturité intellectuelle et morale en face des nécessités d'un ordre global impersonnel de l'humanité, dit Hayek. C'est le loyalisme envers des groupes particuliers (clan, nation, race, religion) qui constitue le plus grand obstacle à une application universelle des règles de juste conduite », continue-t-il.

Évidemment, le mécanisme mystérieux, apparemment empirique, selon lequel l'égoïsme de chacun fait le bonheur de tous est difficile à cerner, impossible à comprendre. Tous ces égoïsmes, toutes ces diversités et ces multiplicités ont bien quelque chose en commun, de secrètement tapi, qui se révèle progressivement par l'action du marché libre. Mais cette chose commune, secrète est nécessairement aussi quelque chose d'abstrait. Il n'y a aucun besoin d'avoir un objectif social commun, « concret », il suffit de se mettre d'accord sur les règles et les moyens, « abstraits ». Le mot abstrait est défini par Hayek comme qualifiant une règle qui doit pouvoir s'appliquer dans un nombre indéterminé d'instances futures, dans un monde où la plupart des faits précis sont inconnus. L'homme ne peut pas connaître toutes les conséquences de ses actes. Il désire instaurer une « primauté de l'abstrait ». L'abstraction est considérée non seulement comme une propriété des processus mentaux, mais comme une technique d'adaptation à l'ignorance, comme une manière pour l'homme de se mouvoir dans un monde très imparfaitement connu. « Se fonder sur l'abstrait n'est pas la marque d'une surestimation des pouvoirs de la raison mais au contraire de la connaissance de ses limites. » « Comme toute abstraction, la justice est une adaptation à notre ignorance », écrit Hayek.

La seule possibilité de « sortir des bornes de la capacité du cerveau individuel » est de s'appuyer sur « ces forces supra-personnelles et auto-organisatrices » qui créent les ordres spontanés.

Hayek, semble-t-il, joue sur les mots... Qu'entend-il par « abstrait » au fond ?

« L'abstraction n'est pas un produit de l'esprit, mais plutôt ce dont est constitué l'esprit. » L'abstraction est pour lui la substance même de l'esprit. Mais c'est là faire preuve de nominalisme exacerbé, structurel... Que nos actions dès lors puissent être non rationnelles, qu'importe ! Elles sont en effet efficaces pour cette raison même. Elles n'ont même pas besoin d'obéir à des règles explicites, « verbalisées ». Elles incorporent une sagesse immanente, latente...

Les règles immanentes qui gouvernent l'action sont souvent « beaucoup plus générales et abstraites que tout ce que le langage est actuellement capable d'exprimer ». Elles sont par exemple apprises ou acquises par « imitation », ou par « analogie », sans être nécessairement objectivables.

Hayek établit un lien direct entre le libéralisme et ce qu'il appelle « les pouvoirs limités de la pensée abstraite ». Mais en réalité c'est d'une pensée abstraite biologisée, concrètement stockée dans nos neurones et nos câblages socio-culturels qu'il part. Et non d'une pensée abstraite radicale, formelle, détachée.

La Loi ou les règles de juste conduite doivent servir non pas à des fins concrètes ou particulières, mais à des valeurs abstraites et génériques, elles doivent maintenir « une certaine sorte d'ordre », et viser des résultats à long terme. Elles doivent être pratiquement toutes négatives – au sens où elles ne doivent imposer aucune obligation positive à quelqu'un, mais lui assurer un cadre de référence permanent sur lequel il peut compter.

Le pouvoir, même lorsqu'il sera amené à s'occuper d'objectifs spécifiques, doit rester « soumis à une loi qui traite du permanent et du général ».

La prééminence de lois abstraites marque également la prédominance de l'intellect sur le cœur. « Dans l'ordre abstrait où nous vivons et auquel nous devons la plupart des avantages de la civilisation, il faut que ce soit notre intellect, et non notre perception intuitive de ce qui est bon, qui nous serve de guide. »

Le bon n'est pas bon pour l'ordre abstrait...

Hayek prend en fin de compte l'exact contre-pied de l'utilitarisme.

« Le bonheur n'est pas une idée abstraite, mais un ensemble concret », écrivait Mill. Il donnait l'amour évangélique comme idéal de la morale utilitariste. Pour Hayek, il faut une règle abstraite, qui n'incarne aucun objectif de « justice sociale ». Il faut traiter identiquement tous les hommes, quels qu'ils soient, par l'entremise d'une même règle abstraite, seule susceptible de « coordonner des millions d'êtres » et qui « ne peut être fondée sur l'amour du prochain ».

Bref, avec lui, l'abstraction remplace l'altruisme. L'amour des règles abstraites se substitue à l'amour du prochain.

Pour lui, « il n'y a aucun lien nécessaire entre l'altruisme et l'action collective, ni entre l'égoïsme et l'action individuelle »...

Et pourtant, comment renoncer à l'altruisme sans tomber immédiatement dans la barbarie ?

Il faut rejeter définitivement Hayek. Sa pensée, qui incarne l'essence de la pensée néo-libérale, représente un danger mortel non seulement pour l'idée même d'humanité, mais pour l'idée de la solidarité concrète que tout un chacun doit exercer pour l'autre en situation de danger, de besoin.

Pour John Rawls, par exemple, qui s'inscrit résolument dans la tradition libérale, le principe de liberté est premier. Mais il modère ce premier élan par les principes de l'égalité des droits et des devoirs de base. Et surtout il introduit le « principe de différence » : il faut avantager les plus défavorisés, corriger l'influence des contingences dans le sens de l'égalité, viser l'avantage mutuel, afin de donner aux défavorisés l'assurance de leur valeur.

La justice (la répartition juste des biens) est considérée elle-même comme un bien (public). D'où un enchevêtrement du juste et du bien. Mais le juste est antérieur au bien.

« L'ordre social n'est pas fait pour établir et garantir des perspectives plus favorables pour les plus avantagés, à moins que ceci ne soit à l'avantage des moins favorisés[1]. »

Le principe d'utilité de Mill conduisait à avantager les déjà avantagés en maximisant le plus grand bonheur de tous. Il y a un sacrifice implicite, immanent, des plus défavorisés (sur l'autel de la croissance ou de la compétition, ou de la mondialisation...). Le principe de différence de Rawls accorde un surcroît d'avantages aux plus défavorisés. Il rejette la violence sacrificielle de l'exclusion sociale, qui a toutes les chances d'augmenter la violence globale, et donc de tourner au désavantage de tous dans le long terme. Bref, si pour les ultra-libéraux il faut des exclus pour que le monde tourne bien, pour Rawls il y va de l'intérêt supérieur de tous de favoriser les exclus.

En conclusion, le bien commun n'est pas un ordre abstrait, mais quelque chose d'éminemment concret : la mise en application effective du principe de différence. Le bien commun est représenté par le bonheur de l'autre, et en particulier par le bonheur du plus défavorisé.

Il nous reste quelques détails à régler... Comment interpréter le principe de différence de Rawls à l'échelle planétaire ? Les habitants les plus riches des pays riches doivent-ils se considérer comme les « gardiens » des habitants les plus déshérités des pays les plus pauvres ?

Comment définir concrètement le bien commun mondial ?

---

1. John Rawls, *Théorie de la justice*, Paris, 1987.

Chapitre XII

LE CONCEPT DE
BIEN COMMUN MONDIAL

> *Dieu a donné la Terre aux hommes en commun.*
>
> John LOCKE

> *Le bien commun est représenté par l'existence de l'autre.*
>
> Riccardo PETRELLA

Au moment où la mondialisation et la dérégulation accentuent l'interdépendance planétaire, les États voient leur pouvoir s'effriter. D'autres acteurs, non étatiques, se mettent à poursuivre leurs objectifs, sans trop s'en préoccuper. Pendant ce temps, les besoins de la « société civile mondiale » ne cessent de croître et les revendications de s'exprimer en matière de développement humain, de redistribution équitable des richesses, de surveillance des conditions de la concurrence, de régulation sociale, de gestion des biens collectifs et de défense de l'intérêt général... Ils s'opposent à la logique du capitalisme et du marché qui vise rendement et efficacité, sans grande considération pour les questions de responsabilité sociale. Comment réguler cet antagonisme ? Quel peut être aujourd'hui le rôle des États, trop petits dans un monde de plus en plus mondialisé ?

La mondialisation abstraite est difficile à saisir, et encore plus difficile à diriger politiquement. Il est pourtant nécessaire d'inventer une forme de gouvernance mondiale adaptée aux problèmes mondiaux. Mais le plus difficile est de concevoir une finalité commune, un sens commun aux actions et aux instruments politiques de portée mondiale dont la société civile mondiale doit se doter.

La notion de gouvernance mondiale n'est pas complètement nouvelle. Nous avons d'excellentes leçons à tirer du passé en la matière. Par exemple, Keynes imaginait déjà le Fonds monétaire international comme une banque centrale mondiale, émettant sa propre monnaie de réserve (le Bancor). Il proposait la création d'un fonds international dont les ressources équivaudraient à la moitié du total des importations mondiales. On rappelle que l'actuel FMI possède des liquidités inférieures à 3 % du total des importations mondiales.

La concurrence et le libre marché ne sont pas suffisants pour régler les problèmes du développement. L'éducation, la santé, la protection sociale ne peuvent relever seulement du marché. Ce problème, déjà évident à l'échelle nationale, est encore plus criant à l'échelle mondiale.

Depuis 1980, l'Afrique saharienne, une bonne partie de l'Amérique latine ainsi que la plupart des pays en transition déplorent un effondrement de leur croissance, une augmentation de la pauvreté. Le revenu par habitant est inférieur à ce qu'il était il y a vingt ans dans une quarantaine de pays en développement.

Les pays en développement se voient refuser l'accès aux marchés des pays développés. Le Rapport mondial sur le développement humain (édition de 1992) estimait déjà que cet ostracisme coûtait environ 500 milliards de dollars par an, soit près de dix fois l'aide qu'ils reçoivent chaque année. Aujourd'hui la situation a empiré.

Les entreprises multinationales opèrent en toute impunité sociale. Elles ne répondent de rien, sinon devant leurs actionnaires. Elles utilisent au mieux les contradictions entre les lois, les règles nationales ainsi que les échappatoires pour tirer leur épingle du jeu, en maximisant leurs profits, mais sans aucune considération pour la responsabilité sociale planétaire que leur puissance économique devrait leur faire assumer.

La compétition acharnée rendue possible par le marché mondial tend à éliminer les plus faibles et à renforcer les forts, favorisant la création d'oligopoles ou de monopoles privés transcendant les frontières. Ces monopoles, créés par la logique du marché, tendent à remettre en cause les règles mêmes du marché, en faussant par exemple les règles de la concurrence « loyale ». La question de la possibilité de cadres supranationaux de régulation se pose alors. Cette question est elle-même liée à la possibilité de définir une finalité politique à la régulation, conçue en fonction de « l'intérêt général mondial ». Elle exige aussi une souveraineté mondiale capable de faire respecter concrètement l'intérêt général, une fois qu'il a été reconnu et édicté.

Le Rapport de 1999 sur le développement humain réalisé par le Programme des Nations unies pour le développement propose quelques idées pour une « bonne gouvernance mondiale », qui consisteraient par exemple à :

– élaborer un code de conduite mondial pour les entreprises multinationales, ainsi qu'une instance mondiale de contrôle, dotés de pouvoirs coercitifs ;

– faire reconnaître à l'échelle mondiale des principes pour le respect des normes de travail, le commerce équitable, le respect de l'environnement ;

– créer un lieu de débat, une agora mondiale où lancer un débat entre multinationales, ONG, OIG et pouvoirs publics.

L'idée d'une démocratie à l'échelle mondiale ou l'idée d'un « État mondial » sont des idées qui paraissent encore loin de la réalité, et pourtant elles touchent juste, elles excitent une attente vague, non dénuée d'un sentiment d'inéluctabilité lointaine. Mais avant tout c'est l'idée même de « bien commun mondial » qui est posée. Comment le définir ? Quels sont ses critères ? Comment concilier la multiplicité et le bariolage des peuples du monde en une

« volonté générale mondiale » ? Comment définir cet intérêt général mondial ?

Cette profonde question est d'essence éthique et philosophique. Mais elle représente aussi un défi politique.

L'intérêt général

Dans les démocraties contemporaines, les « lois » adoptées par la majorité ne sont pas toutes des lois générales ou visant à préserver ou à renforcer l'intérêt vraiment général. Au contraire, on peut observer que nombre de lois servent essentiellement des intérêts particuliers. Les majorités démocratiques ont en effet souvent besoin, pour rester des majorités, de consentir des avantages catégoriels à telle ou telle composante de leur base électorale. Ainsi, faisant de nécessité vertu, on appelle « volonté générale » une coalition d'intérêts particuliers. Les majorités démocratiques ne traitent pas nécessairement de l'intérêt général. Elles peuvent adopter des lois qui sont à l'avantage de groupes ou même d'individus influents. Cette perversion de la démocratie ne peut être combattue que par une réflexion renouvelée sur la nature de l'intérêt général, et la manière de le protéger des appétits des puissants représentants d'intérêts particuliers. Il faut revenir sans cesse à la question de la régulation entre intérêts catégoriels et intérêt général. Ce problème se rencontre constamment à l'intérieur des démocraties actuelles. Mais il se pose avec plus de force encore au niveau international, ou plus exactement au niveau supranational. Sur une planète en voie de mondialisation rapide, il est à la fois un peu utopique et absolument nécessaire de poser la question de l'intérêt général mondial. Comment réguler les « égoïsmes sacrés » des États-nations autrement que par la force ou la guerre, économique ou militaire ?

En théorie, le principe démocratique appliqué à l'échelle mondiale dit que l'intérêt général peut se déterminer en donnant à chaque personne un droit de vote sur les affaires du monde. Si ce principe était suivi, nul doute que les politiques adoptées à l'échelle mondiale favoriseraient alors les intérêts des pauvres et des exclus. Les trois milliards d'hommes disposant de moins de deux dollars par jour, étant numériquement majoritaires, pourraient légalement imposer leurs vues aux minorités les plus riches – notamment quant à la manière de gérer les biens publics mondiaux. Le seul fait de mentionner l'idée d'une démocratie planétaire fait immédiatement surgir deux types de réactions : ce n'est qu'une utopie irréalisable, et même si cela devait arriver cela se ferait aux dépens des sociétés les plus riches, qui n'ont donc aucun intérêt à soutenir une telle idée.

Une démocratie mondiale, fondée sur la majorité numérique des pauvres, n'est pas, à l'évidence, à l'avantage des riches démocraties du Nord. L'idée de l'appliquer concrètement paraît hors de portée des institutions actuelles, et elle ne semble pour le moment qu'une utopie.

Pourtant l'utopie demeure, parce qu'elle correspond à une intuition juste.

L'émergence d'un bien commun mondial, basé sur des fondements explicites de l'intérêt général, garanti par un « contrat social mondial », correspond à l'émergence d'une ère de la mondialisation de la condition humaine. Nous faisons partie de la première génération planétaire, consciente d'habiter une seule « Terre-Patrie » (Edgar Morin). Mais notre génération n'a pas encore su expliciter, philosophiquement et politiquement, en quoi consiste réellement le bien commun de la planète, le souverain bien du Peuple de la Terre.

Les États ont tendance à se comporter dans leurs relations internationales comme des entités souveraines, mues par leur égoïsme « sacré ». Ils ressemblent à des acteurs privés, motivés par des intérêts propres. Comment alors faire émerger une action collective mondiale généreuse, coopérative, avec des assemblées d'égoïstes ? *A fortiori,* comment répondre à des questions plus précises, comme la définition des priorités d'action, ou l'évaluation de l'équité des répartitions entre bénéficiaires de biens collectifs ? Il y a naturellement un risque très sérieux, systémique, qu'il ne soit tout simplement pas possible de répondre à de telles questions.

Faute de démocratie planétaire ou de souveraineté mondiale, il n'y a pas de lieu véritablement reconnu pour l'arbitrage entre États. Les Nations unies sont trop faibles. Il est de l'intérêt objectif de la puissance mondiale dominante d'affaiblir systématiquement la seule organisation qui pourrait tenter de faire prévaloir un intérêt général supranational. Comme on demandait à Kofi Annan son bilan à mi-mandat en juin 1999, il répondit : « C'est le travail le plus impossible du monde, dans une période très confuse et très incertaine. »

Comme chacun sait, les États-Unis ne paient pas leurs arriérés de cotisations aux Nations unies et s'efforcent d'ignorer cette instance (guerre du Kosovo) ou de l'instrumentaliser. D'autres organisations sont créées à l'exacte pointure du dominant de l'ordre économique. L'Organisation mondiale du commerce est sous influence. Instrumentalisée, l'OMC rend cependant des jugements, s'érigeant en instance supranationale, comme dans l'affaire dite « des bananes », opposant les États-Unis et l'Union européenne. Mais ces jugements d'experts incarnent au mieux des logiques purement techniciennes qui ne sont en rien des jugements « politiques », c'est-à-dire comprenant une vision à long terme, un projet de développement planétaire, pensé dans l'intérêt du peuple mondial. C'est donc la loi du plus fort, la loi de la rationalité technicienne, structurellement en faveur des rapports de force actuels, qui prédomine souvent en fait. C'est principalement la loi d'une seule superpuissance. Elle a tous les moyens pour faire prévaloir ses vues. Elle ne manque pas d'user de son avantage en toutes matières permettant de conforter sa position hégémonique et en pesant sur les règles du jeu pour entretenir sa puissance. Elle pose les conditions de l'ordre universel des choses, réussit à le faire reconnaître et accepter comme un ordre profitable à tous. L'hégémonie permet de dominer les structures mêmes de l'énonciation des problèmes et le cadre de leur résolution. Ce sont les cœurs et les esprits qui sont ainsi dominés : l'évidence de l'hégémonie semble inévitable, inscrite dans la nature même des choses. C'est le moins mauvais des systèmes, pense-t-on, puisqu'il a gagné la guerre froide. Tout le monde agrée avec l'hégémonie. Ceux qui s'avisent de la remettre en question doivent s'attendre à être dans la mauvaise compagnie des terroristes, des groupes irrédentistes, et à être mis au ban des nations.

Pourtant la question reste pertinente. L'hégémonie correspond-elle vraiment à l'intérêt général ? La « destinée manifeste » *(manifest destiny)* des États-Unis est-elle si manifeste ? D'autres équilibres sont-ils possibles ?

Mais qu'est-ce que l'intérêt général mondial ? Qu'est-ce que le bien commun mondial ?

Le bien commun mondial

Le « bien commun mondial » vise par définition l'intérêt collectif de tous les habitants du monde.

Il nous faut d'abord préciser ce que l'on entend par « monde ». On peut entendre par « monde » plusieurs notions très différentes : telle ou telle partie significative des habitants de la planète (exemple : le « monde développé »), ou encore la totalité de nos contemporains (le monde des vivants), ou même toutes les générations passées et futures (l'humanité dans sa perspective entière). La protection de la couche d'ozone intéresse évidemment toute la population mondiale actuelle et pas seulement ceux d'entre nous qui sont les plus exposés aux rayonnements nocifs. En revanche, les manipulations du génome humain concernent aussi l'avenir de l'espèce humaine et pas seulement les générations contemporaines. C'est le monde futur qui est concerné, et pour son lointain avenir. Les questions liées à la société de l'information touchent directement 2 % des habitants de la planète, mais affectent indirectement les info-exclus, ne serait-ce que parce qu'ils ne peuvent lutter à armes égales avec les « manipulateurs de symboles ».

On entendra ici par « monde » la totalité des humains vivants de la planète Terre ainsi que les générations futures, sans pour autant oublier la mémoire des générations passées.

Le « bien commun mondial » est ce qui est « bon » pour la totalité des humains. En particulier, le « bien commun mondial » est ce qui est « bon » pour les plus défavorisés des humains, en application du principe de différence de Rawls.

Le concept de « bien commun mondial » est extrêmement puissant. Il fournit un socle théorique pour une action collective de la communauté internationale, dans l'intérêt supérieur de l'humanité et pour le bien de tous. Il peut servir de fondement à une volonté générale mondiale. Il peut être utilisé pour contrebalancer la perte d'influence relative des puissances publiques par rapport au triomphe du marché.

Le principal problème du « bien commun mondial » est qu'il profite à tous, mais que personne en particulier ne se sent tenu directement responsable de sa préservation, de son bon usage, ou de son augmentation. Bien au contraire, comme on verra, le « bien commun mondial » est victime d'une tragédie systémique.

Trois raisons à cela.

D'abord les problèmes de l'heure, ou de l'ère, sont mondiaux par nature. Mais les gouvernements qui monopolisent l'essentiel des moyens publics d'action restent nationaux. Ensuite, la « société civile mondiale » est essentiellement complexe, mêlée, faisant intervenir de très nombreux types d'acteurs (entreprises, ONG par exemple), tandis que la coopération internationale reste encore principalement le fait des gouvernements, par le biais de l'action intergouvernementale, sans reconnaître leur vraie place aux autres acteurs du concert international. Enfin il faut bien reconnaître que les décideurs ne sont pas toujours véritablement convaincus que la coopération internationale aille dans le sens du « bien commun », et en particulier dans le sens de leur intérêt bien compris. Les États riches ne semblent pas persuadés (au-delà des effets de discours purement rhétoriques) que l'aide internationale au développement leur profitera à eux aussi. Ils voient cette aide au mieux comme un jeu à somme nulle (on récupère d'une manière ou d'une autre l'argent versé à l'aide internationale) et au pire comme une simple « charité ». De deux choses l'une. Ou bien l'aide au développement n'est effectivement pas « d'intérêt général », ce qui heurte le sens commun, du moins celui de « l'homme de bonne volonté », *a priori* non cynique. Ou bien la notion d'intérêt général ne paraît pas suffisamment convaincante en elle-même pour emporter d'emblée l'adhésion et l'attention des décideurs. Les raisons en sont l'absence d'informations fiables sur la nature exacte des problèmes qui se posent à l'échelle globale, l'ignorance de leur impact et des coûts à long terme affectant les États, ainsi que l'incertitude sur l'efficacité réelle des politiques envisagées pour les résoudre. Ainsi, les États n'ont pas toujours d'idée claire sur l'intérêt effectif, national, d'une coopération au niveau international. C'est le rôle des organisations internationales de fournir les informations pertinentes à ce sujet, informations malheureusement souvent manquantes aux niveaux nationaux. En effet, les problèmes systémiques globaux, les « maux communs », ont un caractère tellement transnational que l'on ne peut guère les analyser en termes d'externalités nationales, même quand l'État aurait les moyens institutionnels de procéder à de telles études. Les critères employés pour évaluer les coûts et les bénéfices locaux perdent rapidement de leur sens et de leur pertinence s'ils sont employés à l'échelle globale. Inversement, les critères globaux, à supposer qu'ils existent et soient bien acceptés, paraissent à leur tour loin des préoccupations locales. La « gouvernance globale » pose de redoutables problèmes d'équilibre entre forces centrifuges et aspirations centripètes, entre les biais propres à la décentralisation et le besoin d'une harmonisation planétaire, entre les revendications des situations locales les plus diverses et l'exigence d'une stratégie commune à l'ensemble de « l'humanité ».

Les États, n'étant pas spontanément philanthropes, ont tendance à privilégier le local et le court terme, c'est-à-dire à négliger le global et le long terme, autrement dit le bien commun mondial. C'est pourtant une des conditions essentielles pour un développement planétaire durable que de pouvoir définir et défendre ce bien commun mondial. En l'absence d'un tel consensus, quelle autre loi que la loi du plus fort peut-elle régner ?

Les biens publics mondiaux

Un aspect très important du « bien commun mondial » est l'existence de « biens publics mondiaux », matériels et immatériels.

Deux critères caractérisent en théorie[1] la notion de bien public, qu'il soit mondial ou non : l'« universalité » et l'« inépuisabilité », ou, plus techniquement, la non-exclusivité *(non-excludability)* et la non-rivalité dans l'usage *(non-rivality)*.

L'« universalité » des biens publics se réfère à leur accessibilité. Un bien est universellement accessible s'il est disponible pour l'humanité entière, y compris les générations futures. Tout le monde en profite effectivement ou peut en profiter théoriquement. Personne ne peut en être exclu.

L'« inépuisabilité » d'un bien public se réfère à son abondance. Un bien public « infiniment » abondant permet

______

1. Voir le rapport du PNUD, *Global Public Goods*, New York, Oxford University Press, 1999.

en théorie à tous d'en tirer profit sans jamais l'épuiser. La consommation d'un bien public inépuisable par un consommateur particulier ne se traduit pas par un manque pour les autres consommateurs potentiels. Il n'y a pas de « rivalité » dans l'usage.

Les biens inépuisables mais non universels, c'est-à-dire qui peuvent être socialement ou techniquement réservés à la consommation d'un groupe particulier, sont appelés parfois des « biens de club » *(club goods)*. Ce sont des biens qui peuvent être exclusifs (par exemple, la faculté d'avoir accès à un réseau public comme Internet est un bien public inépuisable mais cependant exclusivement réservé à ceux qui ont les moyens de se raccorder). Les biens universels mais épuisables sont considérés comme des fonds communs, aux ressources limitées *(pool goods)*. Par exemple, les places disponibles pour le positionnement des satellites sur une orbite géostationnaire.

En pratique, on trouve tout un spectre de biens publics, plus ou moins universels, et plus ou moins inépuisables.

Il est également utile de distinguer parmi les biens publics trois catégories : ceux qui sont « naturels » (c'est-à-dire créés par la nature), ceux qui sont volontairement créés par l'homme et ceux qui sont le résultat immanent de la société.

Les biens publics *naturels* comme la couche d'ozone, la nappe phréatique ou les équilibres climatiques posent essentiellement le problème de leur pérennité à long terme, sous l'effet de l'activité des hommes. Comme ils sont non renouvelables et que l'activité de l'homme tend à les détériorer ou à les consommer sans retour, la question politique principale est de réguler leur *surutilisation*.

Les biens publics *créés par l'homme* comprennent le patrimoine culturel de l'humanité, les découvertes scientifiques, les lois physiques, les théorèmes mathématiques et l'ensemble des connaissances scientifiques et pratiques qui appartiennent au « domaine public », les principes ou les normes du droit international, les poids et mesures, les standards des infrastructures transnationales, comme les protocoles d'échanges (TCP/IP, HTML) d'Internet. Pour ce type de biens publics, le défi politique principal est en fait leur *sous-utilisation*, surtout par les plus défavorisés.

Par exemple, le patrimoine mondial des connaissances, y compris les inventions tombées dans le domaine public ou non protégées par des brevets, constitue un ensemble d'informations dispersées, d'accès difficile. Ce patrimoine représente une richesse potentielle considérable, gratuite et libre d'accès. Mais ceux qui auraient le plus d'avantages à pouvoir s'orienter dans cet ensemble d'informations et de connaissances sont aussi ceux qui sont le plus privés des moyens matériels ou intellectuels de le faire. Par exemple, Internet est comme chacun sait un outil puissant d'accès aux informations mais son usage reste limité aux personnes déjà alphabétisées, et capables de maîtriser les fonctions de navigation. Les problèmes d'illettrisme, de coût élevé des matériels, de barrières linguistiques limitent considérablement l'universalité de cet outil. Ceci est d'autant plus regrettable que les biens publics de ce type, basés sur des réseaux ou des normes, se caractérisent par le fait que chaque utilisateur supplémentaire, bien loin de diminuer la valeur globale de ce bien public, contribue à l'augmenter en fait. Plus le réseau s'agrandit, plus il prend de la valeur pour tous ses utilisateurs.

Le déficit d'universalité d'accès à Internet devrait donc être interprété comme un coût intrinsèque supporté d'une part par la communauté des utilisateurs actuels, qui ignorent tout le bénéfice qu'ils retireraient d'une universalité effective, et d'autre part par les non-utilisateurs, privés de l'accès à une ressource publique de grande valeur, mais dont ils n'ont pas l'usage.

Enfin, les biens publics *créés de façon immanente* par la société, les « biens publics sociétaux », comprennent par exemple la paix internationale, la stabilité financière mondiale, les normes culturelles universelles encourageant la coopération sociale et internationale. Ces biens publics sont bien réels mais ils sont « immanents », intangibles, et donc toujours tenus en quelque sorte pour acquis, pour allant de soi, ou alors comme étant hors de portée de l'action des personnes ou même des États. De fait, ces biens publics sont bien moins partagés que l'on pourrait croire, ils sont toujours insuffisamment disponibles à l'échelle globale. Théoriquement un sentiment largement partagé de justice sociale ne fait que renforcer l'application effective des principes de justice, renforçant ainsi une boucle de rétroaction positive, et démontrant par l'exemple la voie de l'intérêt général. Pratiquement, surtout à l'échelle mondiale, des différences énormes subsistent. L'état du monde en témoigne bien assez clairement. Là aussi, il faut noter ce paradoxe que ces biens sociétaux sont d'autant plus précieux et prennent d'autant plus de valeur pour chacun que plus de gens en jouissent. Tout le monde a un intérêt objectif à les développer, et pourtant on est bien obligé de constater qu'ils ne sont pas fournis à hauteur de la demande latente.

Les « maux communs »

Il existe aussi des « maux communs », soit qu'ils résultent de l'absence ou de l'insuffisance de biens publics, soit qu'ils soient générés par les dysfonctionnements ou les lacunes des politiques globales en matière de bien commun. De même que la santé est un état naturel, qui passe par là même inaperçue, alors que la maladie est un fait patent, douloureux, de même, les biens publics sociétaux restent souvent méconnus et impalpables, jusqu'au jour où ils commencent à manquer. En revanche, les maux communs ont des effets bien visibles, bien concrets. Les politiques ont tendance en conséquence à se focaliser bien plus sur l'atténuation ou la réduction des maux communs que sur la production ou la préservation des biens communs, tenus pour acquis, semblant aller de soi, et ne méritant pas l'urgence d'une attention personnalisée. Un tel biais peut conduire à l'échelle globale au choix du « plus petit commun dénominateur », à la limitation de la coopération internationale au strict minimum nécessaire pour éviter les désastres les plus imminents. C'est la politique du nez sur le mur. Pas de vision à long terme, pas de réflexion planétaire sur une possible stratégie optimale de l'humanité dans son ensemble.

Res nullius *et* res communis

Le droit international ne s'est pas désintéressé de la notion de bien public mondial. Mais on le trouve flottant quant à sa définition précise. Il est parfois assimilé à une *res nullius* et parfois à une *res communis*.

La *res nullius* n'appartient à personne. La *res communis* appartient à tous.

Si un bien public est une *res nullius*, chacun peut s'approprier librement ce qui n'appartient à personne en particulier. Personne n'est en droit de se sentir lésé. En revanche, si un bien public est une *res communis*, il appartient à tous, et chacun peut se servir de ce qui est en commun pourvu que les autres ne soient pas affectés par cet accaparement. Pour garder son caractère de *res communis*, un « bien collectif » doit être effectivement un bien inépuisable, un bien dont la consommation par une personne ou une entreprise ne réduit pas le montant disponible pour les autres consommateurs potentiels. Un bien public immatériel peut être inépuisable. Mais lorsqu'on consomme une *res communis* matérielle, cela se fait souvent au détriment de ceux qui pourraient eux aussi consommer ces biens publics mais qui en sont empêchés faute de moyens, de ressources, de connaissances, d'opportunités.

On peut enfin défendre l'idée que chacun a droit à une part égale des ressources communes, qu'elles soient naturelles ou non. C'est dire que la *res communis*, chose qui appartient à tous, doit être également profitable à tous.

Autrement dit, si certains peuvent en faire un usage plus avantageux pour eux, ils doivent en dédommager la collectivité.

La mer est-elle d'abord une route, ouverte à tous, ou un réservoir de poissons, plus ou moins inépuisable ? Les puissances maritimes qui ont intérêt à la liberté de navigation se heurtent aux États côtiers qui ont intérêt à étendre leurs zones exclusives. À qui appartiennent les orbites géostationnaires ? Qui gère les orbites poubelles où parquer les satellites usagés ?

La haute mer, l'espace extra-atmosphérique ont parfois été considérés comme une *res nullius* et parfois comme une *res communis*. La haute mer, sans avoir toutes les caractéristiques d'une *res communis* parfaite, n'est certainement pas une *res nullius*. Les richesses qu'elle contient sont certes susceptibles d'appropriation, mais elle-même ne l'est pas. La mer est bien une *res communis*. Tous peuvent en jouir mais sans se l'approprier. Les poissons en revanche peuvent être considérés comme une *res nullius*, mais seulement s'ils restent suffisamment abondants. S'ils commencent à manquer, il faut bien se résigner à mettre en place une gestion collective… Quant aux fonds marins, appelés « la Zone » par la convention sur le droit de la mer du 10 décembre 1982, ils ont été proclamés « patrimoine commun de l'humanité ». La convention prévoit l'exploitation de leurs richesses sous le contrôle d'une organisation internationale, l'Autorité internationale des fonds marins, qui reste à mettre en place. En attendant, « la Zone » a un statut hybride et controversé.

Contrairement aux grands fonds marins, l'espace extra-atmosphérique, à l'exception de la Lune et des corps célestes, n'a pas été déclaré « patrimoine commun de l'humanité ». Comme la haute mer, il est soumis au principe de la non-appropriation et de liberté d'utilisation, celle-ci étant cependant limitée par certaines règles. La mise en œuvre du principe de non-appropriation nationale se heurte à la difficulté de préciser la délimitation entre l'espace aérien et l'espace extra-atmosphérique.

La question de l'orbite géostationnaire mérite d'être évoquée à ce propos. On appelle orbite géostationnaire l'orbite sur laquelle les satellites se déplacent à la même vitesse que la rotation de la terre, de telle manière qu'ils apparaissent fixes par rapport au sol, ce qui est évidemment fort utile pour les applications de télécommunications ou de télévision directe. Cette orbite se situe nécessairement dans le plan de l'équateur, à environ 36 000 kilomètres au-dessus de celui-ci.

Certains États « riverains », proches de l'équateur, ont estimé que cette orbite était une « ressource naturelle rare » et qu'ils avaient un droit sur elle. Par une déclaration commune du 3 décembre 1976, le Brésil, la Colombie, le Congo, l'Équateur, l'Indonésie, le Kenya, l'Ouganda et le Zaïre ont proclamé leur souveraineté sur celle-ci. Cette revendication a été rejetée par le reste de la communauté internationale. La question est cependant examinée par le Comité des utilisations pacifiques de l'espace extra-atmosphérique. Malgré l'opposition de la plupart des États occidentaux, l'Assemblée générale s'est préoccupée de « l'utilisation rationnelle et équitable de l'orbite géostationnaire qui est une ressource naturelle limitée[1] ».

La liberté d'utilisation de l'espace n'est pas totale ; elle se heurte à trois limites :

– les activités spatiales « doivent s'effectuer conformément au droit international, y compris la Charte des Nations unies[2] » ;

– l'utilisation de l'espace doit être pacifique et viser à « maintenir la paix et la sécurité internationales » ;

– « l'exploration et l'utilisation de l'espace extra-atmosphérique, y compris la Lune et les autres corps célestes, doi-

---

1. Résolution 38/80 du 15 décembre 1983.
2. Art. III du traité sur les principes régissant les activités des États en matière d'exploration et d'utilisation de l'espace extra-atmosphérique y compris la Lune et les autres corps célestes du 27 janvier 1967.

vent se faire pour le bien et dans l'intérêt de tous les pays, quel que soit le stade de leur développement économique ou scientifique ; elles sont *l'apanage de l'humanité tout entière*[1] ».

Cette dernière expression (« apanage de l'humanité tout entière ») est à retenir. On la rapprochera de la notion de « patrimoine commun de l'humanité » qui est employée à propos de la Lune et des corps célestes dont les « ressources naturelles constituent le patrimoine commun de l'humanité », selon l'article 11 du traité de l'espace. Le régime prévu pour la Lune a en effet pour but :

« a) d'assurer la mise en valeur méthodique et sans danger des ressources naturelles de la Lune ;

b) d'assurer la gestion rationnelle de ces ressources ;

c) de développer les possibilités d'utilisation de ces ressources ;

d) de ménager une répartition équitable entre tous les États parties, des avantages qui résulteront de ces ressources, *une attention spéciale étant accordée aux intérêts et aux besoins des pays en développement*, ainsi qu'aux efforts des pays qui ont contribué, soit directement, soit indirectement, à l'exploration de la Lune[2]. »

Il ne faut pas se leurrer. Les règles applicables à la haute mer et à l'espace dépendent largement des rapports de force internationaux, mais aussi de la notion d'intérêt public telle qu'elle prévaut à telle ou telle époque, en fonction de la sensibilité à la protection de l'environnement, de la nécessité de la recherche scientifique, de l'exploitation des ressources naturelles, de l'implantation de systèmes de communication.

On trouve dans un traité de droit international[3] une gradation des attitudes possibles, autour des notions d'appropriation et d'utilisation :

---

1. Art. 1er, alinéa 1er. Expression soulignée par moi.
2. Art. 11, § 7. Les mots sont soulignés par moi.
3. *Droit international public*, 3e éd., Nguyen Quoc Dinh, Patrick Daillier, Alain Pellet, Paris, LGDJ, 1987.

– non-appropriation et liberté d'accès et d'exploitation pour chaque État, les seules contraintes résidant dans l'obligation de ne pas porter atteinte à l'égale liberté des autres États (régime de la haute mer et de l'espace extra-atmosphérique) ;

– non-appropriation et gestion collective. Par exemple : la Convention sur le droit de la mer de 1982 en ce qui concerne les grands fonds marins (la « Zone ») ;

– non-appropriation, mais gestion collective par un petit nombre d'États dans leur intérêt exclusif (exemple : gestion des ressources halieutiques par les pays membres de l'Union européenne) ;

– non-appropriation mais droits exclusifs réservés, à certaines fins, à un État déterminé (exemple : zone économique exclusive du plateau continental et de la zone contiguë) ;

– appropriation nationale, mais pouvoir de gestion subordonné au respect des libertés des États tiers (régime de la mer territoriale) ;

– souveraineté nationale exclusive mais généralement tempérée par l'octroi de droits d'accès (espace national aérien, eaux intérieures).

En résumé, la notion de *res communis* fait ressortir deux principes majeurs :

– la *res communis* appartient à la collectivité, nationale ou internationale. Nul ne peut se l'approprier ;

– son utilisation (ou sa consommation) est possible, mais soumise à des contraintes dans l'intérêt de la collectivité.

Mais que se passe-t-il lorsque la consommation abusive ou privative menace la *res communis* ?

En pratique, les biens collectifs peuvent être menacés par les intérêts sectoriels. Ils peuvent malheureusement être « consommés », et donc réduits d'autant pour les autres. Les appétits particuliers peuvent confisquer l'utilité générale à leur profit.

Les exemples de telles confiscations privatives et de telles appropriations particulières sont nombreux : citons pêle-mêle la couche d'ozone, le génome humain, le patrimoine génétique naturel, les fréquences hertziennes. Dans le cas du patrimoine génétique, il faut noter qu'il fait l'objet actuellement de nombreuses tentatives de privatisation par le biais de dépôts de brevets, par exemple par la firme Celera Genomics. Cela revient à le considérer en fait comme une *res nullius*, susceptible d'appropriation privée, parce que s'ouvre la possibilité de breveter une séquence génétique simplement pour l'avoir décryptée avant les autres. Cette affaire a provoqué d'ailleurs une réaction du Président William Clinton et du Premier ministre Tony Blair, visant à mettre les séquences décodées du génome humain dans le « domaine public » et à empêcher leur « privatisation ».

Les biens publics matériels peuvent être dégradés en biens de consommation, et de fait perdent alors leur caractéristique principale qui est d'être théoriquement inépuisables.

Par exemple, la couche d'ozone de notre stratosphère profite à tous en nous protégeant collectivement contre les rayonnements ultra-violets et personne ne peut se l'approprier. Mais des industries (aérosols, réfrigérants) provoquent des rejets de chlorofluorocarbones (CFC) dans l'atmosphère et amenuisent cette couche du fait des réactions autocatalytiques qu'ils initient jusqu'à provoquer un « trou »[1]. Ces industries s'emparent en fait, sans contrepartie, de ce bien collectif jusque-là inviolé.

Les notions de bien commun et de bien public ne sont pas particulièrement honorées dans le monde du marché libre, de la privatisation et de la dérégulation. Le secteur

---

1. De nombreuses études ont confirmé la diminution de la couche globale de l'ozone avec en particulier la présence d'un « trou » au-dessus de l'Antarctique. La diminution a été de 2,5 % entre 1969 et 1986, et de 3 % supplémentaires entre 1986 et 1993, suggérant une accélération du phénomène.

public est devenu synonyme de gabegie, de lourdeurs, de bureaucratie et d'inefficacité. Même si les expressions de « secteur public », de « domaine public » et de « bien public » recouvrent des notions différentes, elles partagent le mot de « public ». Or le « public » est exactement le contraire du « privé ».

En réalité le « privé » est parti à la chasse au « public ». Dans son ouvrage *Le Bien commun, Éloge de la solidarité*, Riccardo Petrella[1] décrit la logique prédatrice des forces du marché, suivant une stratégie de déstructuration et de destruction du bien commun *(war on welfare)*. Les forces politiques conservatrices cherchent à privatiser et déréguler les services publics, à réduire les emplois publics, à remettre en question les droits sociaux, à réduire le pouvoir des assemblées parlementaires au profit de l'exécutif, à réduire la richesse commune et les espaces publics, à rétrécir le champ de la solidarité, en tant que principe fondateur de l'État du *welfare* et du bien commun.

Le champ du chacun pour soi s'élargit et se renforce, alors que le champ de la solidarité se réduit et s'affaiblit. On assiste à une braderie, à l'échelle planétaire, de la richesse du monde. Les États comme les organisations internationales s'affaiblissent constamment au profit des pouvoirs privés mondiaux. « Le droit public qui se forge tend à être avant tout un droit commercial privé d'amplitude planétaire[2]. »

Les théoriciens du libéralisme, comme Hayek, qui est en somme le théoricien de la politique d'un Reagan ou d'une Thatcher, n'hésitent pas à se réjouir de cette montée en force du gigantisme capitalistique, et de cette frénésie concurrentielle allant jusqu'aux monopoles planétaires :

« Il n'y a aucun argument en justice, ni justification morale à empêcher un monopoliste de faire profit de mono-

---

1. Riccardo Petrella, *Le Bien commun, Éloge de la solidarité*, Bruxelles, Éd. Labor, 1996.

2. Cf. Jacques Decornoy, « Travail, capital… pour qui chantent les lendemains ? », *Le Monde diplomatique*, septembre 1995, cité par R. Petrella.

pole (…) Parfois, l'apparition d'un monopole (ou d'un oligopole) peut constituer un résultat désirable de la concurrence[1]. » Il admet que le pouvoir des monopolistes peut être dangereux lorsqu'il est combiné avec l'influence qu'il peut exercer sur un gouvernement. Mais pour lui « ce n'est pas le monopole en soi qui est nuisible, mais la suppression de la concurrence ». C'est « le même problème [qui] se pose lorsqu'une quelconque petite entreprise, ou un syndicat, qui contrôlent un service essentiel peuvent rançonner la collectivité en refusant de fournir leur prestation[2] ». Il n'hésite pas à comparer entreprises et syndicats en affirmant que « nombre de monopoles d'entreprise résultent d'une meilleure productivité, alors que tout monopole syndical est dû à une suppression forcée de la concurrence »…

N'y a-t-il pas contradiction pour un tel thuriféraire de la libre concurrence ? Hayek reconnaît que le pouvoir des monopolistes peut être employé à l'encontre d'individus ou de firmes pour restreindre la concurrence. Mais il note aussi qu'il y a « des cas où un monopoliste peut rendre de meilleurs services *parce que* possédant un monopole »…

Pour Hayek, la plus grave menace pour l'ordre du marché n'est pas « l'action égoïste de firmes indépendantes, mais l'égoïsme de groupes organisés ». « Les intérêts collectifs des groupes organisés sont toujours à l'opposé de l'intérêt général. » Ces groupes acquièrent leur pouvoir grâce à l'aide des gouvernements, ce qui modifie la situation relative des divers groupes. Cette « fixation politique des revenus » des divers groupes de pression heurte toujours quelques intérêts particuliers et surtout l'intérêt général, assure-t-il.

Il ajoute que « l'intérêt qui est commun à tous les membres d'une société n'est pas la somme des intérêts communs aux membres des groupes de producteurs existants ».

---

1. Friedrich A. Hayek, *Droit, législation et liberté*, t. 3, *L'ordre politique d'un peuple libre*, PUF, 1983, p. 92.
2. *Ibid.*, p. 96.

En effet, seuls les « intérêts organisables » ont avantage à exercer une pression sur le gouvernement, et à lui faire adopter des « règles discriminatoires et tendancieuses ». Ceci engendre inévitablement « une situation où les intérêts non organisables sont sacrifiés et exploités par les intérêts organisables ».

Mancur Olson[1] théorise ce biais très particulier en faveur des « lobbies » : d'abord seuls des groupes relativement restreints sont capables de s'organiser de manière efficace, et d'influer sur le gouvernement pour en tirer des avantages certains. Les organisations les plus puissantes dominent en partie les gouvernements et donc en tirent un avantage relatif d'autant plus important. Comme il est impossible d'organiser tous les intérêts, ce biais conduit à « une exploitation persistante des inorganisés et inorganisables ».

Ce qui est significatif, c'est que les arguments des libéraux visent moins à assurer les conditions du laisser-faire qu'à garantir une « véritable » concurrence – dans tous les domaines. Ils mettent tout sur le même plan. Les libéraux « conséquents avec eux-mêmes » s'en prennent tout autant aux trusts et aux cartels capitalistiques s'entendant à faire monter les prix qu'aux syndicats de travailleurs, accusés de « rétrécir le marché du travail » pour faire monter les salaires... Ainsi, comme l'écrit Polanyi, « si les besoins d'un marché autorégulateur se révèlent incompatibles avec ce qu'exige le laisser-faire, le tenant de l'économie libérale se tourne contre le laisser-faire et préfère – comme le ferait tout antilibéral – les méthodes dites collectivistes de réglementation et de restriction. La loi des *trade-unions* ainsi que la législation antitrust sont nées de cette attitude[2]. »

Lorsqu'on cherche à comprendre pourquoi le laisser-faire conduit à des dysfonctionnements si graves qu'ils inci-

---

1. Mancur Olson Jr., *The Logic of Collective Action*, Harvard University Press, 1965.
2. *Op. cit.*

tent les plus libéraux à réintroduire un contrôle de l'État, lorsqu'on cherche à analyser pourquoi des monopoles surpuissants peuvent se mettre en place, on peut avancer que les comportements des agents impliqués ne sont pas « rationnels ». On ne peut pas par exemple tout ramener à la « rationalité » de l'intérêt matériel ou financier. Les questions de prestige, de statut, de rang social importent tout autant et même davantage.

La fortune cumulée des quatre cents personnes les plus riches du monde dépasse aujourd'hui l'avoir des trois milliards de personnes les plus pauvres de la planète. Les écarts s'accroissent constamment, à l'intérieur des États et entre les États. N'est-ce pas aller droit dans le mur ? Cette poursuite effrénée a-t-elle encore un sens ? À quoi rêvent donc les super-riches ? Après quoi courent-ils ? Ne menacent-ils donc pas objectivement l'ordre social qui les a tant favorisés ?

Dans les sociétés riches, nous constatons tous les jours la déliquescence du lien social. Mais c'est la destruction par avance des conditions politiques d'un futur lien social mondial qui doit plus inquiéter encore. On ne peut que constater que la classe des super-riches qui dominent aujourd'hui des pans énormes de l'économie mondiale n'a pas la vision politique nécessaire pour garantir l'intérêt général mondial. Cette myopie collective, cet égoïsme grossier des quatre cents plus grandes fortunes mondiales (il faut bien mettre la barre quelque part, éviter l'abstraction lénifiante des « fonds de pension » dont nous serions tous solidaires...), est fortement à craindre. Il ne s'agit pas seulement d'impact économique, mais plus gravement de déchéance morale et culturelle, de révolte profonde de tout le sens commun contre une situation absolument absurde. Ceci ne peut durer, et ceci ne durera pas.

Il ne s'agit pas de rêver d'une utopie lointaine.

La question du bien commun se traite aujourd'hui explicitement dans des enceintes internationales. La mer, l'eau douce, l'espace, mais aussi le droit de la propriété intellectuelle soulèvent de difficiles questions quant à la nature de l'intérêt général. Les réponses données sont parfois satisfaisantes, dans l'état actuel du consensus international. Elles sont en revanche parfois gravement préoccupantes, en ce qu'elles autorisent des comportements foncièrement injustes, du moins en considérant l'ensemble des points de vue en présence à l'échelle planétaire. Plus encore, elles induisent des habitudes de pensée, des *habitus* qui peuvent ralentir grandement l'émergence d'une pensée politique et philosophique réellement capable de défendre l'intérêt supérieur de l'humanité.

L'eau : un bien public menacé

L'eau est un excellent exemple de bien public (lorsqu'elle est présente en abondance et qu'elle se renouvelle gratuitement par le cycle naturel) qui peut être dégradé en bien privatif par certains intérêts sectoriels.

Elle illustre les problèmes que pose la gestion d'un bien public dans l'intérêt général régional ou mondial.

Plus d'1,4 milliard de personnes n'ont pas accès à l'eau potable. Les intérêts catégoriels, les appétits féroces des uns et des autres se sont approprié l'eau pour leur profit. Le rapport *World Water Resources* de l'UNESCO affirme : « En 2025, la majorité de la population de la planète vivra dans des conditions d'approvisionnement en eau faibles ou catastrophiquement faibles. »

97,5 % de l'eau présente sur la planète est salée. L'eau douce, les 2,5 % restant, est en grande partie inaccessible : calotte glaciaire, nappes phréatiques trop profondes. À peine 1 % de l'eau douce, soit 0,007 % de toute l'eau de la Terre, est accessible. Mais ces ressources, déjà limitées, sont soumises à une demande croissante. En un siècle la consommation a sextuplé, évoluant deux fois plus rapidement que la population. 69 % de la consommation d'eau sont déjà absorbés par l'irrigation et les besoins de l'agriculture. L'industrie en consomme 23 % et en augmente la pollution. Dans certaines régions, l'eau est si dégradée qu'elle ne peut être utilisée, même à des fins industrielles.

En Afrique du Sud, un tiers des habitants n'ont pas accès à l'eau potable et près des deux tiers manquent d'installations sanitaires de base, dans des régions où les rivières sont de véritables cloaques. À Soweto, on voit des gens porter des seaux. Dans les banlieues voisines, piscines et jardins ne manquent pas d'eau. Les fermiers irriguent leur culture pour presque rien. Ils ont un « droit de riverain » pour un accès à l'eau sur leurs terres, et ils peuvent également puiser à d'autres sources, grâce aux infrastructures financées par l'État. Le gouvernement parle de « libérer l'eau de la tyrannie du propriétaire terrien » et de subventionner son usage social dans les banlieues défavorisées en augmentant son prix pour les usages de luxe (piscine).

L'eau est un bien public de plus en plus rare, et donc de plus en plus soumis à la contradiction entre l'intérêt privé et l'intérêt général. Une solution est envisagée : faire payer les consommateurs pour réguler la demande. On parle d'instaurer un marché international de l'eau pour que les pays les plus assoiffés puissent en acheter aux autres. Le principe de la gratuité de l'eau (« don du ciel ») est clairement remis en question. C'est devenu un bien qui s'achète, et se revend. La Banque mondiale estime possible de réguler la demande par des critères financiers. On attribue des droits de propriété aux usagers et on installe un marché de l'eau. Le Conseil mondial de l'eau veut « donner un prix à l'eau ». L'idée est qu'en fixant le prix de l'eau à son coût réel, on évitera les gaspillages et on permettra aussi les nécessaires investissements à long terme en attirant le secteur privé. Mais cette idée suscite une forte opposition de la part d'organisations non gouvernementales qui estiment que la démarche du Conseil mondial de l'eau revient à donner un pouvoir considérable au secteur privé aux dépens des collectivités locales et des gouvernements.

L'eau est-elle un simple « besoin » comme le formule le Conseil mondial, ou un « droit » fondamental, à garantir politiquement et socialement ?

Il est clair que l'eau n'est pas un « marché libre ». C'est un patrimoine commun, un bien public, une ressource unique, incomparable aux autres ressources naturelles. Ceci pose de fait la question d'une gestion qui ne soit pas seulement financière mais qui intègre le critère de l'intérêt général. Aux États-Unis, les « marchés de droits sur l'eau » permettent par exemple à des agriculteurs de vendre leur « droit sur l'eau » garanti par la loi (en Californie par exemple) à des villes pendant une sécheresse. En Europe, on considère l'eau comme un patrimoine commun, une *res communis*. On peut l'utiliser mais non la posséder. Dans le cadre des lois européennes sur l'eau, chacun peut prendre gratuitement de petites quantités d'eau à la source pour ses besoins domestiques. Pour les réseaux publics, on paye non l'eau, mais le coût du service. Les usagers non domestiques qui exploitent ou surexploitent un bassin aquifère, une nappe phréatique, devraient en revanche payer à la collectivité des taxes spéciales, en particulier pour l'irrigation. Une simple salade de maïs nécessite plusieurs dizaines de litres d'eau. Plus beaucoup de nitrates infiltrés, qu'il faudra filtrer. Le prix de l'eau payé par le consommateur des villes inclut donc la prise en charge d'autres coûts comme celui de la dépollution des eaux des usines raccordées aux égouts de la ville, ou des nitrates d'origine agricole. Si les consommateurs/citoyens étaient mieux informés des péréquations subreptices qui se font sur leur dos, ils pourraient exiger une autre répartition, taxant les pollueurs pour le prix réel des charges qu'ils imposent à la collectivité.

« L'eau virtuelle »

L'enjeu est là comme ailleurs éminemment politique. Il s'agit aussi de changer de modèle mental. Le concept de « l'eau virtuelle » est un bon exemple de modèle mental alternatif. On importe virtuellement de l'eau en important des productions agricoles dont on n'aura pas, par conséquent, à assurer l'irrigation au plan national. Pour étancher la soif de la population dans les pays du Moyen-Orient et du Maghreb, un mètre cube d'eau par personne et par an suffit. Mais il faut au moins 1 000 mètres cubes d'eau par an pour produire de quoi nourrir cette même personne. Pour produire une tonne de blé il faut 1 000 tonnes d'eau. Importer un million de tonnes de blé équivaut donc à importer « virtuellement » un milliard de tonnes d'eau. La notion d'eau virtuelle permet de mieux valoriser l'eau utilisée dans l'irrigation, trop souvent sous-évaluée. Elle permet de juger des choix politiques explicites ou implicites. Ainsi, en Égypte, l'eau d'irrigation est presque gratuite, d'où des gaspillages qui coûtent cher à la collectivité. La même eau utilisée dans l'industrie ou les services pourrait être beaucoup mieux utilisée. Mais un changement prononcé de politique d'irrigation ne peut que soulever d'énormes difficultés dans un pays où 40 % de la population travaille dans l'agriculture. Toujours nous revenons à la nature profondément politique des choix – qu'ils soient explicites ou implicites.

Les eaux transfrontalières

Les problèmes de la « juste répartition » de l'eau sont particulièrement significatifs dans le cas des eaux transfrontalières. Les 214 plus grands bassins fluviaux de la planète, où vivent 40 % de la population mondiale, sont tous utilisés par plusieurs pays. Comment concilier les intérêts divers des ayants droit ? L'eau ne respecte pas les frontières des hommes. Elle se déplace. Qui est le propriétaire d'une ressource aussi nomade et volatile ? Qui possède le Nil ? L'Égypte ou l'Éthiopie ? Qui peut édicter des règles concernant le Jourdain ? Les Israéliens, les Jordaniens ou les Palestiniens ? La Turquie projette de vendre l'eau de l'Euphrate à Israël. Cela aurait de graves répercussions en Irak et en Syrie. Si la Turquie utilise l'eau du barrage Atatürk sur l'Euphrate pour irriguer ses terres, l'eau de ruissellement finit par revenir aux pays en aval par le cycle naturel de l'eau. L'eau reste dans la région. Mais si on vend cette eau en dehors de la vallée, il y a perte nette pour les riverains, qui peuvent se sentir à juste titre dépossédés.

Le droit international coutumier stipule que seuls les pays riverains d'un fleuve – ceux qu'il traverse ou borde – ont le droit d'utiliser ses eaux. Mais les pays en amont peuvent revendiquer un principe de « souveraineté territoriale absolue » et prétendre pouvoir utiliser l'eau sans se soucier des riverains en aval. Les pays de l'aval, en revanche, peuvent revendiquer le principe de « l'intégrité absolue du fleuve », empêchant les États de l'amont d'affecter le débit ou la qualité des eaux. Pour résoudre ces contradictions, on recourt au concept d'« utilisation équitable ». Ce concept nécessairement flou induit des règles de distribution obtenues par consensus. Mais il y a un vrai problème en cas de désaccord persistant[1], ce qui nous ramène à la question plus fondamentale, plus philosophique, de la nature même de la « chose publique ». Seule une vision éthique de la chose publique mondiale peut guider les États dans le règlement de leurs différends.

Nous avons examiné avec la mer, l'espace, l'eau, le cas de biens publics matériels.

---

1. La récente Convention des Nations unies sur le droit relatif aux utilisations des cours d'eau internationaux à des fins autres que la navigation énonce un ensemble de critères pour codifier la règle d'utilisation équitable.

Le cadre de la propriété intellectuelle est un excellent exemple de bien public immatériel et aussi de la difficulté à faire émerger une véritable pensée de l'intérêt général dans un tel domaine. Nous reviendrons sur ce point ultérieurement.

Problèmes du bien public

Comme on voit, les notions de bien commun et de bien public ne vont pas de soi. L'existence même d'un bien public, et c'est là un véritable paradoxe, peut produire des injustices structurelles, et des problèmes difficiles d'équité effective quant à sa gestion. Plus un bien est « commun », plus il semble mal défendu par les opérations « spontanées » du marché ou du système international.

Relevons trois problèmes classiques :
– le « profiteur » (ou « l'ouvrier de la onzième heure »),
– l'effet « Matthieu » (d'après l'évangéliste qui rapporte qu'« à celui qui a on donnera encore, à celui qui n'a rien on enlèvera même ce qu'il a »),
– le « dilemme du prisonnier ».

Le paradoxe du « profiteur » (en anglais : *free rider*) est simple. Lorsqu'un bien public est créé par quelques-uns, il profite à tous, par définition, sans que les profiteurs n'aient eu à supporter leur « juste part » des coûts. Par exemple, le fardeau de la paix internationale peut être concentré sur un pays dominant, ce qui avantage les pays « alignés ». Cela induit un avantage politique pour le pays dominant et un avantage économique comparatif pour les « alignés » qui peut à la longue miner les bases mêmes du bien commun qui les fonde. Hume disait déjà que la coopération entre les citoyens à propos du bien commun se heurterait à la tentation des individus de se reposer sur les autres du fardeau collectif. Garrett Hardin reprit cette thématique dans son essai fameux, *The Tragedy of the Commons*. En théorie économique, on donne le nom d'« externalité négative » à ce phénomène. C'est ce qui se passe quand un individu, une firme ou un acteur social ne supporte pas tous les coûts d'une action entreprise, mais les fait assumer par d'autres. L'externalité peut aussi être dite « positive », quand les bénéfices d'une action ne rejaillissent pas seulement sur l'entrepreneur, mais profitent à d'autres, sans qu'ils aient pris aucune part à l'affaire.

L'effet « Matthieu » développe plus particulièrement le paradoxe du profiteur en mettant en évidence que les « riches » peuvent avoir un avantage relatif plus important à tirer parti de certains biens communs que les « pauvres ». Les prairies communales profitent plus aux possesseurs des gros troupeaux. Celui qui ne possède même pas une chèvre, comment pourrait-il recevoir sa juste part d'un avantage collectif librement accessible, mais d'autant plus avantageux que l'on a les moyens effectifs d'utiliser les vastes herbages publics ? Aujourd'hui les « prairies » sont mondiales : il s'agit par exemple de l'exploitation de la haute mer, de l'espace, des fréquences hertziennes, évidemment réservés à ceux qui ont de gros moyens pour ce faire. Les riches ont plus d'opportunités de tirer avantage et bénéfices des biens mis gratuitement à la portée de tous. Ceci est encore plus vrai des biens publics créés par l'homme. Internet est un bien public, mais qui exclut *de facto* tous ceux qui ne sont pas connectés. Celui qui n'a pas accès à Internet, comment pourrait-il bénéficier des immenses ressources gratuites d'informations disponibles en ligne ?

Le « dilemme du prisonnier » illustre le fait qu'un manque d'information réciproque ou une coordination insuffisante entre plusieurs partenaires conduit à des comportements néfastes pour tous, et donc à une non-optimisation du bien commun. Le dilemme du prisonnier prend sa source dans une petite histoire. Deux prisonniers, complices d'un forfait, sont interrogés séparément. Si aucun n'avoue, ils écoperont d'une année de prison. Si l'un avoue, mais pas l'autre, celui qui avoue sera libéré et l'autre recevra une sentence maximale de cinq ans. Si tous les deux avouent, ils recevront tous les deux une peine de trois ans. Il est clair que le choix des individus confrontés à un tel « dilemme » gagnerait beaucoup à une concertation et une entente préalable (agrémentée d'une réelle dose de confiance réciproque…). S'il n'y a pas eu de concertation préalable, on peut s'attendre que chaque prisonnier fasse l'impasse sur la réaction de l'autre. Leurs deux réactions « égoïstes » produisent alors un résultat globalement désavantageux au lieu de minimiser les années de prison. Cette petite parabole s'applique, toutes proportions gardées, au bien commun mondial. Le bien commun a besoin d'information mutuelle et de confiance entre les protagonistes.

Exemple : le bénéfice mutuel à attendre d'une ouverture réciproque et « loyale » des frontières passe par une confiance *a priori*.

Le paradoxe du profiteur, l'effet Matthieu et le dilemme du prisonnier montrent toute l'importance de la médiation et de la régulation du bien commun, et donc de la définition de ce qui représente le mieux « l'intérêt supérieur mondial ». Comment clarifier les critères identifiant les biens publics, ainsi que leur affectation ? Qui doivent en être les bénéficiaires prioritaires ?

Comment peut se former une « volonté générale » à propos du bien commun ?

La volonté générale, concept politique forgé par Jean-Jacques Rousseau, se définit comme une décision collective quant à ce qui est bien pour la société entière, par opposition à la « volonté de tous » qui ne serait que l'addition des préférences individuelles.

À l'échelon supérieur, la volonté générale mondiale pourrait incarner (si on avait un moyen de la faire émerger) ce que la communauté mondiale estime être dans l'intérêt de l'humanité, et non pas seulement dans l'intérêt des États ou des groupes de pression.

Nous vivons dans un monde profondément divisé et inégal. Certains ont une influence considérable sur la marche des affaires, sur la mise en place des politiques publiques, sur les principes régissant la mise à disposition des biens publics, ou leur usage. D'autres se contentent, faute d'informations pertinentes, de subir passivement les choix sociétaux, qu'ils soient faits de manière explicite ou implicite.

Les disparités mondiales entre pays, entre blocs d'influence, entre groupes sociaux-économiques, entre générations, sont considérables. Cela rend d'autant plus probables les inégalités objectives dans l'accès aux biens publics mondiaux. Le bien public se définit, on l'a dit, par son universalité. En théorie, il doit être potentiellement accessible à tout le monde, sans distinction de lieu, sans inégalité entre générations. En réalité, les biens publics sont plus ou moins bien répartis. Le désir de paix, le besoin de stabilité financière pour un échange commercial multilatéral, le goût pour le développement des connaissances ou pour une planète écologiquement viable, sont autant de valeurs universellement partagées. Et pourtant, elles sont dans les faits bien mal réparties. Les biens publics, quoique théoriquement définis par leur abondance « infinie », sont en fait très mal distribués. Le marché lui-même, et ses fameuses « mains invisibles », ne peut rien y faire. Comment l'intérêt privé pourrait-il être encouragé à créer une richesse commune, profitant à tous ? En mettant les choses au mieux, l'intérêt privé peut s'efforcer d'accaparer un bien public, en le considérant comme une *res nullius*. Mais pourquoi le secteur privé se dévouerait-il à l'intérêt général ? Pourquoi s'efforcerait-il de créer des biens collectifs ? Pourquoi chercherait-il à défendre plus particulièrement un bien public intéressant les générations futures, alors que son intérêt serait d'en tirer parti aujourd'hui même ?

Cette question se généralise d'ailleurs à toute notre génération.

Ce n'est pas seulement une question de justice et de démocratie à l'échelle planétaire. Le bien commun de l'humanité doit comprendre celui des générations futures. Mais par définition nos lointains descendants ne sont pas parmi nous pour se défendre. Les générations contemporaines sont *de facto* juges et parties... D'où la tentation irrésistible de ne tenir compte que du présent. Dans le fait de laisser dériver des satellites usagés dans l'espace ou de consommer goulûment les énergies fossiles, on voit un exemple frappant de la désinvolture des générations contemporaines, qui font supporter le coût de leur politique aux générations futures. À ces générations à venir de trouver comment faire le ménage (externalité négative imposée par les contemporains aux générations suivantes). Les biens publics intergénérationnels sont nombreux : biodiversité, équilibre écologique global, préservation de la couche d'ozone, développement de normes culturelles et civilisationnelles encourageant la coopération. Nous portons collectivement la responsabilité de leur bonne gestion devant l'infinie succession de nos descendants. Le principe de précaution ne devrait-il pas dès lors s'appliquer avec une fermeté toute particulière ?

Proposition de critères du bien commun mondial

Trois principes très généraux devraient être appliqués à la défense des biens publics mondiaux.

• Principe d'altérité

Il s'agit là d'une adaptation du « principe de différence » augmenté d'une attention particulière à la valeur intrinsèque de l'altérité.

Le principe de différence (John Rawls) est : maximiser les avantages des plus défavorisés.

Le principe d'altérité ajoute : valoriser l'autre pour son altérité même. Aider les défavorisés est prioritaire, mais sans que cela donne de droit à réduire leur différence sans leur consentement. La collectivité doit comprendre que la diversité des modes de vie est une richesse plus précieuse que le coût que de telles différences peuvent engendrer.

Ainsi la discrimination positive envers les minorités culturelles ne peut justifier la recherche d'une intégration culturelle forcée.

• Principe d'inaliénabilité

Personne ne peut aliéner un bien public, qu'il soit matériel ou immatériel. Il est impossible de laisser privatiser les biens publics. Les lois et principes protégeant les biens publics sont considérés eux-mêmes comme un bien public, et sont donc intangibles.

Il faut noter que la chose publique, par son inaliénabilité, par le fait qu'elle est largement promue et reconnue, crée une richesse commune supplémentaire : la confiance, et la dignité. Tout homme devient en naissant copropriétaire de l'immense domaine public mondial. Il a le droit d'en jouir (c'est un nouveau droit de l'homme à proclamer) et il est légitimement assuré de pouvoir en suivre l'évolution. Voilà de quoi lui assurer une réserve permanente de confiance, de dignité et d'estime de soi. Surtout si des mécanismes effectifs d'exercice de ce droit de souveraineté sur la chose publique mondiale sont garantis.

L'éducation à la confiance (en la justice « publique ») favorise l'autocatalyse et les « rendements croissants » de la justice et de la chose publique. La justice garantit le bien en fournissant un cadre « abstrait » de fonctionnement et de gouvernance (cf. Hayek), mais le fait même qu'elle existe et qu'elle est pratiquée, défendue, garantie, fait aussi partie du bien commun (elle est aussi un bien « concret », cf. Rawls). Pratiquer la justice garantit donc (abstraitement, par l'intangibilité des règles) le bien commun et augmente (concrètement) le bien commun (parce que la « bonne marche » de la justice fait partie des biens communs « premiers »). Cela contribue au sentiment de « vertu » publique partagée et au renforcement du lien social mondial. Par exemple, si la lutte contre la corruption est efficace, cela avantage non seulement l'usager individuel, mais aussi le citoyen en tant qu'il se sent plus libre, plus en confiance dans un pays libéré de ce fléau collectif.

On contribue ainsi à la formation du bien commun par la formation au bien commun (autocatalyse).

• Principe de subsidiarité

La responsabilité mondiale de la *res publica* mondiale relève de chacun. Selon la philosophie du *jus gentium*, les sujets du droit mondial sont les personnes, non les États.

La communauté mondiale des personnes (tous les humains vivant sur la planète Terre) a souveraineté sur la chose publique mondiale. Les biens publics mondiaux sont donc possédés en indivision, pourrait-on dire, par l'ensemble des hommes. La *res publica* est un bien mondial : d'où la nécessité de la définition publique *urbi et orbi* de ce qui constitue la chose publique mondiale, et d'une énumération précise de l'ensemble des biens publics mondiaux. Ce travail ne permet pas seulement de garantir l'inaliénabilité des biens publics mondiaux, il permet aussi de donner aux plus défavorisés du monde un droit de regard, un droit de gestion, et pourquoi pas un droit de bénéficier (par voie de taxation appropriée) de l'exploitation des biens publics mondiaux par les plus favorisés. En les faisant copropriétaires des biens publics mondiaux, on leur donne aussi une dignité mondiale inaliénable, la dignité que confère l'expression de la justice.

La justice mondiale est le domaine public mondial par excellence : nous sommes appelés à en être responsables, en communauté avec tous les humains.

Chapitre XIII

LA SOCIÉTÉ DE L'INFORMATION
ET LE BIEN COMMUN MONDIAL

La société de l'information pose de manière très concrète le problème du « bien commun mondial ».

Qui profite le plus de la société de l'information ? Quel est le rôle de la révolution de l'information quant à l'évolution des inégalités ? Aggrave-t-elle ou réduit-elle le fossé économique, social, culturel entre les riches et les pauvres ? Est-ce que la mondialisation s'exacerbe ou se « civilise » du fait de la société de l'information ?

Les expressions de « village global », de « société mondiale de l'information », ou d'ère de « la convergence multimédia » sont trompeuses. La globalisation n'est pas la même pour tous. Il y a les « globaux-riches » et les « globaux-pauvres ». Moins d'un Africain sur cinq mille a accès à Internet. Il y a bien un phénomène de globalisation, mais certains en tirent tout le bénéfice, et les autres en sont de plus en plus durement affectés. Une des raisons à cela est qu'il n'y a pas de pilote global, il n'y pas de volonté politique capable de se faire entendre et respecter au plan transnational. Les exemples des paradis fiscaux, de la circulation sans frein des flux spéculatifs ou de l'incapacité à résoudre les problèmes globaux de l'environnement illustrent ce point.

Le cyberespace apporte une nouvelle « frontière », plus ouverte, dérégulée. La mondialisation propre à la société de l'information est une mondialisation abstraite, normative, efficace, aux enjeux avant tout économiques, stratégiques, politiques. Elle tend à libérer les opérateurs les plus puissants de l'économie capitaliste des poids du réel. On cherchera à abolir les limites de l'espace (délocalisation et déterritorialisation), les contraintes du temps (immédiateté et interaction en temps réel), l'inertie de la matière (déréalisation, simulation et virtualisation), l'obstacle de l'altérité et les barrières de la diversité (désintermédiation et homogénéisation).

Ce monde dématérialisé possède des propriétés très différentes du monde de la matière. Par exemple, le phénomène des « rendements croissants » dont on connaît les effets dans le domaine technique (importance des standards, prime aux positions dominantes, valeur exponentielle des réseaux), dans le domaine des contenus (importance cruciale de l'image de marque), dans le domaine économique (tendance intrinsèque de la compétition « dérégulée » à produire des oligopoles puis des monopoles : la compétition tend à « tuer » la compétition, puisqu'elle tend à éliminer les plus « faibles » pour ne garder que les « plus forts »).

Ce phénomène des rendements croissants induit deux effets contradictoires du point de vue du capitalisme. D'un côté, il permet et encourage la constitution de très grands empires postindustriels (vagues d'alliances transsectorielles, monopoles structurels, effets du type *the winner takes all*).

D'un autre côté, des rendements croissants sur le plan technique n'impliquent pas nécessairement des rendements croissants du point de vue capitalistique. Exemple : la production des circuits intégrés est d'autant moins rentable qu'on les produit en plus grande quantité. La diffusion de plus en plus rapide et peu coûteuse de données, d'images, de logiciels, sape la profitabilité du fait de l'augmentation de l'offre générale de biens immatériels. Mais on peut arriver cependant à limiter cette « baisse tendancielle du taux de profit » de deux manières :

– soit en tirant parti des positions de monopole mondial sur un segment clé pour imposer des pratiques hégémoniques (cas des systèmes d'exploitation, se généralisant aux navigateurs, puis aux portails, et enfin au commerce électronique...) ;

– soit en recréant artificiellement de la rareté là où l'abondance menace le profit. Par exemple, on assistera à des tentatives de privatiser (et donc de raréfier) des biens appartenant au domaine public (brevetage du vivant, interdiction de réutiliser des semences sous « copyright », allongement sans contrepartie pour « l'intérêt général » de la durée du copyright d'œuvres qui devraient être tombées dans le domaine public, création de nouveaux « droits d'auteur » comme le droit *sui generis* de la directive européenne de mars 1996 sur les bases de données, obtention de concession exclusive de services publics essentiels, comme le service de l'eau...).

Un autre phénomène intéressant à analyser est celui des standards. Considérons deux exemples emblématiques : Windows de Microsoft et le langage HTML inventé par Tim Berners-Lee dans le cadre d'un organisme public : le CERN. Dans un cas, l'adoption du standard Windows à l'échelle mondiale permet (selon les attendus du procès antitrust intenté par la justice américaine) des effets pervers de monopole, de « conduite prédatrice », d'exclusion de toute concurrence réelle du fait d'accords secrets et de collusions (toutes choses complètement contraires à l'esprit affiché du « marché libre » ne pouvant fonctionner qu'en situation de concurrence loyale). Dans l'autre, HTML a permis l'explosion quasi instantanée du World Wide Web grâce à un « standard » appartenant au domaine public. Toute la planète Internet en a bénéficié, à l'exception de son inventeur certes, qui n'en retira que les bénéfices moraux.

Dans la société de l'information, nous avons intrinsèquement besoin de standards parce qu'ils commandent la transparence et l'universalité qui sont le propre de la Toile. Ces standards (de TCP/IP aux navigateurs, d'UNICODE à Java, de Windows à LINUX) ont par nature tendance à s'imposer comme des monopoles. C'est en effet le propre d'un standard universel de devenir un monopole. Certains y parviennent de manière radicale. D'autres échouent en chemin. Considérons les standards mondiaux *de facto*, comme Windows. Alors on bute sur une contradiction fondamentale, car une situation de monopole mondial est contraire à l'esprit du libre marché. Conclusion théorique : quand un standard, pour quelque raison que ce soit, s'impose comme un monopole *de facto*, alors il devrait être décrété (dans « l'intérêt supérieur du monde » !) comme appartenant au « domaine public mondial ». À tout le moins, s'il s'agit d'un logiciel, son code devrait être rendu public pour permettre une concurrence loyale et éviter les abus de position dominante.

Le marché et l'intérêt général : un besoin de régulation

Le marché n'est pas concerné par la redistribution sociale des richesses. Des questions comme l'éducation, la santé, la paix sociale appartiennent au domaine politique. Mais le marché lui-même ne peut fonctionner sans régulation. Car la compétition sans régulation ne peut être que prédatrice et « déloyale ». De plus, si ce sont, comme prévu, les plus forts qui survivent, ils finissent par créer des monopoles ou des situations de collusion.

Les régulateurs sont censés incarner et protéger l'intérêt général. Ils doivent pouvoir définir par exemple la notion politique de « l'accès universel » à l'information. Est-ce l'accès physique aux lignes ? Cela comprend-il nécessairement des péréquations tarifaires (nationales et internationales) ? Cela inclut-il l'accès aux contenus eux-mêmes, par exemple aux informations du domaine public intéressant les citoyens (information gouvernementale[1]) ? Quels peuvent être les droits des consommateurs vis-à-vis

---

1. Voir le *Livre vert de la Commission européenne sur l'information émanant du secteur public dans la société de l'information* (1998).

du commerce électronique ? En quoi les droits des consommateurs sont-ils convergents ou contradictoires avec ceux des citoyens ? Comment réguler les ressources publiques matérielles ou immatérielles (accès et prix des fréquences hertziennes, accès à la numérotation) ?

Les termes inégaux des échanges électroniques
dans le monde

Le fossé le plus criant dans la société mondiale de l'information est bien celui qui sépare les internautes (2 % de la population mondiale) des non-connectés[1]. Même parmi ceux qui sont connectés, les inégalités sont flagrantes. Il y a ceux qui disposent d'un accès aisé à des pléthores d'informations, à faible coût et à grande vitesse. D'autres ont un accès coûteux, lent, peu fiable, à des informations limitées. Et il y a ceux qui expérimentent déjà Internet 2 et Internet Nouvelle Génération, qui peuvent échanger en temps réel des images hautement interactives.

Certes, on peut penser que la connectivité Internet va progresser rapidement. Mais il convient d'affiner l'analyse, et de bien comprendre la nature même des forces qui structurent actuellement la planète Internet, et qui conditionnent son développement. En 1998, le trafic lié à Internet a dépassé pour la première fois le trafic téléphonique mondial. On prévoit qu'en 2002 le trafic téléphonique vocal ne représentera plus que 1 % du trafic Internet. C'est à ce moment que l'on constate que les treize premiers fournisseurs mondiaux d'accès Internet sont tous américains. British Telecommunications (BT), le premier européen, n'arrive qu'à la quatorzième place. Worldcom, propriétaire

---

1. Plus de 26 % de la population des États-Unis (4,7 % de la population mondiale) est connecté à Internet, contre 0,5 % d'internautes seulement en Asie de l'Est et du Sud-Est (30 % de la population mondiale) et 0,04 % d'internautes en Asie du Sud (23,5 % de la population mondiale). Source : PNUD, 1999.

du premier fournisseur Internet, UUNET, était bien placé pour dominer le marché mondial, avec sa récente acquisition du deuxième fournisseur, MCI Communications[1], et son intention d'acquérir Sprint, troisième opérateur mondial de télécommunications, pour un montant de 125 milliards de dollars. Cette dernière manœuvre a cependant échoué devant la vigilance du Département américain de la justice, qui s'est opposé à la fusion, en concertation avec le commissaire européen chargé de la concurrence, Mario Monti.

Une entité regroupant WorldCom et Sprint aurait représenté 60 % du trafic international avec cinquante pays, contre 20 % pour le concurrent suivant ATT.

En Europe, les liaisons régionales les plus puissantes sont celles qui existent entre Londres et Paris et entre Londres et Amsterdam, et en 1999 elles ne dépassaient pas 450 millions de bits par seconde : à comparer aux liaisons partant de Londres ou d'Amsterdam vers les États-Unis qui atteignaient alors 3,5 milliards de bps. En moyenne, le coût des liaisons spécialisées entre les pays européens – les fameuses « autoroutes de l'information » ou « dorsales » *(backbones)* par lesquelles transite le trafic Internet – est 17 à 20 fois supérieur au coût de liaisons équivalentes aux États-Unis. Une liaison Paris-New York ou Londres-New York est moins chère qu'une liaison Paris-Londres ou Paris-Francfort. La Virginie est devenue la plaque tournante des liaisons intra-européennes ! Conséquence : les fournisseurs européens d'accès Internet sont obligés de se connecter aux États-Unis en priorité. Ainsi, en France, plus de la moitié du trafic Internet passe par les États-Unis.

De même, en Asie plus de 93 % de l'infrastructure Internet est tournée vers les États-Unis. Les circuits Internet vers les États-Unis sont intégralement payés par les

---

1. En septembre 1998, WorldCom avait vendu l'activité Internet de MCI au britannique Cable & Wireless pour 1,8 milliard de dollars. Mais Cable & Wireless avait porté plainte car WorldCom avait conservé une grande partie des clients et de l'activité. Cf. *Le Monde*, 29 juin 2000.

fournisseurs d'accès asiatiques, ce qui représente environ un milliard de dollars par an. La subvention mondiale des fournisseurs d'accès non américains aux fournisseurs d'accès américains est de l'ordre de cinq milliards de dollars par an. Autre conséquence, les fournisseurs d'accès américains obtiennent *de facto* un accès gratuit aux ressources Internet du reste du monde. Par exemple, ce sont les Africains qui financent toutes les liaisons Internet entre les États-Unis et l'Afrique. Ce sont les Latino-Américains qui paient toutes les liaisons Internet entre les États-Unis et l'Amérique latine. Même lorsque des liaisons directes intra-régionales existent, elles ne sont pas nécessairement utilisées et le trafic régional « intérieur » continue de transiter par les États-Unis. En effet, les fournisseurs d'un pays donné se font concurrence et n'acheminent pas le trafic de leurs compétiteurs. Ce sont alors les États-Unis qui effectuent la commutation du trafic. De plus, lorsque la demande est très forte (trafic Internet vers les États-Unis), de nouveaux câbles peuvent être installés dont le prix de revient est presque insensible à la bande passante et donc beaucoup plus rentables. Ainsi les câbles les plus modernes sont actuellement installés entre l'Asie et les États-Unis : ils ont une capacité de 80 Gbps, dix à trente fois supérieure aux câbles existants, pour un investissement équivalent. Cela favorise évidemment les connexions vers les États-Unis, plutôt que les liaisons intrarégionales structurellement plus coûteuses.

On a estimé[1] que plus de 75 % du trafic européen et asiatique passe d'abord par les États-Unis avant d'être éventuellement re-routé sur la région d'origine.

La situation est encore plus grave en Afrique, sur le plan régional et sur le plan national. Il n'y a pas de points d'interconnexion pour le trafic régional panafricain, à l'exception de l'Afrique du Sud qui re-route une partie du

---

1. CommunicationsWeek International, « Time to break US grip on Internet says OECD », 20 april 1998.

trafic régional (avec le Lesotho, la Namibie, le Mozambique, la Zambie et le Swaziland). Le Bénin et le Burkina-Faso ont une frontière commune, mais leur trafic transite par la France et le Canada. Il existe même des pays où le trafic intérieur transite par l'intermédiaire de routeurs situés aux États-Unis, en l'absence de liaison nationale. Faute de politiques nationales et régionales intégrées, les fournisseurs de services Internet se connectent en priorité aux États-Unis, en toute anarchie, sans se préoccuper de rationaliser l'usage des investissements nationaux et régionaux en matière de connectivité. Les courriers électroniques d'un point à l'autre du même pays doivent alors traverser deux fois l'Atlantique, pour un coût intégralement supporté par les institutions africaines, renforçant ainsi la domination des oligopoles américains, et distrayant autant de précieuses ressources financières, qu'on n'emploie pas à construire une infrastructure régionale, seule garante d'un développement endogène durable.

La forte demande d'accès aux sites américains, le relatif manque d'infrastructure régionale dans les zones « périphériques » (par rapport à l'hypercentre américain), que ce soit en Europe, en Amérique latine ou en Asie, et *a fortiori* le manque de centres d'interconnexion internationale autres qu'américains posent un problème de fond : le réseau Internet n'est pas global, il est en réalité centré sur les États-Unis. Et ce phénomène, loin de se résorber, ne fait que s'accentuer. Ceci oblige les fournisseurs de services Internet à se connecter en priorité aux États-Unis, et à payer les opérateurs américains de télécommunications pour cela, contribuant à renforcer encore leur position. Ainsi le développement d'Internet dans un pays exige l'affiliation à un transporteur américain. Par exemple, 71 % du trafic Internet de Singapour passe par l'Amérique du Nord, alors que seulement 8 % du trafic téléphonique est dirigé vers cette région.

Le pouvoir des opérateurs de télécommunications américains est aujourd'hui tel que les États-Unis sont devenus la plaque tournante (le *hub*) des télécommunications mondiales, et plus particulièrement pour Internet. Ils ont désormais les moyens, du fait de leur puissance financière, de leur avantage concurrentiel croissant et d'une dérégulation généralisée, de venir installer en Europe et en Asie leurs propres systèmes de commutation et d'y négocier, avec les opérateurs locaux, des tarifs d'interconnexion encore plus avantageux, mettant ainsi définitivement à mal le système international des taxes de répartition[1].

Cette situation est aggravée par le manque de stratégies régionales alternatives des responsables européens, asiatiques, latino-américains et africains. Et le cas de la fourniture d'accès à Internet est particulièrement clair à cet égard. Les internautes non américains se cotisent pour subventionner l'accès des internautes américains au reste du monde ! Cette stratégie du cheval de Troie a parfaitement fonctionné, et elle permet déjà aux États-Unis de passer à la phase suivante : un rôle dominant dans le contrôle du commerce électronique planétaire.

Comment en est-on arrivé là ? Une combinaison redoutable de progrès technologiques radicaux permettant des baisses extrêmement importantes des prix de revient, une stratégie commerciale ingénieuse exploitant les vices inhérents au système des taxes de répartition, un avantage structurel aux plus gros (phénomène des « rendements croissants ») et enfin l'incapacité des opérateurs non américains de formuler à temps des stratégies effectives, ou plutôt leur enthousiasme à contribuer volontairement au

---

1. La taxe de répartition *(accounting rate)* représente le coût total d'un appel international entre deux pays. Traditionnellement, le pays où est facturé l'appel reverse la moitié de cette taxe au pays receveur. Mais, depuis janvier 1998, la Commission fédérale des communications (FCC) américaine a décidé unilatéralement d'abandonner ce système de reversement, au grand dam des pays en développement, arguant que le déséquilibre croissant entre le trafic sortant des États-Unis et le trafic entrant engendre pour les opérateurs américains un déficit de plus de six milliards de dollars par an. Or une bonne partie de ce déficit a en fait été encouragée par les pratiques des opérateurs américains eux-mêmes, comme le rétro-appel *(call back)*.

déséquilibre. C'est la concurrence, rendue possible par une dérégulation amorcée beaucoup plus tôt qu'ailleurs, et s'appuyant sur un progrès technologique immédiatement mis au service d'une stratégie commerciale, qui a permis les premières baisses tarifaires importantes aux États-Unis. Cette concurrence exacerbée sur le marché intérieur américain était d'autant plus encouragée que la rémunération des opérateurs américains par les opérateurs internationaux au titre des taxes de répartition s'effectue au *prorata* des parts de marché à l'export. Autrement dit, plus un opérateur américain gagne de parts dans son marché national, plus il gagne « mécaniquement » au niveau international. Cette concurrence aiguë a entraîné le développement de systèmes permettant la concentration et le détournement de trafic téléphonique (rétro-appel et re-routage), ce qui contribuait d'autant plus à gonfler artificiellement les parts de marché à l'exportation, faisant ainsi d'une pierre trois coups :

– en affaiblissant les marchés régionaux non américains et en portant la concurrence en leur sein, à un moment et selon un calendrier non choisi par eux ;

– en montant en puissance pour obtenir des effets d'échelle à l'exportation et en creusant artificiellement le déficit ;

– en obtenant ainsi un excellent prétexte pour remettre en cause le système des taxes de répartition.

Cette décision a soulevé la colère des pays en développement. Son premier effet est de faire tomber les revenus dans l'escarcelle des opérateurs américains au détriment des opérateurs locaux déjà affaiblis. Au-delà, elle aboutit à la remise en cause du système – lui aussi ancien – des subventions croisées relevant des politiques nationales et permettant par exemple de financer la téléphonie locale par les recettes fournies par les appels internationaux. La mondialisation technique et financière se traduit donc par une « mondialisation » des politiques de télécommunication des pays en développement, qui se voient « obligés » de se conformer à la logique du pays le plus développé sans avoir eu le temps de compléter leur infrastructure de base. Les pays en développement recevaient des pays développés environ dix milliards de dollars par an au titre des taxes de répartition. Il est vrai que cette manne a plus souvent été utilisée pour financer des gouvernements en manque de devises et pour permettre à des pratiques non compétitives de survivre, que pour assurer un investissement dans les infrastructures des télécommunications locales. Pendant qu'aux États-Unis la compétition se renforçait, qu'on repoussait les limites de la technologie (en 2010, on projette un prix de revient de 15 centimes pour une heure de téléphone entre Paris et New York), que les systèmes de concentration du trafic se perfectionnaient, le reste du monde accentuait son retard, à la fois sur le plan technique et dans le domaine stratégique. Les monopoles nationaux non américains n'ont pas répercuté la très grande baisse des coûts techniques vers leurs utilisateurs. Plus grave, ils ont mis beaucoup de temps à comprendre l'apparition de concepts totalement nouveaux comme Internet. (On se rappelle la cécité de responsables français, proposant de faire du Minitel un « Internet français ».) Alors est venu le temps où le piège s'est refermé. Cela a commencé avec le détournement de trafic rendu possible par un écart absolument anormal des tarifs entre les États-Unis et les autres pays. Cette concurrence, qualifiée de *dumping* par certains observateurs, n'a toutefois pas trop inquiété au début. Bien au contraire, les monopoles nationaux ont laissé faire, parce qu'ils profitaient sans coup férir des rentes de l'activisme américain. Mais tout a une fin. Les Américains ont sifflé la fin de la récréation, non sans s'être d'abord assuré une situation de domination, qui, de plus, bénéficie de la loi d'airain des « rendements croissants » aux effets tellement démultiplicateurs dans le domaine des réseaux et de l'économie de l'immatériel. La logique profonde des réseaux favorise les regroupements, les synergies – qui, dans le vocabulaire du marché, s'appellent aussi oligopoles, collusions, voire monopoles... Les « mains invisibles » des réseaux et du marché s'activent naturellement pour tisser une toile unique.

À quand une loi antitrust à l'échelle mondiale, permettant à la « communauté mondiale » de réguler l'emprise trop puissante des quelques oligopoles dominant le réseau physique mondial d'Internet ? Le pays le plus libéral qui soit (les États-Unis) n'hésite pas à utiliser l'arsenal répressif du Sherman Act (la loi antitrust) pour contrer les menées d'un groupe comme Microsoft, ou même tenter de réguler les mégafusions de type MCI-WorldCom-Sprint ou AOL-Time-Warner. Comment se fait-il que la communauté mondiale, quant à elle, n'ait pas pris exemple sur un aussi excellent modèle, et ne possède pas elle aussi une législation antitrust, de portée mondiale ?

Ce ne serait pas si difficile à mettre en place. L'Organisation mondiale du commerce pourrait être un bon candidat pour abriter un tel outil de régulation économique à l'échelle mondiale.

Cela ne devrait pas (en théorie bien sûr) poser de problèmes idéologiques ou politiques insurmontables, ni aux pays de la « périphérie » (qui en tireraient un réel bénéfice), ni à la seule superpuissance qui verrait ainsi avec satisfaction l'exportation au monde entier d'un des piliers du fonctionnement de son économie libérale, le Sherman Act, fameuse garantie d'une compétition « loyale »...

Le domaine public mondial de l'information

Un autre aspect de la régulation de la société mondiale de l'information a trait aux « contenus ». Il n'a échappé à personne que l'explosion d'Internet est due pour une très large part aux initiatives privées. Mais le secteur public joue lui aussi un rôle très important. Historiquement, c'est d'ailleurs le secteur public (défense, universités, centres publics de recherche comme le CERN) qui a joué le rôle majeur dans le lancement d'Internet, à une époque où les principaux opérateurs privés (IBM, Microsoft et consorts) se déchiraient à coups de normes propriétaires, rendant volontairement incompatibles les réseaux de téléinformatique de la phase pré-Internet.

Y a-t-il encore un rôle pour des contenus « publics » sur Internet ?

Doit-on préserver sur Internet un secteur public significatif en matière d'information, à l'heure de la dérégulation mondiale ?

Doit-on laisser le champ entièrement libre au secteur privé en matière de fourniture de contenus ?

Il serait absolument désastreux que seules des entreprises privées aient désormais les moyens et la volonté de fournir des contenus sur les nouveaux réseaux. Les notions de « secteur public », de « service public », de « domaine public », doivent continuer à exister sur Internet, tout comme le concept de télévision publique continue de se justifier aujourd'hui, malgré l'explosion (essentiellement quantitative au demeurant) des canaux de télévision privée. Certes, ces notions demandent à être redéfinies, adaptées à la nouvelle donne. Il n'est pas question par exemple de simplement appliquer les modèles de la télévision de service public à Internet. Mais il serait inimaginable de laisser le chantier Internet totalement vide de toute présence de données « publiques », de contenus « publics », de services « publics », de sources d'information « publiques ».

Ce principe posé, les questions abondent, évidemment. Quel rôle pour le « secteur public » d'Internet ? Quelles sources de financements ? Il n'est pas question de traiter de cette vaste question ici. Abordons cependant un aspect important du problème : la création d'un vaste « domaine public mondial de l'information », accessible à tous gratuitement, en ligne et hors ligne.

Il y a quelque temps, l'Organisation mondiale de la propriété intellectuelle a décidé de diminuer de 15 % les redevances imposées aux entreprises désireuses de déposer des brevets industriels. La raison ? Du fait du nombre croissant des demandes de dépôt, l'Organisation dégageait des surplus financiers conséquents dont elle ne savait quoi faire. Il est rarissime, à l'heure actuelle, qu'une organisation internationale gagne trop d'argent... Pourtant, les idées ne manquent pas pour affecter à l'intérêt général des fonds à l'abondance naturelle, provenant sans heurts d'une des sources financières les plus profondes qui soient...

Par exemple, on pourrait argumenter que les brevets industriels et plus généralement toutes les productions intellectuelles protégées par les lois sur la propriété intellectuelle utilisent tous pour une bonne part un fonds commun d'informations, de savoirs et de connaissances appartenant de manière indivise à l'humanité tout entière. Il serait juste, dans l'optique du bien commun mondial, d'utiliser les revenus obtenus sur le dépôt des brevets pour encourager la création d'une bibliothèque publique mondiale virtuelle, uniquement constituée de textes appartenant au domaine public, et donc accessible à tous gratuitement. Ce serait d'autant plus juste que la puissance publique combinée des puissances publiques nationales est mise au service de la défense des intérêts privés des déposants. Le coût de l'infrastructure juridique et policière permettant le renforcement effectif de la propriété intellectuelle est entièrement supporté par des fonds publics.

Une partie des fonds collectés auprès des détenteurs de brevets pourrait aussi servir à financer des recherches négligées du fait de leur manque d'intérêt pour le « marché ». Ces fonds pourraient être alloués à telle ou telle agence spécialisée du système des Nations unies (Unesco, OMS, Unicef...), dont on sait qu'elles sont notoirement sous-financées. Ces agences pourraient alors d'autant mieux jouer le rôle de régulation de la recherche au niveau planétaire qu'on attend d'elles, rôle que le marché laissé à lui-même est bien incapable de remplir. Par exemple, la recherche sur les maladies tropicales n'intéresse guère les firmes pharmaceutiques du Nord qui n'y voient pas leur intérêt financier. Pourquoi ne pas la financer grâce aux surplus financiers des brevets déposés pour protéger la recherche pharmaceutique essentiellement tournée vers les besoins des pays du Nord ? L'agriculture des pays en développement ne dispose pas du même soutien financier que, par exemple, les recherches sur les OGM très en faveur dans les pays les plus développés, recherches qui sont âprement défendues par des brevets impitoyablement précis, excluant d'ailleurs des usages immémoriaux, comme la réutilisation des graines obtenues par la récolte, et obligeant ainsi les paysans à verser aux grandes compagnies une rente perpétuelle. Pourquoi ne pas redistribuer les profits de l'activité inventive mondiale au bénéfice de recherches négligées par les laboratoires de recherche du Nord ?

L'idée est donc simple : plus il y aura d'informations publiques et gratuites en ligne, plus il y aura de logiciels « libres », plus il y aura de standards « ouverts », non propriétaires, plus le marché devra en tenir compte dans sa propre politique de tarification. Ainsi le fossé croissant entre info-riches et info-pauvres aura plus de chances de se réduire. Différents projets comme l'Alliance globale de l'information[1] ou « l'initiative pour une bibliothèque numérique globale » visent à renforcer l'accessibilité de ce domaine public de l'information.

Le domaine clé d'intervention devrait être celui des informations et des œuvres échappant *a priori* à tous les problèmes de droits d'auteur, soit parce qu'elles sont déjà dans le domaine public du fait de leur date de publication, soit parce qu'elles ont été produites par des organisations publiques ou académiques essentiellement préoccupées de diffuser au meilleur coût ces informations d'intérêt général. Un nombre croissant d'auteurs sont prêts à laisser diffuser gratuitement leurs travaux à condition que leur nom leur soit bien associé et que l'intégrité des textes soit garantie. Cela correspond au concept de « copyleft ». L'Unesco a le projet de promouvoir la généralisation de conservatoires

---

1. Cf. le site de la FID – http://fid.conicyt.cl:8000/giaopen.htm.

virtuels d'œuvres artistiques ou intellectuelles tombant dans le « copyleft », accessibles librement en ligne, et pourrait exercer son patronage moral pour garantir l'enregistrement et l'authentification des œuvres ainsi déposées.

Deux camps s'opposent sur ce projet : d'une part les industriels de l'information, d'autre part les bibliothécaires, les scientifiques, les éducateurs et les groupes de citoyens qui associent le principe du libre accès à l'information publique comme condition essentielle pour l'exercice de la liberté d'expression. Ils soutiennent, avec Thomas Jefferson, qu'il n'y a pas de liberté d'expression réellement possible sans opinion dûment informée. L'article 19 de la déclaration universelle des droits de l'homme (liberté d'expression) dépend de la pleine réalisation de l'article 27 (liberté de prendre part à la vie culturelle, de jouir des arts et de participer au progrès scientifique).

Or c'est au moment où l'explosion technologique laisse espérer un surcroît de possibilités pour l'élaboration et la diffusion des informations et des connaissances que se mobilise une coalition de lobbies déterminés à réduire encore plus ce domaine public, à renforcer son appropriation par le privé, et à briser l'équilibre entre les détenteurs de droits de « propriété intellectuelle » et les usagers.

La 29ᵉ conférence générale de l'Unesco (tenue en 1997) a demandé d'établir un projet de recommandation « sur la fourniture d'un accès universel au patrimoine multiculturel de l'humanité par la promotion et l'usage du multilinguisme dans le cyberespace ». Cette idée rejoint une mission fondamentale de l'Unesco décrite dans l'article 1 de sa constitution : « Faciliter par des méthodes de coopération internationale appropriées l'accès de tous les peuples à ce que chacun d'eux publie. »

Il faut souligner l'importance stratégique de l'accès libre et gratuit au « domaine public mondial » pour respecter l'esprit de cette intuition fondatrice. Il s'agit là d'un projet profondément politique. Si l'on veut réellement réduire l'écart entre les riches et les pauvres, qui sont aussi respectivement des info-riches et des info-pauvres, il faut absolument prendre conscience du caractère crucial d'une politique d'accès universel à l'information publique.

L'Unesco a donc pris la tête d'un mouvement mondial de promotion et de développement du domaine public mondial de l'information.

Des initiatives comme le projet *Bibliotheca Universalis* du G7 ont déjà été lancées pour mettre en commun certains résultats des politiques de numérisation et d'accès au patrimoine public des grandes bibliothèques nationales. Mais les progrès sont lents.

On peut aussi remarquer des initiatives, souvent mal coordonnées à l'échelle internationale, d'ONG pour numériser et mettre à disposition des textes classiques sur Internet. Il est significatif que de telles initiatives, comme le projet Gutenberg aux États-Unis, rencontrent des oppositions de la part de groupes d'éditeurs hostiles à la mise en ligne d'œuvres pourtant théoriquement libres de droits parce que étant tombées dans le domaine public, ou étant épuisées de longue date, et laissées en déshérence. Les contestations portent par exemple sur l'utilisation de versions « révisées » qui semblent autoriser les éditeurs à s'approprier des « droits de propriété intellectuelle » simplement pour avoir exhumé une version spécifique d'œuvres appartenant au domaine public.

L'Unesco a lancé une initiative visant à numériser et à mettre à disposition du public mondial (sur Internet et sous forme de CD-ROM à très bas prix) une collection des œuvres représentatives de la littérature mondiale appartenant au domaine public. La prochaine étape : un grand projet de bibliothèque mondiale, publique et gratuite, assurant l'accès au « domaine public mondial ».

Cette initiative peut être développée rapidement à grande échelle. Il s'agit davantage d'affirmer une volonté politique (le souci de garantir et de promouvoir le domaine public). Le coût moyen d'une numérisation en mode texte est faible. De nombreux textes ont par ailleurs déjà été numérisés. Il serait nécessaire d'entreprendre le plus rapidement possible leur collecte systématique, et leur regroupement sous forme de collections de **CD-ROM** diffusables à très bas prix.

Mais une initiative réellement significative ne peut que venir d'un consensus politique fort de la part des États membres.

Il reste beaucoup à faire.

Chapitre XIV

INTÉRÊT GÉNÉRAL
ET PROPRIÉTÉ INTELLECTUELLE

Il en est des livres comme du feu de nos foyers, on va prendre le feu chez son voisin, on l'allume chez soi, on le communique à d'autres et il appartient à tous.

VOLTAIRE

La propriété flatte les plus bas côtés de l'homme, le « ceci est à moi, et surtout pas à toi », l'emprise, l'avidité dévorante.

François DAGOGNET

Le droit ne sort pas tout armé de la cuisse de Jupiter. Il est en général conçu par une classe particulière disposant du pouvoir, et légiférant au nom de l'intérêt général. Mais le même droit peut produire des effets très différents suivant la place qu'on occupe dans la société. Comme le note Anatole France : « Notre droit défend au riche comme au pauvre, dans une majestueuse égalité, de voler du pain et de mendier au coin des rues. » Le droit est une « machine de guerre en faveur des plus riches », surenchérit François Dagognet[1]. Il n'est pas interdit de penser que cette « faveur » envers les riches et les forts est aujourd'hui en passe de s'aggraver.

---

1. François Dagognet, *Philosophie de la propriété*, Paris, 1992.

Le concept de propriété est un bon sujet d'observation de ce gauchissement (si l'on peut dire !) du droit. Ce biais s'observe en particulier dans le domaine, ô combien central à l'âge du virtuel, de la propriété intellectuelle.

« La propriété, c'est le vol. » Ainsi claque sèchement la parole de Proudhon. Avant la Révolution française, qui favorisera le propriétaire, en encourageant par exemple la clôture des terres, le paysan, souvent jusqu'alors simple usufruitier, ne pouvait s'opposer à des pratiques vieilles comme l'humanité, et attestées par la Bible, comme le glanage, le chaumage, le parcours des terres par tous, impunément (on se rappelle Ruth et Booz). Chacun peut entrer sur la terre d'un autre et y ramasser ce qui y a été laissé.

Jean-Jacques Rousseau, dans son *Second Discours*, enfonce le clou : « Gardez-vous d'écouter cet imposteur (celui qui ayant enclos un terrain s'avisa de dire : ceci est à moi), vous êtes perdus si vous oubliez que les fruits sont à tous et que la terre n'est à personne[1]. »

L'article 544 du Code civil adopté par la Révolution déclare que « la propriété est le droit de jouir et de disposer des biens de la manière la plus absolue ». On passe de l'absolutisme royal à l'absolutisme légal. À la féodalité, qui avait tous les droits et tous les privilèges, succède donc la bourgeoisie, qui n'a pas oublié la leçon, et a su inscrire dans le droit le rapport de force le plus favorable à ses intérêts. Il s'est ensuivi de graves conflits sociaux, les plus faibles étant ainsi acculés au désespoir par la coalition bien comprise des possédants et du « droit ».

Il faut noter cependant qu'avec le temps, et la révolution industrielle, les droits de l'usager (de l'usufruitier, du fructificateur, du travailleur – qui valorise, qui produit, qui augmente la valeur) prennent le pas sur les droits du possédant, du rentier.

Autre évolution fondamentale, la propriété se dématérialise, se virtualise. C'est là un phénomène qui prend

---

1. Cité par F. Dagognet, *op. cit.*

aujourd'hui une proportion considérable. « Tant qu'on se bornait à accumuler des biens matériels on ne pouvait pas dépasser certaines limites (si on ramasse des pommes, elles ne manqueront pas de s'abîmer lorsqu'on les aura trop entassées) [1]. » Avec une marchandise qui peut se substituer à toutes les autres (l'argent, la force de travail, les moyens de production, mais aussi, bien sûr, les marchandises nouvelles que sont les images, les logiciels, les réseaux, les standards, les normes...), l'accumulation illimitée, automatique devient possible. Microsoft ou Cisco, géants mondiaux, quasi-monopoles planétaires aujourd'hui, n'existaient pas il y a vingt-cinq ans.

Jean-Jacques Rousseau affirmait avec le « bon sens » de son époque : « Au fond l'argent n'est pas la richesse ; ce n'est pas le signe qu'il faut multiplier, mais la chose représentée. » Désormais, c'est le signe multiplié qui fait la richesse même, la condition stratégique, celle qui par son monopole indéracinable, crée la chose unique, un pouvoir néo-féodal, planétaire et autoalimenté, Golem implacable.

L'appropriation privée de l'activité intellectuelle est une idée récente de l'Occident industrialisé. Auparavant, l'invention était considérée comme un bien commun.

Sénèque n'hésita pas à s'approprier les sentences d'Épicure et se justifia en disant qu'elles n'étaient pas la propriété d'Épicure, mais le bien commun de son école.

« Le désir d'originalité est le père de tous les emprunts, de toutes les imitations. Rien de plus original, rien de plus "soi" que se nourrir des autres. Mais il faut les digérer. Le lion est fait de mouton assimilé », écrit Paul Valéry.

Le droit de la propriété intellectuelle emprunte beaucoup de sa philosophie juridique actuelle au droit de la propriété matérielle. Le droit a toujours eu tendance à appliquer aux productions de l'intellect des conceptions proches de celles qui régissent la propriété des biens « réels ». Cette

____

1. *Ibid.*

tendance est ancienne et correspond à une sorte de mouvement de fond.

On fait habituellement remonter l'origine du droit d'auteur à la découverte de l'imprimerie en Europe à la fin du XVe siècle. La protection juridique a d'abord été accordée aux producteurs des œuvres plus qu'aux auteurs eux-mêmes. Avant Gutenberg, les œuvres de création intellectuelle étaient considérées avant tout comme des objets matériels qu'il était très difficile de reproduire. Les manuscrits originaux, les tableaux de maîtres, les sculptures étaient d'abord des objets, incarnant à la fois comme objet leur valeur matérielle et immatérielle. La copie, la contrefaçon, le plagiat étaient d'ailleurs techniquement difficiles à réaliser. Et quand il était envisageable de copier des originaux, ces copies prenaient elles-mêmes une valeur propre, autonome.

Avec la presse à caractères mobiles de Gutenberg, on put pour la première fois reproduire à bas prix et de manière industrielle des manuscrits. Il devenait possible dès lors de distinguer la matérialité de l'œuvre et son contenu immatériel. Il n'est pas indifférent de noter que les premiers bénéficiaires de cette invention furent les imprimeurs, maîtres de leur instrument de production, qui commencèrent naturellement par imprimer les manuscrits classiques. Ceci avait un double avantage : d'une part, il s'agissait de textes de référence ou de chefs-d'œuvre éprouvés, et d'autre part leurs auteurs, morts depuis longtemps, n'avaient pas le mauvais goût de réclamer de quelconques droits. Le pouvoir central ne pouvait rester longtemps inerte devant les immenses possibilités de l'imprimerie. Mais plus que ses aspects positifs, ce sont les inconvénients politiques que le pouvoir choisit de retenir de cette technologie, bien faite pour déranger l'ordre établi. À la demande de la Sorbonne, qui voyait d'un mauvais œil les progrès de la Réforme, doublement catalysés par la diffusion imprimée des idées, mais aussi du texte même de la Bible, permettant ainsi un accès personnel au Livre, François Ier signa le 15 janvier 1535 une ordonnance interdisant l'imprimerie. Cette ordonnance malencontreuse fut annulée quelques mois plus tard sous l'insistance de Guillaume Budé.

Le pouvoir se servit du « privilège royal » de l'impression pour contrôler et censurer la production des imprimeurs. Il devenait alors vital et lucratif pour les imprimeurs de se voir accorder par l'autorité ce « privilège » (c'est-à-dire ce monopole) d'imprimer des textes, qui appartenaient en fait au domaine public... Ce que les moines copistes pouvaient librement copier devint soudain « propriété » des imprimeurs « privilégiés » par le roi. C'est seulement plus tard que les imprimeurs se mirent à imprimer les œuvres d'auteurs vivants, mais avec une fâcheuse tendance à considérer la question de leur juste rétribution comme parfaitement secondaire. Les habitudes prises avec les auteurs classiques leur semblaient sans doute plus avantageuses. Cette tradition de difficiles rapports entre éditeurs et auteurs quant au règlement des droits s'est prolongée à travers les siècles, et continuent encore, dit-on, de nos jours...

Lorsque, au XVIIe siècle, sous l'influence des idées libérales de John Locke, on commença à remettre en cause les droits et monopoles attachés à la monarchie de droit divin, le privilège royal de l'imprimerie fut remis en cause. C'est alors que les libraires et imprimeurs tentèrent, avec succès, de défendre leurs « privilèges » en s'appuyant sur la notion de propriété intellectuelle. Le 11 janvier 1709, un projet de loi fut soumis à la Chambre des communes « afin d'encourager l'étude, en plaçant les exemplaires de livres imprimés sous le contrôle des auteurs ou de ceux qui ont acquis ces exemplaires pendant la durée prévue par la présente loi[1] ». Ce projet devint la loi du 10 avril 1710, dite Loi de la reine Anne. Ce fut la première loi sur le droit d'auteur. Elle ne concernait que les livres mais fut suivie en 1735 d'une loi sur les gravures.

____

1. Cf. *L'ABC du droit d'auteur*, Éd. Unesco, p. 14.

En France, la notion de propriété littéraire remplaça progressivement le régime des privilèges. En août 1789, l'Assemblée nationale constituante décida d'abolir tous les privilèges, dont ceux des auteurs et des éditeurs. Mais on en vint à reconnaître en 1791 le droit d'exécution et en 1793 le droit exclusif de reproduction.

Aux États-Unis, les premières lois sur le droit d'auteur reconnaissent très tôt le caractère « sacré » de la propriété intellectuelle. La loi de l'État du Massachusetts du 17 mars 1789, qui institue le droit d'auteur, déclarait qu'il n'y a « aucune propriété qui soit plus inhérente à la personne de l'homme que celle qui est produite par le travail de son esprit ».

Ainsi le droit d'auteur est basé sur l'idée que les productions de l'esprit sont éminemment personnelles, liées à des personnes bien réelles, qui sont les concepteurs, les auteurs, les inventeurs.

Mais dans le même temps les législateurs ont également mis l'accent sur les besoins de la société de bénéficier collectivement de cette richesse intellectuelle ainsi mise à sa disposition. C'est pourquoi des dispositions variées sont apparues pour limiter et réduire les droits de propriété intellectuelle, avec en vue la préoccupation du bien commun.

Il s'agissait de trouver un équilibre entre deux notions essentiellement opposées : le besoin de la société d'accéder au savoir, à la création, aux résultats de l'invention humaine, et les nécessaires droits de l'individu créateur.

Quels sont les fondements philosophiques des lois sur la propriété intellectuelle ?

Revenons aux fondements de ces lois. Il s'agit avant tout de protéger l'intérêt général et le « progrès des sciences et des arts », en assurant la diffusion universelle des connaissances et des inventions, en échange d'une protection consentie par la collectivité aux auteurs pour une période limitée.

Il faut revenir aux intuitions premières. Il est plus avantageux pour l'humanité de faire circuler librement les idées et les connaissances que de limiter cette circulation. Aristote affirme dans la *Poétique* que l'homme est l'animal mimétique par excellence : pour lui la *mimésis* est créatrice de modèles. Les Lumières reprirent le concept d'imitation. Selon Condillac, « les hommes ne finissent par être si différents que parce qu'ils ont commencé par être copistes et qu'ils continuent de l'être ». La copie ajoute une aura à la chose copiée. Pour le philosophe Alain, « copier est une action qui fait penser ». Le décret d'Allarde et Le Chapelier des 2 et 17 mars 1791 exprime le principe de la liberté du commerce et de l'industrie, et donc le principe de la liberté de faire concurrence, qui implique par définition la possibilité d'offrir sur le marché le même produit qu'autrui et donc la liberté de la copie. Aux États-Unis, la notion d'accès public à l'information remonte aux pères fondateurs et en particulier à Thomas Jefferson, promoteur du concept de « bibliothèque publique » et de la doctrine du *fair use* permettant l'usage éducatif et les citations à des académiques de textes protégés. Thomas Jefferson écrivait : « Les inventions ne peuvent pas, par nature, être sujettes à la propriété[1]. »

Cette intuition philosophique fondamentale a d'ailleurs guidé le législateur. Si la société consent à reconnaître un droit de propriété intellectuelle à l'inventeur d'un procédé,

---

1. « *He who receives an idea form me, receives instruction himself without lessening mine ; as he who lights his taper at mine, receives light without darkening me. That ideas should freely spread from one to another over the globe, for the moral and mutual instruction of man, and improvement of his condition, seems to have been peculiarly and benevolently designed by nature, when she made them, like fire, expansible over all space, without lessening their density at any point, and like the air in which we breathe, move, and have our physical being, incapable of confinement or exclusive appropriation. Inventions then cannot, in nature, be a subject of property.* »

c'est pour en éviter la perte ou l'oubli, pour en faciliter la description publique, et pour en autoriser après une période de protection limitée la libre copie (encourageant de ce fait la concurrence).

Si l'on cherche à protéger l'auteur, c'est d'une part pour lui assurer un revenu lui permettant de continuer son œuvre créatrice (avant sa mort), d'autre part pour éviter que sa pensée ne soit distordue, manipulée (notion de droit moral, valable avant et après la mort de l'auteur). Mais la création d'un monopole sur l'exploitation des œuvres après sa mort n'est pas en soi de nature à favoriser la création. Elle aurait plutôt tendance à inciter les éditeurs à vivre sur leur catalogue d'auteurs reconnus, plutôt que d'encourager la recherche de nouveaux talents.

Depuis quelque temps, on voit apparaître des tentatives, heureusement encore infructueuses, de protéger les idées[1] et les algorithmes, encore réputés non protégeables, mais aussi à modifier sans cesse le droit de la propriété intellectuelle dans le sens de certains intérêts sectoriels plutôt que dans le sens de l'intérêt général.

En Europe, la directive du 29 octobre 1993 relative à l'harmonisation de la durée de protection du droit d'auteur allonge la protection des œuvres littéraires de cinquante ans à soixante-dix ans après la mort de l'auteur.

Depuis le début du siècle, le Congrès américain allonge régulièrement la durée du copyright au détriment du domaine public. En 1998, le 27 octobre, le Congrès a voté le Sonny Bono Copyright Term Extension Act qui fait passer la durée du copyright de cinquante ans à soixante-dix ans après la mort de l'auteur, et de soixante-quinze ans à quatre-vingt-quinze ans pour les droits des entreprises. On peut interpréter cet allongement unilatéral de la protection, sans aucune contrepartie pour le « bien commun », comme fai-

---

1. Les accords ADPIC, comme le traité OMPI de 1996, ont encore répété l'exclusion des idées de toute appropriation par le droit de la propriété intellectuelle.

sant essentiellement le jeu des grands groupes de communication, et on pourrait y voir aussi une tendance lourde à la disparition pure et simple du domaine public.

Cette évolution voulue par les éditeurs – et obtenue sans réel débat démocratique – est incompatible avec le développement d'un accès universel à l'information et contraire à l'esprit même de la loi sur la propriété intellectuelle. La collectivité accepte en effet de reconnaître et de protéger les droits exclusifs des créateurs sur leurs œuvres, mais pour une durée limitée seulement, étant entendu que ces œuvres doivent *in fine* revenir à la collectivité, et satisfaire ainsi à l'intérêt général, qui est d'encourager la libre circulation des idées et l'accès de tous aux connaissances.

Cette tendance de fond à renforcer (sans contrepartie pour l'intérêt général) les intérêts catégoriels peut aussi se lire à travers l'évolution du droit de la propriété intellectuelle sur le vivant ou sur les OGM (organismes génétiquement modifiés). Certaines firmes cherchent à empêcher la réutilisation des graines produites par les fermiers eux-mêmes parce qu'elles sont « protégées » par un droit de propriété intellectuelle[1]. La possibilité d'obtention de droits de propriété intellectuelle sur le génome humain[2] mériterait également d'être analysée sous l'angle de l'intérêt général mondial, et en particulier des pays les plus pauvres – et non pas seulement sous l'angle de l'intérêt national de certains pays ou de groupes privés.

L'évolution du droit de la propriété intellectuelle va-t-elle réellement dans le sens de l'intérêt général ? Par exemple, le problème des bases de données et des données du secteur public fait l'objet d'un débat qui reste toujours

---

1. Voir sur ce point la proposition de directive du Parlement européen et du Conseil relative à la protection juridique des inventions biotechnologiques, présentée par la commission le 29 août 1997. La proposition amendée (COM (97) 446 final) a été publiée au JOCE C-311 du 11 octobre 1997. On parle spécifiquement de la question des agriculteurs.

2. Voir la proposition de directive citée à la note précédente.

ouvert [1], opposant en gros certains pays développés au reste du monde.

Une bataille historique à cet égard s'est tenue en décembre 1996 à Genève, lors de la « conférence diplomatique sur certaines questions de droits d'auteur et de droits voisins », organisée par l'Organisation mondiale de la propriété intellectuelle après la réunion d'un « comité d'experts », et porte sur une révision de la convention de Berne de 1886 sur le droit d'auteur, dont la dernière modification remonte à 1979.

Trois traités ont été proposés (droits d'auteur et droits voisins, phonogrammes, banques de données). Pour résumer l'ampleur des critiques et des craintes qu'ont suscitées ces propositions, citons la Fédération internationale d'information et de documentation : « Le rôle des collecteurs et de disséminateurs publics d'information (bibliothèques, archives, musées...) pourrait être détruit. » Ou encore la réaction de l'IFLA (Fédération internationale des associations de bibliothèques) : « Ces propositions vont obstruer plutôt qu'améliorer le flot des informations (...) La tendance actuelle à la protection des droits d'auteur pour des raisons purement économiques semble être en conflit avec le but originel du *copyright* de promouvoir le progrès des sciences et des arts. »

Nous avons choisi d'illustrer par trois exemples emblématiques (mais que l'on ne fera qu'effleurer) les difficultés d'une évolution juridique nécessaire en tant qu'elle est confrontée à une vision plus « politique » de la société à l'ère cyber. Ces problèmes sont la protection des programmes informatiques, les banques de données et le rôle des exceptions légales (le *fair use*).

« Les programmes informatiques sont protégés comme des œuvres littéraires (...). Une telle protection s'applique à

---

1. Cette question est débattue dans le *Livre vert* de la Commission européenne déjà cité : « L'information émanant du secteur public : une ressource clé pour l'Europe », *Livre vert sur l'information émanant du secteur public dans la société de l'information*, COM (1998), 585.

l'expression d'un programme informatique sous n'importe quelle forme » (article 4 du traité I de la proposition de l'OMPI)[1].

Si on avait voulu se contenter de respecter la notion de protection de « l'expression matérielle » de la création intellectuelle, on aurait pu faire référence au « programme source » ou au « code » du programme. La formulation employée (« sous n'importe quelle forme ») ouvre la possibilité d'inclure la structure ou l'organisation intellectuelle des programmes. Il est vrai que l'on ne peut se contenter de protéger la « lettre » d'un programme. Car il est assez facile de réécrire des programmes de manière à ne conserver aucune identité littérale par rapport au programme original, tout en conservant ses fonctions.

Le débat sur l'originalité de la « poubelle », au cours d'un fameux procès entre Apple et Microsoft, est exemplaire de cette difficulté à identifier le caractère original non pas d'une idée (non protégeable) mais de l'expression matérielle de cette idée. Peut-on protéger seulement le design de l'icône de la poubelle ou l'idée d'inclure la fonction de poubelle virtuelle sur une interface ?

Cet article a été retenu à Genève, avec cette formulation finale : « La protection prévue s'applique aux programmes d'ordinateur quel qu'en soit le mode ou la forme d'expression », tempérée par l'adoption d'un article préalable soulignant que « la protection au titre du droit d'auteur s'étend aux expressions et non aux idées, procédures, méthodes de fonctionnement ou concepts mathématiques en tant que tels ».

Quatre ans plus tard, en 2000, l'Union européenne s'apprête à remettre en cause sa propre politique de protection des logiciels, et vise à faire adopter une nouvelle directive permettant leur brevetabilité, s'alignant ainsi sur le droit américain. À l'heure où ces lignes sont écrites, des ONG comme Eurolinux ou l'AFUL s'apprêtent à se mobi-

---

1. Cf. le site de l'OMPI – http ://www.wipo.org/fre/index.htm.

liser pour lutter contre ce projet, jugé dangereux par ses effets pervers, notamment en asséchant la concurrence.

La directive de la Commission de l'Union européenne sur les banques de données, adoptée le 11 mars 1996, donne cette définition des banques de données : « Une banque de données est un recueil d'œuvres, de données ou d'autres éléments indépendants, disposés de manière systématique ou méthodique et individuellement accessibles par des moyens électroniques ou d'une autre manière [1]. »

Il faut noter que cette définition n'insiste pas sur la nécessité pour une telle compilation de « constituer un travail original de création » pour mériter une protection.

Tant la directive européenne que le Traité sur la propriété intellectuelle relative au commerce (**TRIPS**) du **GATT** mentionne explicitement que cette protection ne peut s'appliquer aux données elles-mêmes contenues dans la base.

Cependant, cette restriction est en fait invalidée par la création d'un nouveau droit de propriété intellectuelle, le droit dit *sui generis*, suscitant des réactions extrêmement violentes de la part de représentants de la communauté scientifique internationale, comme le Conseil international pour la science (**ICSU**) [2].

L'article 7 de la Directive européenne stipule : « Les États membres prévoient pour le fabricant d'une base de données le droit d'interdire l'extraction et/ou la réutilisation de la totalité ou d'une partie substantielle, évaluée de façon qualitative ou quantitative, du contenu de celle-ci, lorsque l'obtention, la vérification ou la présentation de ce contenu attestent un investissement substantiel du point de vue qualitatif ou quantitatif. »

---

1. Cf. http://www2.echo.lu/legal/fr/proprint/basedonn/basedonn.html.

2. « *The EU Directive could irreparably disrupt the full and open flow of scientific data which ICSU has long labored to achieve, and could seriously compromise the worldwide scientific and educational missions of its member bodies. (…) All data – including scientific data – should not be subject to exclusive property rights on public policy grounds.* »

L'alinéa 4 enfonce le clou : cet article s'applique sans considération du caractère protégeable ou non des données. Par exemple, des données publiques collationnées et présentées par une entreprise privée se trouveraient *ipso facto* privatisées. Et l'alinéa 5 va encore plus loin en affirmant que « l'extraction et/ou la réutilisation répétées et systématiques de "parties non substantielles" des contenus de la base de données (…) ne sont pas autorisées ». Ainsi les données elles-mêmes, parties non substantielles, se trouvent protégées dès lors que l'on cherche à les « réutiliser », ce qui est bien le moins lorsqu'une donnée est particulièrement importante ou significative.

La directive européenne ressemble sur ce point à un magnifique cadeau fait sans contrepartie aucune à l'industrie de l'information.

Ainsi le public pourrait être amené à être obligé de payer pour disposer d'informations du domaine public. En France, il y a encore peu de temps, le *Journal officiel*, que nul n'est censé ignorer, était accessible par Minitel au prix de 5,48 F la minute… Seule l'arrivée au pouvoir de Lionel Jospin, et l'inauguration d'une véritable politique de l'État en matière d'accès aux informations publiques, symbolisée par le fameux discours d'Hourtin en 1997, permit à la France de s'aligner sur la politique de mise en ligne systématique et gratuite sur Internet des informations gouvernementales et législatives américaines…

Mais le débat est loin d'être clos. Les opérateurs privés cherchent à étendre leur domaine d'appropriation de l'information. Ainsi, il y a peu, le New York Stock Exchange facturait un cent l'accès en ligne à une cotation boursière. Le tarif vient d'être réduit à 0,75 cent la cotation. La firme Charles Schwab dit qu'elle reverse de ce fait 20 millions de dollars par an au New York Stock Exchange. La Securities Industry Association annonce que les bourses américaines (NYSE, NASDAQ…) ont ainsi reçu plus de 413 millions de dollars en 1998 du fait de la vente de ces données. Les dirigeants du New York Stock Exchange disent qu'ils sont dans leur droit : ils revendent simplement une information (les cotations boursières) qu'ils ont contribué à créer. Absurde, répondent Schwab et les autres courtiers. L'information en question est publique, les cotations sont des « faits », bruts. Cette information appartient donc à tout le monde. Personne ne doit pouvoir se l'approprier. Ils ne refusent pas de payer une redevance d'usage pour le service offert. Mais il n'est pas question de reconnaître le moindre droit de propriété intellectuelle. C'est pourtant ce qui est en train de se préparer, craignent des firmes comme Bloomberg. On craint aussi d'avoir, dès lors, à payer pour avoir accès à l'historique des cotations.

La question de la propriété des données brutes est particulièrement préoccupante à un moment où l'État se « désengage » et sous-traite beaucoup de ses bases de données à l'industrie privée. Les informations contenues dans ces bases appartiennent de plein droit au domaine public. L'État ayant le monopole de la collecte de ces informations publiques, il ne saurait s'en désintéresser sans préjudice pour le citoyen. Les sous-traitants privés qui gèrent ces bases de données publiques ne devraient pas devenir de ce fait « propriétaires » des données elles-mêmes, ou, ce qui revient au même, du droit exclusif d'en disposer. De plus, ce type de disposition peut avoir des conséquences plus graves encore, empêchant l'accès libre à des informations publiques « sensibles » que l'État aurait intérêt à garder secrètes, évitant ainsi la pression de lois comme le Freedom of Information Act aux États-Unis.

La directive européenne garantit un droit de *fair use* limité à l'enseignement et à la recherche scientifique. Mais rien ne garantit au citoyen de base l'accès à des informations publiques qu'il aurait d'ailleurs contribué à payer de ses impôts. De plus, la durée de propriété, limitée sur le papier à quinze ans, est facilement extensible à l'infini, par la remise à jour partielle des bases, créant ainsi un droit à perpétuité. Cette directive européenne, *déjà adoptée*, est appliquée depuis 1998. En revanche, à Genève, le concert des protestations concernant cette proposition de l'OMPI pour un traité sur les bases de données a été si puissant que la proposition (reprenant en substance les mêmes idées que la directive européenne) n'a même pas été discutée.

Vinton Cerf, pionnier d'Internet, ancien président de l'Internet Society, travaillant maintenant à MCI, déclarait :

« Jusqu'à présent, même les maximalistes, partisans du contrôle le plus strict, devaient reconnaître le *fair use* et permettre la copie pour usage personnel. Car comment faire autrement ? Avec une police du copyright frappant aux portes ? Impossible. Mais à l'ère numérique il y a un outil idéal pour cela : l'ordinateur. Tout le monde se rappelle l'"agent d'enregistrement en ligne" de Microsoft. Une fonction similaire pourrait enregistrer tout ce qui se passe sur votre disque dur. »

On frémit à l'idée de robots planétaires surveillant en permanence, bit par bit, les flux de contenus, pour faire valoir avec précision les reversements induits. Une belle victoire en perspective pour les ayants droit, une terrible défaite pour les libertés publiques : le spectre du Cyber Brother prend soudain une réalité terrifiante.

L'attaque contre le *fair use* se fait également de manière oblique.

L'article 13 de la proposition de l'OMPI proposait de renforcer l'application du droit d'auteur en permettant l'interdiction des machines ou des logiciels qui rendraient possible la copie non légale. Ceci aurait comme conséquence immédiate d'affecter les bénéficiaires des exceptions reconnues et notamment ceux qui en ont le plus besoin comme les pays en voie de développement, en diminuant la possibilité d'appliquer effectivement les droits liés au *fair use*, sous prétexte d'empêcher les usages illégaux.

L'article adopté finalement prévoit « des sanctions juridiques efficaces contre la neutralisation des mesures techniques » mises en œuvre pour empêcher des copies illégales. Moralité : les copies « légales » comme la copie privée, ou la copie à des fins de recherche ou d'enseignement, seront de ce fait plus difficiles voire impossibles.

L'idée fondamentale à ne jamais perdre de vue est que l'œuvre appartient à l'auteur, mais que les idées qu'elle incarne appartiennent, elles, au patrimoine de l'humanité.

Autrement dit, on ne peut pas protéger une idée pure. Par exemple un principe, une méthode ou un système de pensée, un théorème, une théorie ou un algorithme. On peut en revanche protéger un logiciel informatique particulier qui utiliserait tel principe ou tel algorithme.

Évidemment, cette doctrine ouvre la voie à d'infinies contestations. Car comment tracer précisément la frontière entre le réel et le virtuel, surtout quand il s'agit d'inventions de plus en plus dématérialisées ? On se rappelle la bataille du *look and feel* opposant Apple à Microsoft sur « l'apparence » de l'interface de leurs systèmes d'exploitation, et en particulier sur la présence d'une petite icône de poubelle, « dans » laquelle on peut jeter les documents dont on veut se débarrasser. Est-ce qu'on peut protéger l'idée de cette poubelle virtuelle ? L'icône spécifique représentant une « poubelle » peut certes être protégée en tant que design particulier. Mais le concept même de « poubelle virtuelle » est-il protégeable ? Si l'on répondait par l'affirmative, alors peut-on protéger le concept de « poubelle » tout court ? Si, là encore, on répond par l'affirmative, c'est l'État français, employeur du préfet Poubelle, l'inventeur de cet utile ustensile au début du XIXe siècle, qui pourrait se prévaloir des droits de propriété originels et remporter le jack-pot…

Si on prenait un peu de recul, on pourrait inférer l'hypothèse qu'avec chaque innovation technologique, le droit a toujours eu tendance à renforcer (en théorie) le droit de la propriété intellectuelle, et ce d'autant plus que l'évolution technologique rendait d'autant plus obsolète (en pratique) la philosophie même de ce droit.

Aujourd'hui, le droit de la propriété intellectuelle est devenu un enjeu stratégique. Il s'agit de la source principale de production de richesses dans le cadre de la « société de l'information ». Mais les extraordinaires progrès technologiques auxquels nous assistons, ainsi que les propriétés spécifiques du « numérique », changent radicalement les données du problème, menaçant les positions acquises et les schémas conceptuels trop confortablement installés dans les références au passé.

Le premier effet en est que les lobbies concernés s'agitent. Ils demandent l'extension et le renforcement des droits sur les marques, sur les brevets, sur les bases de données, et plus généralement sur tout ce qui pourrait faire figure d'activité intellectuelle. Évidemment, ces lobbies ont tendance à en rajouter. Ils ne font pas de détail. Les gouvernements ont tendance à prêter *a priori* une oreille complaisante à ces requêtes coordonnées et bien organisées, soutenues par des cabinets juridiques chèrement payés. Ils ont d'autant plus tendance à se plier ainsi à ces desiderata qu'il leur paraît évident que c'est bien un enjeu économique de première importance. La deuxième raison, c'est que les intérêts du public au sens large ne sont pas représentés. Pas d'avocats, pas de lobbyistes dans les couloirs de Bruxelles ou de Washington pour défendre les intérêts des utilisateurs. L'intérêt général, une vision supérieure du « bien commun » n'apparaissent pas clairement, et les militants de cette cause ne sont pas légion.

Pourtant, de nombreuses composantes de la société mériteraient qu'on se penche sérieusement sur les effets pervers d'un durcissement des lois sur la propriété intellectuelle. Les besoins des écoles ou des universités, les difficultés des pays les moins avancés ou des milieux défavorisés des pays développés, ne reçoivent pas d'attention particulière, dans le contexte de cette intense activité de lobbying.

De fait, on observe une extension spectaculaire des droits de propriété intellectuelle, et parfois dans des directions inattendues. Par exemple, on a réussi à faire admettre le principe d'une privatisation du génome humain aux

États-Unis. Le gène qui indique une prédisposition au cancer du sein, appelé BRCA1, a été déposé par la société Myriad Genetics. L'Université de Harvard a breveté une souris, dite l'« Oncosouris » (n° de brevet 4736866), spécialement « conçue » pour développer des cancers, et donc permettre de faire des expérimentations *ad hoc*.

Ceci se passe dans une relative indifférence de la part du public, très mal informé des conséquences lointaines de tels hold-up sur le patrimoine naturel de l'humanité. Les défenseurs du bien commun et de l'intérêt supérieur de l'humanité se font rares. Seul le marché, et c'est son rôle, semble avoir repéré les futures mines d'or que recèlent ces brevets systématiquement déposés, et parfois aveuglément dispensés par des offices de brevets plus ou moins compétents. Ces organisations gouvernementales semblent en effet souvent un peu dépassées par les enjeux sociétaux globaux qui se profilent derrière la montée en puissance de la privatisation du domaine intellectuel mondial.

La raison de cet aveuglement est claire : les « territoires virtuels » de la société de l'information ne sont encore pas perçus comme un enjeu politique par les citoyens.

Pourtant, des voix dissonantes tentent de se faire entendre, venant de groupes dont on aurait pu s'attendre qu'ils soient solidaires de ce mouvement de durcissement du domaine privé. Par exemple, des développeurs de logiciels s'inquiètent d'un droit trop rigide. Ils ne veulent pas que leurs propres productions logicielles soient trop protégées, estimant que cela irait contre leur intérêt. Cela aura, en effet, pour conséquence de créer des oligopoles surpuissants, éliminant toute concurrence possible, avec à la clé une diminution de la création et de l'invention.

Le durcissement du cadre juridique protégeant la propriété intellectuelle peut sembler, *a priori*, favorable aux créateurs et aux innovateurs actuels. Mais en réalité, sur le long terme, il est très vraisemblable que les créateurs de demain et les futurs innovateurs se retrouvent prisonniers d'un système de clôture intellectuelle empêchant toute citation, réutilisation, inspiration, évocation, parodie, si on laisse ce gigantesque *land grabbing* s'opérer sans contre-pouvoir. Car rien ne sort jamais de rien. Aucun créateur ne crée *ex nihilo*. Le critique littéraire Northrop Frye disait qu'« on ne peut faire de la poésie qu'avec d'autres poèmes, et des romans qu'avec d'autres romans ». On pourrait dire la même chose des programmes informatiques ou de la mise au point de nouvelles molécules. Si on limite l'accès aux informations et aux connaissances produites par la société, par exemple en empêchant le recours normal aux exceptions légales permettant le droit de citation et le droit de copie à des fins d'enseignement et de recherche, alors ce ne sera pas « l'encouragement des sciences et des arts » qui en résultera, mais bien au contraire la création de monopoles indéracinables, le renforcement de la fracture numérique.

Ceci est vrai de toutes les formes d'activité intellectuelle. Et de toutes les formes de création. Il n'est pas une invention qui ne doive s'acquitter de quelque droit d'aînesse à l'égard de multiples inventions antérieures. Il n'y a pas une idée qui ne se nourrisse de toutes les idées du monde. Il n'y a pas de « propriété intellectuelle » qui ne doive son existence même à l'abondance d'un vaste domaine public, librement accessible.

Toute diminution objective de ce domaine public, par le biais de cadres législatifs qui en facilitent la « privatisation », ne peut que se retourner à terme contre l'intérêt général. Car quel est le véritable intérêt général ? C'est d'encourager la création et l'invention, et donc d'encourager l'éducation, la recherche et l'accès le plus large possible aux ressources informationnelles. Si les professeurs ne peuvent plus citer les textes, si les étudiants ne peuvent plus les copier, si on laisse les bureaux d'enregistrement des brevets octroyer des brevets pour « l'invention » de procédés parfaitement anodins (ainsi le brevet accordé à Amazon pour l'achat en ligne en une seule opération, dite *one-click*, qui lui a permis de poursuivre son compétiteur Barnes and Noble en justice), ou pour des idées triviales (comme les brevets accordés à Dell Computer autour de « l'idée » de vendre des ordinateurs en ligne), alors ce ne sont plus seulement les futurs créateurs et inventeurs qui seront liés, brimés dans leur volonté de développer de meilleurs modèles, de tester des améliorations successives. Ce sera aussi toute la société, et toutes les nouvelles générations arrivant dans le monde, et confrontées alors à une opaque muraille de « brevets » protégeant tout et n'importe quoi, du fil à couper le beurre jusqu'à la recette de l'eau tiède.

Il est absolument nécessaire que le système « mondialisé » de la propriété intellectuelle prenne réellement en compte – également au plan mondial – les intérêts contradictoires en présence. Les pays du Nord n'ont pas à cet égard forcément les mêmes intérêts que les pays du Sud, on l'a vu. Mais dans les pays développés aussi la ligne de contradiction interne est complexe à tracer, entre utilisateurs et ayants droit, entre actionnaires, consommateurs et citoyens.

Ce qui est sûr, c'est qu'un système équilibré de propriété intellectuelle doit garantir l'existence d'un vaste « domaine public », librement accessible à tous à des fins d'usage personnel, d'enseignement ou de recherche, et parfaitement inaliénable.

Ce domaine public doit être protégé contre toute forme de privatisation. Il existe d'excellentes techniques juridiques à cet effet comme le *copyleft* et la licence publique générale (*general public licence* – GPL) développée par Richard Stallman et appliquée notamment à la protection de LINUX contre toute tentative d'appropriation partielle ou non par des entreprises privées.

Le droit de la propriété intellectuelle est de plus en plus difficile à appliquer dans le monde du virtuel et de l'immatériel, et d'autre part il est profondément inégalitaire : il est fait pour les forts, pour les puissants. Celui qui l'acquiert se voit d'emblée investi d'un avantage considérable, qui peut confiner à l'insupportable. Des fortunes colossales peuvent se créer sur la foi de tels droits de « propriété ». Ils apparaissent alors comme exorbitants, féodaux, littéralement comme des « droits de cuissage intellectuel ». De plus, dans une économie du virtuel, soumise à la loi des rendements croissants, cet avantage ne cesse de croître à un rythme exponentiel, et ce d'autant plus que certains logiciels sensibles, comme les systèmes d'exploitation ou les logiciels de navigation (les « butineurs »), finissent par devenir des normes *de facto*, désormais incontournables.

Il faut poser le problème de la propriété intellectuelle selon des prémisses complètement différentes, tenant compte de l'émergence progressive de la civilisation du virtuel. La technologie du numérique et plus encore la technologie des serveurs d'information en ligne favorisent et encouragent le piratage. On peut tenter de stopper cette marée montante en lui opposant un droit monté sur ses ergots, tourné vers le passé, confit dans ses habitudes. Mais il est sans doute temps d'inventer un nouveau modèle de législation, et mieux : une nouvelle pratique. Il faut trouver de nouvelles manières de rétribuer l'activité inventive, il faut s'efforcer de déterminer de manière plus fine les responsabilités quant à la protection des véritables créateurs, et éviter que des avantages indus soient accaparés par des opérateurs déjà surpuissants, et qui pourraient, si l'on n'y prend garde, acquérir des pouvoirs inacceptables, en tout cas du point de vue du bien commun. N'oublions pas que, *in fine*, c'est le bien commun qui doit logiquement l'emporter, puisque c'est (théoriquement) en son nom que le législateur exerce son pouvoir, ainsi qu'au nom de la volonté souveraine du peuple.

Il peut devenir un jour évident pour ce peuple global, le peuple cyber, que son intérêt bien compris – le bien commun – coïncide en réalité avec une législation renforçant les droits du « domaine public », élargissant l'accès du plus grand nombre aux ressources intellectuelles et informationnelles qui vont devenir absolument vitales à l'ère cyber. Une nuit du 4 août du virtuel pourrait inaugurer l'abolition de privilèges jugés hors d'âge.

De même, à une époque peu éloignée de nous, des mots d'ordre comme « la terre est à ceux qui la cultivent » ont pu faire vibrer des cordes sensibles et se traduire dans les faits, de même le mot d'ordre du siècle virtuel pourrait ressembler à : « la culture est à ceux qui la cultivent », ou encore « le virtuel est à ceux qui le partagent ». Les intermédiaires auront beau alors s'efforcer de justifier leur rôle et leurs émoluments par des batailles juridiques d'arrière-garde, aux dépens de ce fameux bien commun, il n'en reste pas moins probable que la vague de fond du cyber, immense et profonde, emportera comme fétus de foin les modes de pensée fossiles.

Par exemple, qu'est-ce qu'un « auteur » dans le monde du virtuel ? L'auteur d'un livre ou d'une chanson est naturellement identifiable. Le concept même d'auteur semble taillé sur mesure pour ces productions intellectuelles contrôlables de bout en bout par leur créateur. Mais comment identifier simplement « l'auteur » d'un logiciel comprenant des milliers de lignes de code, renvoyant nécessairement à des bibliothèques de fonctions mathématiques ou graphiques développées par d'autres équipes, utilisant pour sa conception des logiciels de génération automatique de codes, et enfin réalisé par plusieurs équipes de personnes se succédant dans le temps, et parfois sans même (cas limite pour de très gros logiciels) que quiconque ait une bonne compréhension de l'ensemble logiciel ainsi produit, du fait de sa complexité ? Certes, la notion d'œuvre collective ou encore celle d'œuvre de collaboration pourrait sembler apporter d'éventuelles réponses *ad hoc*. Mais ces notions ne permettent pas d'envisager tous les problèmes nouveaux. Par exemple, dans certains cas c'est la distinction même entre « utilisateur » et « auteur » qui s'évanouit. Qui est le « propriétaire » d'un groupe de discussion ? À qui appartient le parcours d'une visite dans une base de données ou dans l'espace d'un monde virtuel ? Dans d'autres cas, c'est la nature même de l'originalité censément introduite par l'œuvre qui pose question. On le sait, il n'y a jamais d'originalité absolue. Dans le passé, l'œuvre de création s'épanouissait dans la fidélité à une tradition, à une culture aux multiples alluvions. On ne cherchait pas à tout prix l'originalité, la promotion de la personnalité du créateur démiurge. Les chefs-d'œuvre supportaient très bien leur anonymat. Les cathédrales étaient la mer où se jetaient les ruisseaux et les rivières de l'effort des nations, transcendant les personnes qui y mettaient cependant leur âme. De nos jours, l'économisme, l'individualisme, le matérialisme occupent le terrain. Le marché est devenu le lieu de référence, l'arbitre des élégances, le créateur de toutes les valeurs. Il est donc primordial pour cette civilisation du marché d'identifier puis de préserver la valeur économique des créations, fussent-elles infimes ou inexistantes, et de l'attribuer nommément à une personne privée ou morale qui puisse se l'approprier économiquement et faire ainsi le jeu du marché, toujours avide de création de « valeurs », sur lesquelles prélever des pourcentages et des marges.

Mais avec le virtuel deux grains de sable coriaces s'immiscent dans cette mécanique de la valeur. D'une part, la possibilité de puiser aux sources antérieures ou collatérales s'accroît infiniment avec le numérique et l'accès en ligne, diminuant d'autant les prétentions à l'« originalité ». D'autre part, la duplication et l'accessibilité, augmentées par les réseaux, permettent un piratage tranquille et naturel à grande échelle. Ces phénomènes appartiennent au « génie » du langage numérique, comme on parle du génie d'une langue.

L'écriture numérique et virtuelle permet de combiner, de retoucher, de réorganiser de manières totalement différentes des éléments préexistants, empruntés ici et là, et de les hybrider avec des éléments nouveaux, composant ainsi des patchworks ayant leur propre « originalité ». On peut par exemple créer des serveurs uniquement avec des pointeurs et des renvois sur d'autres serveurs. La valeur ainsi ajoutée peut d'ailleurs se révéler tout à fait réelle : l'auteur des pointeurs effectue une sélection parmi les œuvres d'autrui, lesquelles peuvent être elles-mêmes des parcours virtuels, plus ou moins marqués par la propre personnalité des navigateurs et de leurs auteurs ou interacteurs.

Il faut le dire nettement. L'œuvre virtuelle n'a plus grand-chose à voir avec l'œuvre « réelle », la statue, le livre, le film, si aisément objectivables dans les rets de la logique juridique. L'œuvre virtuelle est une puissance de navigation parmi des éléments eux-mêmes en puissance. Le droit semble impuissant à saisir cette fluidification de l'objet qu'il est censé protéger. Le problème dépasse largement la simple adaptation d'un droit préoccupé par la matérialité des « biens ». Il ne s'agit plus de réprimer des « citations » trop abondantes faites à des œuvres dûment identifiées. Il s'agit de rendre compte d'une sorte d'art des correspondances et des renvois non linéaires, encore accentués par la mise en référence immédiate que permet la Toile.

La distinction entre les idées (non protégeables) et l'expression de ces idées (théoriquement protégeable) devient de plus en plus difficile. L'expression des idées peut prendre de nombreuses formes matérielles essentiellement équivalentes, qu'il est aisé de détourner, de modifier matériellement à des degrés très divers.

Devant ces difficultés de plus en plus pressantes, la jurisprudence a eu tendance à affaiblir la portée des lois sur la propriété intellectuelle dans les domaines les plus exposés à ces contradictions. Le *look and feel*, que nous avons déjà évoqué, n'est pas actuellement protégeable, par exemple. Mais les difficultés sont innombrables. Un brevet fut accordé en août 1993 à Compton's NewMedia, une division de Tribune Company, sur des fonctions d'indexation pouvant s'appliquer aussi bien aux CD-ROM qu'aux services en ligne. Le brevet décrivait un « système de recherche multimédia utilisant plusieurs index capables de montrer le degré de corrélation des informations ». L'entreprise envisagea de collecter des royalties au salon technique Comdex de novembre 1993 sur la base de ce brevet très généreux. La légitimité du brevet fut évidemment contestée par toute l'industrie concernée, et le brevet fut « réévalué » par l'US Patent and Trademark Office puis annulé en 1994.

Si la communauté des industriels du secteur a pu réagir avec promptitude au caractère outrancier du brevet ainsi trop légèrement accordé, il est à craindre que des communautés moins mobilisables et moins informées, comme le grand public, soient soumises à des décisions juridiques très désavantageuses, priviligiant des groupes de pression mieux outillés pour faire prévaloir leurs points de vue.

Comme le feu ou l'air, les bonnes idées ont une tendance inéluctable à l'expansion. Les œuvres de l'esprit ont une tendance innée à se répandre dans l'esprit des hommes. Si quelqu'un a une idée et qu'il veut la garder pour lui, libre à lui. Mais à partir du moment où il la livre au monde, il ne peut plus l'empêcher d'être reprise, critiquée, améliorée ou abandonnée.

C'est pourquoi, selon une législation constante depuis la création du droit de la propriété intellectuelle, on ne peut pas protéger les idées, mais uniquement leur expression matérielle spécifique, leur mise en forme particulière, et seulement à la condition que cette expression et cette mise en forme soient originales. Les idées elles-mêmes, tout autant que les faits bruts, sont considérées comme la propriété collective de l'humanité. Les auteurs doivent voir soigneusement calibrer leurs prérogatives pour ne pas porter un coup fatal à cette nécessité de circulation des idées. Il faut que les privilèges qui leur sont reconnus ne portent point atteinte aux conditions nécessaires à l'invention, à la création, à l'échange, à la participation de tous au mouvement de l'intelligence.

Ce principe fondamental est aujourd'hui, sinon mis directement en cause, du moins grignoté de toutes parts, avec l'évolution du contexte social et politique global d'abord, et la révolution du numérique et du virtuel ensuite. De nombreux problèmes se posant quant à l'évolution du droit de la propriété intellectuelle, dans son acception classique, certains lobbies sont en effet conduits à tenter de faire pression pour le réformer à leur profit, plutôt que dans la perspective du « bien commun ».

La stratégie employée consiste à élargir toujours plus le champ du protégeable et du privatisable, qualitativement et quantitativement. Quantitativement : on cherche à augmenter la part du domaine privé (en étendue, en durée) et à diminuer la part dévolue au « domaine public ». Qualitativement : on cherche à brouiller la distinction entre « idée » (purement immatérielle) et « expression originale » (matérielle), pour étendre le sens de cette dernière notion. La notion d'expression matérielle d'une idée, assez claire et limitée lorsqu'elle prend la forme d'une publication livresque, d'un dépôt de brevet ou d'un objet concret, perd de son acuité dans le métamonde du cyberespace. Par exemple, comment distinguer l'idée de son expression dans les divers niveaux d'écriture d'un logiciel, comme son code source, sa conception algorithmique, ou sa « personnalité » *(flavor, look and feel, friendliness)*. Les problèmes qui se posaient déjà à l'industrie informatique se ramifient et s'amplifient désormais dans le cadre du Web, immense machine à circulation d'idées et d'images, de programmes et de textes.

Les pensées et les idées qui circulent sur le Net ne sont pas complètement désincarnées, mais leur fluidité, leur volatilité, leur virtualité, leur dématérialisation s'accroissent quantitativement et qualitativement. À mesure que le Web progresse ainsi que ses auxiliaires logiciels (robots fureteurs, moteurs de recherche) ou que ses techniques (réseaux d'hyperliens entre sites, développement de sites miroirs, mémoires « cache », copies transitoires), les incarnations matérielles des idées ou des créations deviennent de plus en plus difficiles à saisir, à recenser, à suivre à la trace, à contrôler, créant brusquement l'opportunité d'une révision fondamentale de notre attitude ancienne en matière de « propriété intellectuelle ».

Tout le défi est là. La révolution en cours va potentiellement si loin que l'équilibre classique entre auteurs, intermédiaires (éditeurs, diffuseurs) et utilisateurs va certainement être affecté dans un sens ou dans un autre. Une grande imagination sera sans doute nécessaire pour trouver un compromis. En revanche, si la réponse juridique à ce nouvel état du monde se révélait inappropriée, c'est le fonctionnement social des échanges d'informations et d'idées qui pourrait être remis en cause, ce qui laisserait craindre la disparition de droits acquis depuis longue date comme le concept de bibliothèque publique ou l'usage des œuvres pour l'éducation et la recherche *(fair use)*.

Les connaissances acquises par l'humanité forment en principe un bien public mondial, appartenant à tous. « Le naturel, ainsi que le rationnel, ce que la nature nous donne ou implique, ne sauraient être réservés à quelques-uns[1]. » En pratique, certains savent en tirer un avantage comparatif particulièrement décisif, et beaucoup d'autres, qui gagneraient immensément à avoir accès à ces connaissances et à les mettre en pratique, en sont privés, faute de moyens, et faute d'éducation de base. Cette situation est évidemment dommageable pour l'intérêt général mondial. Les moyens de l'améliorer relèvent évidemment d'un grand nombre de facteurs. Mais il est particulièrement intéressant d'analyser dans ce contexte l'évolution récente du droit de la propriété intellectuelle, afin de savoir s'il facilite ou va à l'encontre de la protection du « domaine public »[2] et de l'intérêt général.

Les questions abondent...

---

1. François Dagognet, *op. cit.*

2. Le domaine public doit s'appuyer sur le droit d'auteur et non pas l'infirmer. En effet, les logiciels « libres » sont protégés par le droit d'auteur, et c'est parce qu'ils sont protégés par le droit d'auteur que le créateur peut imposer des conditions qui font que les utilisateurs ne peuvent les privatiser en les modifiant. L'intérêt commun suppose donc non seulement le domaine public (qui peut être accru par un relèvement des standards de protection, un abaissement de la durée de celle-ci et des exclusions de principe – comme par exemple pour les algorithmes), mais aussi par la reconnaisance d'un droit d'accès à l'information structuré (il y a déjà une base juridique pour cela) et par l'introduction d'une exception générale de *fair use*.

Où commence la vraie création ? Comment le droit actuel de la propriété intellectuelle évolue-t-il par rapport à la défense du domaine public, comment prend-il en compte les exceptions à des fins d'intérêt général (copie privée, enseignement, recherche), tend-il à renforcer ou à affaiblir les exclusions métajuridiques, comme l'exclusion de la protection des données brutes ou des idées, procédures, méthodes, concepts mathématiques, si nécessaire pour la libre circulation des idées ? Le développement de la protection intellectuelle, en faisant monter le coût de l'accès aux connaissances, favorise-t-il réellement la recherche fondamentale et le rythme des innovations ? De trop fortes protections n'induisent-elles pas des rentes de situations, des monopoles juridiques sur des inventions, empêchant par là même une plus large et plus générale diffusion du savoir et du progrès ?

Comment évaluer la part du grand patrimoine commun des connaissances humaines dans toute innovation spécifique ? Comment alors faire la part, en toute justice, entre ce qui revient en propre à l'innovateur et ce qui revient à l'humanité dans son ensemble ?

L'évolution du droit de la propriété intellectuelle semble favoriser depuis quelques années une privatisation rampante du domaine public. Le droit de la propriété intellectuelle semble n'évoluer que pour servir toujours davantage les intérêts des plus forts, des plus puissants, par le biais de l'évolution du droit des brevets, par l'emprise croissante des normes technologiques, des standards informatiques. Cette évolution se fait sans véritable débat démocratique, et on a le sentiment que c'est au profit de groupes de pression particulièrement actifs, mobilisant les parlementaires à leur cause, tout en s'efforçant de tenir l'opinion publique éloignée de ce qui se trame.

Or la gestion des « biens communs » de l'humanité devrait désormais être traitée comme un sujet politique essentiel, touchant à la « chose publique » mondiale. L'implication politique principale est, nous l'avons déjà dit, le rôle de la puissance publique dans la défense de ces biens communs, qui, s'ils sont laissés à eux-mêmes, seront soit pillés, soit très mal répartis, soit inexistants.

Les puissances publiques peuvent décider de renforcer les droits de propriété intellectuelle (leur champ d'application, leur nature, leur durée) consentis aux inventeurs et aux créateurs pour encourager la production de connaissances. Ceux-ci disposent alors de revenus tirés de l'exploitation de leurs brevets, sur lesquels ils ont un monopole d'exploitation. Une plus grande activité inventive est ainsi encouragée, mais aux dépens d'une restriction de l'utilisation des connaissances élaborées. Les connaissances sont « protégées » par un « monopole » et donc limitées dans leur usage à ceux qui peuvent payer le coût d'accès demandé par le détenteur de ce monopole. Cet effet n'est pas nécessairement du goût de tous et ne rentre pas nécessairement dans le cadre d'une politique cherchant à promouvoir le libre accès de tous à l'information ou l'utilisation la plus concurrentielle possible des informations, connaissances et inventions disponibles. La puissance publique peut alors décider de rééquilibrer cet avantage donné aux inventeurs en limitant la durée de la protection de l'invention (permettant alors un retour plus rapide dans le domaine public) ou de limiter l'étendue et la nature des inventions protégeables, en exigeant une activité inventive réellement significative.

Les connaissances techniques et scientifiques de base ainsi que les informations appartenant au domaine public sont des éléments clés dans la production de nouvelles connaissances. Les inventeurs et les créateurs d'aujourd'hui ne sont-ils pas comme des enfants assis sur les épaules de leurs aïeux, des « nains juchés sur des épaules de géants » ? Ce sont les petits-enfants du savoir et des traditions, de la richesse inventive commune amassée par la collectivité humaine dans son ensemble. Comment rétribuer l'apport effectif des nouveaux venus tout en tenant compte de l'intérêt supérieur de la collectivité ? Comment éviter le hold-up toujours possible des nouveaux arrivants sur le bien commun ouvert à tous ? La pratique actuelle ne reconnaît aucun droit à la collectivité humaine en tant que telle dans l'invention. L'inventeur, l'homme providentiel, le génie solitaire, le Prométhée irremplaçable est supposé incarner à lui seul l'étincelle créatrice, l'intuition salvatrice, arrachant héroïquement le feu inventif aux dieux de l'ignorance. À lui les honneurs et les brevets, à lui le monopole sur l'idée et les revenus. À lui la protection accordée par la collectivité. Mais qui viendra défendre les droits des silencieux, les innombrables apports consentis par la collectivité pour former le savant, et surtout qui viendra parler pour défendre l'immense domaine public, dans lequel tout le monde prélève, mais que peu s'évertuent à alimenter ? Comme le domaine public est à tous et que les idées ne sont à personne, il n'y a pas de prix à payer, croit-on, et chacun en particulier peut se les approprier, pourvu que la société soit assez bonne fille pour reconnaître le fait juridique de cet accaparement et accepte de le défendre par la loi et les tribunaux eux-mêmes publics. Dans la plupart des cas, l'exploitation des biens communs matériels, immatériels ou sociétaux ne donne lieu à aucun reversement à la collectivité de la part de ceux qui ont tiré un si bel avantage, et à si bon compte. Pourtant, on pourrait préconiser en toute équité et en bonne justice, mais aussi avec en vue une meilleure utilisation des ressources communes, la réclamation au déposant de brevets d'un paiement proportionnel aux recettes effectives, pour dédommager la collectivité mondiale de l'usage ainsi fait du bien commun et de la protection juridique socialement reconnue, mais surtout pour permettre à cette même collectivité de préparer l'avenir, de renforcer par ce retour financier supplémentaire et à l'échelle mondiale les écoles et les universités, les bibliothèques et les laboratoires dont les nouvelles générations d'inventeurs auront le plus grand besoin, et en particulier celles qui n'ont pas dans leurs propres pays toutes les ressources nécessaires. Bref, il faut inventer et mettre en place une solidarité intergénérationnelle et multilatérale. Il faut prélever une part des bénéfices dégagés aujourd'hui par tous ceux qui profitent de ce bien commun qu'est le système de la propriété intellectuelle pour corriger les écarts inacceptables dans l'accès mondial à l'éducation et au savoir, et donc à l'invention. Ces écarts sont provoqués par l'absence patente d'une véritable « gouvernance mondiale » effective dans ce domaine, laissé aux mains des États. Pourtant, les pays les plus avancés n'ont pas eu trop de peine, parce que cela les arrangeait, à mettre au point des formes de « gouvernance mondiale » en action, permettant de creuser leur avantage relatif en matière de propriété intellectuelle. L'existence de l'Organisation mondiale de la propriété intellectuelle témoigne d'un besoin latent d'universalité en la matière. Mais il n'est pas entièrement résolu par la création d'une telle entité. Il reste le plus important, c'est-à-dire la définition d'un équilibre politique plus général, qui relie par exemple les questions assez étroites de propriété intellectuelle aux problèmes plus vastes d'égalité dans l'accès aux savoirs, à la formation.

Il relèverait par exemple d'un discours plus véritablement « politique » de déclarer que les ressources générées par la propriété intellectuelle doivent être frappées d'un « impôt mondial », qui serait reversé aux agences spécialisées des Nations unies et servirait à augmenter les chances des pays en développement de tirer parti du bien commun mondial des connaissances, et leur permettant par là même d'y contribuer à leur tour.

D'aucuns crieront à l'utopie. Pourtant, il apparaît, clair comme mille soleils, que si de telles mesures n'étaient pas prises, alors on verrait seulement s'accroître encore l'écart entre les pays industrialisés et les pays en développement, l'accès aux connaissances étant fortement autocatalytique. Plus on reste en arrière, plus on aggrave le retard, moins on peut tirer avantage de la richesse commune de l'humanité, moins on apprend à apprendre.

Le rôle de la puissance publique mondiale (la somme des puissances publiques nationales additionnée des possibilités propres aux organisations internationales) est à cet égard central. Notamment pour mettre au point un système mondial de protection de la propriété intellectuelle qui incarne réellement l'intérêt général, et non pas seulement celui des lobbies les plus actifs.

Le choix d'un système spécifique de rétribution de l'activité inventive peut avoir des conséquences extrêmement importantes sur le rythme des inventions. En protégeant de manière trop large ou trop longue, on risque tout simplement d'appauvrir les opportunités pour des inventions ultérieures, les futurs inventeurs étant d'autant plus contraints pour capitaliser sur les savoirs précédents. En protégeant de manière trop étroite, on peut tomber dans l'excès inverse et diminuer l'incitation à l'activité des inventeurs, désormais non assurés d'un retour lucratif. Quoi qu'il en soit, il est clair qu'une protection trop forte[1] a pour conséquence d'élever le prix de l'accès aux connaissances, aux idées nouvelles, et donc accentue inévitablement le fossé entre les info-élus, ayants droit à l'information, et les info-exclus. L'existence de cette distorsion peut devenir tout à fait intolérable comme le démontre, aux États-Unis, pays « libéral » par excellence, l'existence de lois antitrust visant à rétablir (contre les conséquences du « libre » fonctionnement du marché) les conditions du fonctionnement équitable de ce même marché, à savoir la possibilité d'une concurrence « loyale », fondement de l'idéologie du libéralisme économique.

---

1. Cf. Jean Monnet, *Aspects actuels de la contrefaçon*, 1975 : « La protection du moyen général est quelque chose de nuisible à la recherche pour la raison suivante : si l'on reconnaît que la fonction en elle-même est protégée, on aboutit à la sclérose de la recherche car le breveté, ayant une protection d'étendue énorme, sera incapable d'exploiter tout le domaine qu'il aura et de nombreux concurrents seront peu enclins à aller dans ce domaine qu'ils peuvent penser être effectivement couvert par le brevet », cité par F. Dagognet, in *op. cit.*

Le procès mené par le gouvernement fédéral américain contre Microsoft est exemplaire à cet égard. Que les gardiens du temple du libéralisme puissent mettre en accusation l'entreprise la plus emblématique de l'économie post-industrielle n'est pas sans précédent dans l'histoire américaine. La question de la perversion du système libéral par ses meilleurs disciples s'était déjà posée en d'autres temps. L'éclatement du monopole d'ATT avait été à son époque un bon exemple du sursaut nécessaire de l'intérêt général devant la puissance acquise par les intérêts sectoriels. Mais dans le cas de Microsoft il reste à savoir si le dysfonctionnement ainsi constaté vient du fonctionnement naturel du marché, que l'on se contenterait alors de réguler par les lois antitrust, ou bien s'il vient de l'existence d'un droit de la propriété intellectuelle mal proportionné, donnant un avantage immérité, beaucoup trop « fort », aux détenteurs de brevets, acquérant un monopole. Autre hypothèse encore : ce dysfonctionnement ne vient-il pas de la nature même de l'économie du virtuel, à base de normes et de réseaux, et donnant *ipso facto* un avantage incommensurable aux premiers arrivés, ou aux premiers émergents, ou aux premiers déposants de telles ou telles composantes d'un standard technique, devenu absolument indispensable à la collectivité mondiale, et transférant alors à leurs détenteurs une rente de situation sans proportion avec leur activité inventive réelle ?

Une solution a été proposée pour limiter l'effet négatif sur l'innovation de ces rentes de situation garanties juridiquement. Il s'agirait d'obliger par exemple Microsoft à rendre public le code de ses logiciels de façon à permettre une transparence totale vis-à-vis d'éventuels compétiteurs, pouvant dès lors disposer de conditions « loyales » de concurrence. De plus, la durée de la protection des brevets serait strictement limitée à trois années après le dépôt. Ainsi Microsoft serait obligé d'innover réellement dans ses nouvelles versions logicielles, et non pas seulement superficiellement, pour justifier de garder sa position dominante.

L'utilisateur aurait la possibilité de choisir après trois ans de continuer à rester fidèle aux produits Microsoft en se procurant si le besoin s'en fait vraiment sentir les produits de nouvelle génération. Mais il pourrait aussi décider de se contenter des produits équivalents proposées par la concurrence, ayant enfin accès aux informations lui permettant d'innover effectivement par rapport à l'offre Microsoft. Il y aurait alors véritablement concurrence et non pas confiscation de toute compétition par le jeu purement juridique des rentes de situation.

On voit que ces questions ne sont pas réellement d'abord de nature juridique. Le droit, en l'occurrence, n'est que le champ ouvert aux chocs d'une bataille plus large, de nature profondément politique, bataille elle-même alimentée par un débat philosophique sur le concept même d'intérêt général, de bien commun, à l'échelle mondiale. Les jugements prétendument juridiques posés sur le bien-fondé d'une extension ou d'un renforcement du droit de propriété intellectuelle sont en réalité des jugements arbitrant, de manière implicite, en faveur de tel ou tel groupes de pression, ou en faveur de tel groupe de pays partageant les mêmes intérêts. Les conflits d'intérêts s'exacerbent particulièrement entre les pays en développement et les pays développés, les premiers craignant à juste titre que le renforcement du droit international de la propriété intellectuelle se fasse à leurs dépens, au moment où précisément ils auraient le plus grand besoin d'élargir leur accès aux ressources mondiales de l'information pour rattraper leur retard cognitif, scientifique et informationnel.

Pour l'observateur, il est frappant de constater que les rares forums internationaux où s'élaborent les possibilités de consensus sur ces questions de propriété intellectuelle (OMPI, OMC) sont d'abord des lieux d'exercice des rapports de force entre coalitions d'intérêts sectoriels, plutôt que des lieux d'élaboration d'une doctrine philosophiquement ou politiquement acceptable par tous, visant l'intérêt général.

On a vu que les abus induits par une trop forte protection de la propriété intellectuelle peuvent être corrigés dans une certaine mesure dans les pays développés disposant de lois antitrust. Mais de tels mécanismes n'existent pas au niveau international. Où sont les lois antitrust mondiales permettant, par la force d'une loi supérieure, de limiter et de contraindre à abandonner leur « monopole » les pays qui par leur puissance économique deviendraient monopolistes, écrasant alors les pays les plus faibles ? L'absence de lois antitrust mondiales, mais aussi l'absence de toute souveraineté mondiale capable de faire respecter une forme de justice mondiale en matière économique, est bien la preuve que le monde est actuellement essentiellement livré aux rapports de force. Ce constat, que d'aucuns railleront peut-être comme par trop naïf, ne manque pas d'inspirer la perplexité. Il semble que, par pseudo-machiavélisme, ou par myopie politique, ou par indifférence aux malheurs du monde, les politiciens des pays les plus riches ne cessent de prôner comme recette universelle des règles de comportement qui sont mises hors la loi chez eux. Tout se passe comme si les démocraties, parvenues à mettre un peu d'ordre dans leur propre sein, en instituant des contre-pouvoirs à la logique des forts, abandonnaient à l'extérieur toute raison et toute sagesse, pour revenir à des pratiques barbares, considérées dès lors comme autant de prises faites sur l'étranger, l'*alien*. Cette mentalité de l'« égoïsme sacré » des nations est le plus grave empêchement à la genèse d'une morale politique mondiale, d'une éthique de la gouvernance planétaire.

C'est pourquoi nous pensons que le chantier de la propriété intellectuelle devrait désormais être traité non pas seulement d'un point de vue juridique ou commercial, mais essentiellement d'un point de vue éthique et politique.

Chapitre XV

LE RETARD DU DROIT MONDIAL

La « tragédie du bien commun »[1] est encore plus tragique quand il s'agit du bien commun mondial. Les égoïsmes nationaux n'ont pas intérêt à voir s'élever des revendications qui, pour légitimes qu'elles soient, réduiraient leur liberté de manœuvre, mineraient à la base leur « souveraineté nationale ».

Afin de lutter contre cette tragédie, il faut compter sur l'émergence d'un droit « mondial », à ne pas confondre avec le droit « international ».

La paternité de l'expression « droit international » revient à Jeremy Bentham[2].

Avant Bentham, on utilisait l'expression de « droit des gens », le *jus gentium* des Romains ou le *jus inter gentes* du juriste de Salamanque Vitoria. C'est le droit commun aux gens, considérés comme des personnes.

Le *Jus gentium* est un droit des étrangers, un droit des marchands, un droit des marchés, des ports et des foires. C'est grâce à lui que s'est lentement élaborée une préfiguration juridique codifiant les rapports entre « gens » d'une « société mondiale ».

Le terme de « droit international » évoque l'idée d'un droit *entre* les nations. Le terme de « droit des gens » évoque

---

1. Garrett Hardin, « The Tragedy of the Commons », *Science*, 162, décembre 1968, p. 1243-1248.

2. Jeremy Bentham, *An Introduction to the Principles of Moral and Legislation*, 1780.

un droit commun aux gens, en tant qu'individus. Le droit des gens implique une « communauté internationale » considérée comme une société d'individus, non comme une société « interétatique ».

En revanche, le terme de « droit mondial » reste encore à définir, à nourrir conceptuellement, et, tâche encore plus difficile, à faire exister dans les faits.

La notion de « communauté internationale » est loin de faire l'unanimité, à la différence de celle de « société internationale » qui est la société des États. L'extrême hétérogénéité des États dispersés de par le monde fait du concept de « communauté internationale » une sorte de fiction, une « abstraction ». Les différences de civilisation, de culture, d'idéologie, de développement économique, sépareraient les peuples bien plus qu'elles ne les rassembleraient.

Mais en réalité les points de convergence ne manquent pas : aspiration universelle à la paix, sentiment général de l'importance de l'idée de justice, évidence de l'interdépendance économique, nécessité de lutter de manière conjointe contre le sous-développement.

C'est de la tension entre l'aspiration de la « communauté internationale » – formée par les « gens » –, si confuse, si peu informée sur ses désirs et ses réels moyens qu'elle soit, et les acteurs dominants de la « société internationale » – les États – que naît le droit international, chargé de trouver l'équilibre entre le désir d'indépendance des États et l'évidence de leur interdépendance, toujours plus accentuée.

Hugo de Groot, dit Grotius (1583-1645), est considéré comme le véritable père du droit international. Il est le fondateur de « l'École de la nature et du droit des gens » : pour lui, la volonté des nations n'est pas souveraine, elle est subordonnée au « droit naturel ». Il définit la puissance souveraine comme « celle dont les actes sont indépendants de tout autre pouvoir supérieur et ne peuvent être annulés par aucune autre volonté humaine ». Cependant les puissances souveraines ne doivent pas s'ignorer ; elles doivent accepter l'idée d'une société internationale régie par le droit. La souveraineté est limitée par la seule force de ce droit. Pour Grotius, le droit naturel « consiste dans certains principes de la droite raison qui nous font connaître qu'une action est moralement honnête ou déshonnête selon la convenance ou la disconvenance nécessaire qu'elle a avec une nature raisonnable ou sociable »[1]. Le droit naturel s'identifie au droit rationnel.

Il est fait de principes. Il forme une superlégalité universelle s'imposant aux États. Il s'oppose au droit positif, ou droit des gens, ou droit volontaire, qui est fait de règles construites.

Pour Vattel (1714-1768), en revanche, chaque État est libre d'apprécier lui-même ce que le droit naturel exige de lui en chaque circonstance. Le droit naturel est une notion subjective. Les États souverains peuvent entrer en conflit du fait de cette subjectivité. Pour l'éviter, ils s'efforcent de s'entendre entre eux afin de donner au droit naturel un contenu acceptable par tous : ce faisant, ils créent le droit international volontaire ou positif. La volonté des États souverains n'est pas liée par le droit naturel puisqu'elle peut l'interpréter souverainement.

D'où les principes du droit international positif :

– les États sont souverains et égaux entre eux ;

– la société internationale est une société interétatique, c'est-à-dire une juxtaposition d'entités souveraines, excluant tout pouvoir politique supérieur ;

– le droit international ne s'applique pas aux individus ;

– le droit international est issu de la volonté et du consentement des États ;

– la guerre est permise entre États souverains.

Ce droit entièrement fondé sur la souveraineté des États est dit « classique ».

Mais aujourd'hui, entre Grotius et Vattel, nous devons choisir. Il ne s'agit plus de choisir une théorie du droit. Il s'agit de privilégier un mode de pensée qui puisse favoriser l'émergence d'une citoyenneté planétaire.

---

1. Cité in *Droit international public, op. cit.*

Du fait de la mondialisation, il y a une prise de conscience croissante d'intérêts communs existant entre les États. On observe le développement de la « solidarité internationale », principe qui vient contredire la notion de souveraineté en ce qu'il fonde un droit de regard de la communauté internationale sur ce qui se passe au sein des États. On a assisté par ailleurs à une multiplication des États nationaux à la suite des diverses vagues de décolonisation (des colonies espagnoles et portugaises en Amérique, des colonies britanniques et des colonies européennes au Moyen-Orient, en Extrême-Orient et en Afrique). Les nouveaux États renforcent la notion de souveraineté pour mieux s'affirmer. L'interétatisme qui en résulte favorise de plus la loi du nombre, ce qui offre un moyen de pression aux nouveaux arrivés, mais inquiète les puissances plus anciennes. Notons que le socialisme n'a rien fait pour diminuer la notion de souveraineté de l'État, qui est en rapport direct avec la souveraineté du peuple.

Comment régler les problèmes surgissant entre des puissances souveraines ? Comment orienter les questions d'intérêt commun à ces puissances, côte-à-côte dans un monde rétréci ?

Les grandes puissances ont utilisé leur prépondérance, leur force, pour régler les problèmes. Le premier conflit mondial a montré les limites de cette méthode. On a assisté par ailleurs au dépassement de fait de l'interétatisme quand les grandes puissances se sont attribué un rôle dans le règlement des conflits d'intérêt commun, et cela dans le sens de l'intérêt général.

La création d'organisations internationales au sortir de la Seconde Guerre mondiale a été l'indice d'un véritable soubresaut dans l'esprit d'hommes sincèrement décidés à en finir à jamais avec l'énorme, l'irrésistible puissance de mort par laquelle des millions d'hommes se sont engouffrés dans l'abîme, sans qu'aucun mécanisme d'alerte, de concertation, de réaction, n'ait pu être activé effectivement et à temps.

Les organisations internationales ont beaucoup fait pour dépasser les limites propres à l'interétatisme, pour renforcer le concept du multilatéralisme.

Mais pour un réel dépassement de l'interétatisme, il faudrait arriver à une organisation politique mondiale, centralisée, disposant de moyens de contrainte sur les États et d'un pouvoir de coordination des institutions techniques et régionales. L'expérience prouve que les États veulent en réalité maintenir le système interétatique. Les organisations à vocation universelle ont bien du mal à s'imposer. Nées d'une réflexion sur les causes de la Seconde Guerre mondiale, les organisations du système des Nations unies donnent en fait une position privilégiée aux grandes puissances et mettent en avant l'interdépendance des questions économiques, socioculturelles, techniques avec le maintien de la paix. La guerre froide et la décolonisation ont abouti à affaiblir la cohérence du système, en accentuant la revendication d'une « démocratisation » des institutions internationales.

En théorie, les États membres assemblés au sein de l'ONU peuvent prétendre à dégager la « volonté générale » des peuples du monde. Les résolutions des organes pléniers des organisations internationales apparaissent comme des prémisses, certes contestées, d'une véritable législation mondiale. Certaines organisations se voient même confier le soin de gérer les richesses collectives mondiales, comme les ressources des fonds des mers.

Le progrès quantitatif du droit international et des conventions multilatérales est enfin un signe positif que l'*habitus* de la négociation internationale s'est durablement imposé. Les droits de l'homme, le droit de la mer, le droit aérien, le droit diplomatique et consulaire, le droit de la propriété industrielle, littéraire et artistique, le droit des télécommunications, le droit du commerce international, le droit de l'environnement, le droit de la coopération scientifique et technique, ne sont pas simplement des pièces du droit international, ce sont des odes à la concertation, des preuves d'une universalité possible de la raison, confrontée à la diversité du réel.

On y cherche à formuler des normes abstraites. On recourt à des instruments juridiques peu contraignants comme les recommandations des organisations internationales, les accords informels, les « codes de conduite ».

On voit se concrétiser la notion de « responsabilités communes des États envers la communauté internationale », et s'exprimer des concepts comme celui de « patrimoine commun de l'humanité ».

La notion de bien commun mondial commence à recevoir l'apport des théoriciens et des praticiens des relations internationales.

Dès la fin des années 60, Garrett Hardin soulignait la « tragédie » du bien commun, et était bientôt suivi de quelques autres[1]. Plus récemment, le rapport du PNUD sur « le bien public global »[2] a mis en évidence l'importance d'une réflexion sur les biens publics mondiaux, comme l'éducation, la stabilité financière, la paix...

Mais il y a des questions ouvertes. Pourquoi les biens communs sont-ils si difficiles à pourvoir en quantité suffisante ? Par exemple l'éducation. Supposons qu'il y ait beaucoup d'illettrés dans un pays et des employeurs potentiels. Sans l'existence d'un régulateur du bien commun, il revient au premier employeur de former l'employé illettré. Cette formation profitera alors aux employeurs suivants qui en tireront avantage sans bourse délier. La solution « juste » consisterait en la création d'une source de financement collectif par les entreprises ou par l'État. Tout se complique avec la mondialisation. La « fuite des cerveaux » illustre la

---

1. Bruce Russett et John Sullivan, *Collective Goods and Interna-tional Organization*, 1971.
Todd Sandler, *Global Challenges : an Approach to Environmental, Political and Economic Problems*, 1997.
2. *Global Public Goods : International Cooperation in the 21st Century*, edited by Inge Kaul, Isabelle Grunberg and Marc Stern, 1999, Oxford University Press.

frustration des pays en développement qui supportent des coûts de formation qui profiteront en dernière analyse aux pays d'émigration.

La nécessaire péréquation entre nations, générations, groupes sociaux, ne peut se faire que si tout le monde prend conscience de l'intérêt supérieur du bien commun. Mais les plus avantagés n'ont pas forcément avantage à favoriser une meilleure égalité de chances. Quant aux moins favorisés, ils ne sont pas toujours en position de faire entendre leur voix, en particulier au niveau international. Comme l'échelon de gouvernement principal est national, comment faire émerger des mécanismes internationaux de subvention du bien commun mondial ?

Alors que les gouvernements actuels tendent à favoriser l'intérêt des classes politiquement actives, comment prendre en compte l'intérêt intergénérationnel ?

Comment établir une liste des priorités en matière de bien commun mondial ?

L'élimination de la pauvreté contribue certainement à des biens communs comme la justice sociale, la paix, la stabilité, l'efficacité du marché, l'usage adéquat des ressources humaines, la santé mondiale. Lesquels sont les plus prioritaires ?

La protection du patrimoine culturel pose des problèmes semblables à ceux posés par les menaces sur l'environnement.

La création et le traitement des informations, l'accès au savoir constituent des biens communs. Mais cet accès est injustement réparti.

Plus généralement encore, l'information sur les situations respectives des États membres de la communauté internationale constitue un bien commun particulièrement précieux. Elle permet à toutes les parties de se faire une idée plus exacte de la situation réelle, non biaisée par les points de vue locaux et les priorités du moment. Elle permet – si elle est suffisamment pénétrante – de justifier des actions de coopération internationale non par « altruisme » ou « idéalisme », mais par intérêt bien compris. Si l'on arrive à identifier les problèmes, et à quantifier les coûts globaux et régionaux de l'inaction ou du dépérissement du bien commun, alors il y a de meilleures chances de susciter l'action politique. La notion d'aide internationale change alors de signification : les pays donateurs ne « donnent » plus aux pays en développement, ils contribuent indirectement à leur intérêt propre en aidant directement les pays en difficulté. Ce raisonnement ne doit pas rester littéraire. Il faut pour en montrer la force, l'appuyer sur des modèles et des analyses chiffrées, capables d'inclure le coût social global énorme de la prolifération des « maux communs ».

Le bien commun, s'il n'est pas promu et défendu, ne peut que dépérir. Ce faisant, ce sont des « maux communs » *(global bads)* qui apparaissent alors. Ces maux communs circulent à la vitesse de la mondialisation. Ils augmentent les risques de dysfonctionnement systémique global. Ils renforcent les acteurs transnationaux non gouvernementaux (secteur privé) qui peuvent tirer un avantage spécifique des différences radicales existant entre les pays. Le dépecage de l'équité mondiale favorise évidemment les plus rapides à exploiter les failles sociales, économiques et juridiques des systèmes nationaux.

Si les gouvernements ne se préoccupent pas de renforcer le bien commun mondial, c'est le mal commun mondial qui va s'étendre. La santé des hommes, l'environnement, la paix mondiale ne pourront que souffrir de cet abandon. La société civile mondiale est peut-être le contrepoids nécessaire aux États, parce que composée d'individus qui sont les réels « sujets » du droit international, et les véritables pierres sur lesquelles construire la communauté mondiale.

Il faut déterminer les États à « internaliser » l'externalité que constitue trop souvent le bien commun. On rappelle que les externalités peuvent être positives ou négatives. Les gains externes (externalités positives) sont les gains obtenus sans contrepartie correspondant à l'avantage acquis. Par exemple, la paix internationale, en tant qu'elle est objectivement financée par d'autres pays. Les pertes (externalités négatives) sont les pertes subies par la collectivité sans indemnisation de la part de ceux qui les provoquent. Par exemple, de graves pollutions franchissant les frontières (Tchernobyl, le réchauffement de l'atmosphère). Le marché est en général bien incapable de reconnaître et de valoriser ces externalités. Les États ne sont pas mieux lotis dans le système actuel. Seule une autorité de régulation mondiale pourrait identifier les externalités des différents États, et intervenir pour encourager les externalités positives et réduire les externalités négatives.

Il faut légitimer politiquement et comptabiliser à sa réelle valeur la participation nationale en faveur du bien commun mondial. Il faut aussi s'appuyer sur une éthique du bien commun qui puisse éviter les distorsions de bénéfice.

Reste aussi en suspens la question fondamentale de la représentation.

Qui représente l'intérêt général dans les assemblées internationales ?

Les États, par construction, ne représentent que leur intérêt « souverain ». Qui incarne l'intérêt supérieur mondial ?

Pour assurer une meilleure conscience de ces problèmes, il est clair qu'il faudrait les rendre publics. Les démocraties, pour imparfaites qu'elles soient, sont aussi le lieu de l'émergence de la conscience politique.

Les notions de « bien commun » et de « biens publics » doivent faire l'objet d'une publicité mondiale. Alors on peut espérer que la conscience des peuples juge de leur pertinence, et mesure progressivement leur immense valeur, politique, conceptuelle mais aussi économique, sociale, culturelle.

C'est cette conscience des peuples qui peut se renforcer progressivement grâce à la notion de droit « mondial ».

L'idée d'un droit mondial n'est pas complètement nouvelle. Kant dans son *Projet de paix perpétuelle* envisageait déjà l'idée d'une société civile universelle et d'un « droit cosmopolitique » : « La communauté (plus ou moins soudée), s'étant de manière générale répandue parmi les peuples de la terre, est arrivée à un point tel que l'atteinte au droit en un seul lieu de la terre est ressentie en tous. Aussi bien, l'idée d'un droit cosmopolitique n'est pas un mode de représentation fantaisiste et extravagant du droit, mais c'est un complément nécessaire du code non écrit, aussi bien du droit civique que du droit public des hommes en général, et ainsi de la paix perpétuelle dont on ne peut se flatter de se rapprocher qu'à cette seule condition[1]. »

Kant repousse cependant l'idée d'un « État mondial » qui menacerait l'humanité d'un despotisme universel, sans recours.

Le droit mondial doit être conçu dans l'optique de remplacer la vision abstraite du droit « international », qui justifie froidement la suprématie de la force et des puissances du moment. Le « droit mondial » doit être fondé sur une prise de conscience des contradictions bien réelles et des rapports de force (qui ne sont pas, par définition, des rapports de justice) qui forment la matière des relations internationales. Il faut démythifier le droit international, en dénoncer les abus, en favoriser la restructuration pour améliorer la « démocratisation » planétaire – et ce faisant faire acte non pas d'idéalisme, mais bien d'un réalisme de haute envergure.

Pour les uns, le droit international est vu comme le régulateur nécessaire de la coexistence de souverainetés « absolues ». Ces souverainetés sont certes bordées par l'existence des autres souverainetés. Des règles minimales de coexistence apparaissent (règles de « morale internationale », de « courtoisie internationale », existence d'« usages ») et sont le fondement du droit international. Le droit international est alors vu comme un droit de « coordination », de « coexistence », un droit dit « relationnel ». La

---

1. Cité par Myriam Revault d'Allonnes, *Le Dépérissement de la politique*, Paris, 1999.

société internationale est considérée comme une société de nature où jouent principalement des rapports de force et de violence économique, politique. Le droit international ne serait que le reflet implicite de ces rapports de force.

Pour d'autres, le concept de souveraineté compromet le perfectionnement du droit et empêche la constitution d'un réel ordre juridique international. Ce dont nous avons besoin, c'est d'un « droit mondial », du droit d'une communauté mondiale intégrée, d'un État fédéral universel qui reste bien entendu à construire. Ce droit mondial ne peut exister sans organes supérieurs aux États. Il faut des institutions qui puissent jouer les législateur, juge, gendarme s'imposant aux États.

Pouvons-nous en rester là, à observer les débats savants des juristes ? Ne sentons-nous pas une impatience, une urgence, une impérieuse nécessité à aller plus loin, plus vite ?

L'existence même des Nations unies ne doit-elle pas s'interpréter comme le signe patent (certes trop souvent bafoué) d'une prise de conscience de la nécessité d'un droit supranational ?

Dans le Préambule de la Charte, les « peuples des Nations unies » affirment s'appuyer sur le « respect des obligations nées des traités et autres sources du droit international ». La règle selon laquelle le droit international s'impose au droit national est considérée depuis longtemps comme une règle coutumière – dont la valeur constitutionnelle est universellement acceptée.

La Cour pénale internationale, le droit d'ingérence humanitaire (condamnation des génocides, de l'esclavage, de la piraterie), le *jus cogens*[1] sont autant d'embryons du droit mondial. Il reste à les faire croître et prospérer.

---

1. Cf. la Convention de Vienne sur le Droit des traités du 23 mai 1969, entrée en vigueur le 27 janvier 1980 :

« Article 53. – Traités en conflit avec une norme impérative du droit international général *(jus cogens)*

Est nul tout traité qui, au moment de sa conclusion, est en conflit

Nous ne pouvons plus accepter de nationalisme juridique, de reconnaître l'idée même de différences irréductibles entre le droit international et le droit interne des nations. Parce que le monde est potentiellement unifiable, le droit mondial doit être unifié. Parce qu'il y a identité des sujets (les individus) et des sources du droit (un fondement « objectif », « naturel »), le droit international doit se penser comme un droit visant à l'intérêt général mondial.

Le principe de la primauté du droit mondial doit être affirmé.

Et c'est l'individu, sujet mondial par excellence, au sein de la collectivité mondiale, qui doit en assurer la défense et la promotion.

Quel est en effet le véritable fondement du droit ?

Le fondement du droit est hors du droit : dans la philosophie ou l'éthique, seules capables de fonder le « droit naturel » qui est le droit commun de l'humanité.

Le droit naturel est l'application de la *justice* dans les relations internationales. Ce principe de justice (auquel on doit ajouter aussi le principe de bonne foi, et les principes humanitaires) est le seul capable d'assurer la paix, bien commun mondial par excellence.

La réalité diverse et hétérogène des nations et des États, fait fondamental du monde actuel, ne doit pas nous écarter de cette intuition fondatrice.

Tout d'abord l'humanité, par-delà les différences spécifiques, est fondamentalement « une ». De plus, la « mondialisation » réduit de plus en plus l'apparente diversité des États, la rabote.

---

avec une norme impérative du droit international général. Aux fins de la présente Convention, une norme impérative du droit international général est une norme acceptée et reconnue par la communauté internationale des États dans son ensemble en tant que norme à laquelle aucune dérogation n'est permise et qui ne peut être modifiée que par une nouvelle norme du droit international général ayant le même caractère. » Cf. également l'article 103 de la Charte des Nations unies.

La mondialisation du juridique est simplement en retard sur la mondialisation technique et économique. Le droit s'est dissocié de son contexte économique et social, dont il devrait être le reflet. Mais le droit s'est mis en « retard »…

La volonté créatrice de droit est forcément autonome. Elle exprime une volonté supérieure. Les souverainetés nationales doivent s'incliner devant ce droit naturel, universel, et par conséquent international.

L'État (conformément à son intérêt de fait) doit désormais s'autolimiter pour se mettre au service de l'intérêt général mondial.

Les États doivent être tenus au respect du bien commun mondial.

Le droit international ne doit pas exister pour les États, mais pour les personnes, et pour l'intérêt de la communauté mondiale.

Les normes qui « sont » l'État doivent se mettre au service d'une fin : l'intérêt de la personne humaine. Cette personne par son universalité ne doit pas être identifiée à une nation particulière. S'il y a un bien commun mondial, alors ce bien commun est forcément le même pour tous les habitants du monde, même si certains en tirent actuellement plus d'avantages. Le « bien commun » des Kazakhs ou des Ouzbeks ne peut pas être fondamentalement différent de celui des Français ou des Japonais.

Ce bien commun mondial doit reposer sur une éthique du « monde commun ».

Ce sont les prinicpes de cette éthique de la *res publica* mondiale qu'il faut s'attacher à énoncer.

Chapitre XVI

LA *RES PUBLICA* MONDIALE

La vie des saints est une vie en compagnie d'autres hommes.
SAINT AUGUSTIN

Deux amours ont bâti deux cités. L'amour de soi jusqu'au mépris de Dieu, la cité terrestre. L'amour de Dieu, jusqu'au mépris de soi, la cité céleste. L'une se glorifie elle-même, l'autre dans le Seigneur.
SAINT AUGUSTIN
La Cité de Dieu, XIV, 28

Il n'y a rien de plus épineux ni de plus litigieux que le concept de « chose publique mondiale », de *res publica* mondiale. Tout d'abord parce qu'il n'y a pas (encore) de public mondial. Il n'y a pas de sujet politique capable de concevoir, de formuler et de faire accepter le souverain bien à l'échelle mondiale, ni de garantir sa mise en œuvre concrète. Il n'y a pas non plus d'opinion publique mondiale capable de faire entendre politiquement sa voix, et de défendre sa cause. Car la *res publica* n'est pas une *chose*, mais une *cause*, comme on dit la *cause* d'un procès.

« La célèbre *res* des Romains signifie non pas "une chose substantielle" mais précisément "ce qui est en question". *Res publica* ne signifie l'État que dans les versions latines. La *res publica*, c'est ce qui dans un peuple concerne tout un chacun et est donc discuté publiquement (...) Ainsi

contre toute attente, *res* a une signification primordiale-
ment juridique, au sens de ce qui concerne l'homme,
l'affaire, le litige, le cas[1]. »

Mais qu'est-ce qui, aujourd'hui, est discuté publiquement par l'ensemble des citoyens de la planète ?

La plupart des sujets d'intérêt général mondial sont
confisqués par des cénacles de spécialistes, ou par des
assemblées « intergouvernementales » qui voient se confronter des souverainetés nationales imbues de leur indépendance. Le citoyen du monde n'est pas représenté en tant que
tel dans une assemblée élue démocratiquement sur une
base planétaire. Les Nations unies ne sont pas un forum
démocratique mondial, mais un club d'États souverains, où
dominent des rapports de force intergouvernementaux. Il
manque aux citoyens du monde un monde démocratique
commun.

Il manque un lieu commun aux humains.

« Ce qui rend la société de masse si difficile à supporter,
ce n'est pas le nombre de gens, c'est que le monde qui est
entre eux n'a plus le pouvoir de les rassembler, de les relier,
ni de les séparer[2]. »

Nous avons besoin d'être reliés aux autres et séparés
d'eux par l'intermédiaire d'un « monde commun ». Le
monde commun, que l'on pourrait aussi appeler le
« domaine public », est plus permanent que notre vie. Sans
cette persistance, nous risquons la frivolité d'une vie vaine
et vide, labile. Le monde commun doit pouvoir nous offrir
un espace ouvert, public, plus durable et moins éphémère
que la vie des hommes mortels. Il doit assurer la continuité,
la transmission, la succession des générations.

Le monde commun garantit la réalité de l'existence aux
hommes qui passent. Comment en effet maintenir le lien
social si les membres de la collectivité ne se sentent plus liés

---

1. *Archives de la philosophie du droit*, Sirey, 1979, t. 24 : *Les Biens et
les choses*, « La chose (le bien) et la métaphysique », p. 44, cité *in*
F. Dagognet, *Philosophie de la propriété*, 1992.
2. Hannah Arendt, *La Condition de l'homme moderne*.

par quelque chose qui les dépasse dans le temps et dans l'espace ?

Aujourd'hui le seul monde commun dont nous disposons s'est réduit à un matérialisme affiché. L'argent et les objets acquièrent une pérennité, une durabilité supérieures à celles des hommes. D'où un découplage critique, un décalage intrigant, entre la vie des hommes, futile et fugace, et la pérennité assurée, tranquille, des richesses qu'ils produisent. Les objets, les machines, les fortunes semblent pouvoir s'amasser sans fin et sans limite, de manière de plus en plus indépendante du destin des hommes. Les intérêts privés, par nature temporaires et limités à la durée naturelle de la vie, peuvent s'investir dans la propriété individuelle qui transcende la durée de la vie, et peuvent s'accumuler automatiquement, au-delà de tous les besoins personnels imaginables.

Cette croissance de la propriété peut être aujourd'hui de plus en plus infinie parce que de plus en plus abstraite.

C'est pourquoi on assiste à une véritable inversion du rapport entre les fins et les moyens, l'utilité et le sens. La question de la fin, la fin de la vie humaine, de son but, de son essence, de son sens, paraît déplacée, naïve, aux yeux des esprits forts, qui pullulent. Le monde des fins humaines semble évanescent, fragile, soumis au doute corrosif. Le monde des moyens paraît en revanche immédiat, tangible, palpable, désirable en tant que tel. Notre vie se rapetisse et se dégrade en recherche de jouissances sensibles, de bénéfices à court terme, de maximisation de signes extérieurs et de valeurs d'échange, sans finalité autre que leur accumulation sans fin. Nous avons été instrumentalisés par nos propres rêves moyens. L'homme est devenu un animal économique, individualiste, un consommateur asservi à la logique abstraite de la production et de l'accumulation.

Les forces centripètes de l'individualisme se tendent, se durcissent. Elles s'exacerbent et tirent parti de la reconnaissance « universelle » (mais surtout en Occident), reconnaissance par ailleurs nécessaire, de la personne. Cette valeur infinie de la personne humaine est due, on le sait, principalement à l'influence sous-jacente du christianisme dans notre civilisation. L'homme est créé à l'image de Dieu. Dieu lui-même s'est fait homme, par amour pour l'humanité. Dès lors, le plus petit, le plus malheureux d'entre nous, porte sur son visage une trace mystérieuse de cette haute origine.

La société moderne de masse tend à supprimer toute réelle différence entre ce qui est privé et ce qui est public. Nos mondes « privés » deviennent de plus en plus « publics », au sens où ils se banalisent et se laissent saisir par les normes dominantes. Et notre monde commun est en voie de privatisation. Le monde commun national est menacé. Quant au monde commun « mondial », il reste à le reconnaître, à le défendre et à l'administrer dans le sens de l'intérêt général universel. La disparition de ce monde commun est le signe le plus sûr de la crise actuelle, réalisant d'une manière hier encore inattendue la prédiction de Marx et d'Engels sur le « dépérissement » de l'État et du domaine public[1].

Les causes en sont certainement nombreuses. Mais il faut reconnaître plus particulièrement l'influence de la mondialisation accélérée, l'essor sans frein du libéralisme et de la prééminence mal contestée d'une certaine philosophie politique anglo-saxonne, de Thomas Hobbes à Jeremy Bentham, de John Stuart Mill et Adam Smith à Friedrich Hayek et Richard Nozick.

Hobbes estimait que les livres des Grecs et des Romains de l'Antiquité étaient aussi nuisibles que l'enseignement chrétien d'un *Summum Bonum*. Dans le chapitre 11 de son *Léviathan*, il écrit que « n'existent en réalité ni ce *finis ultimus* (ou fin dernière) ni ce *summum bonum* (ou bien suprême) dont il est question dans les ouvrages des anciens moralistes ». Pour lui, l'homme est « désir perpétuel et sans trêve d'acquérir pouvoir après pou-

---

1. « L'État n'est pas aboli, il dépérit », in *Socialisme utopique et socialisme scientifique*.

voir, désir qui ne cesse qu'à la mort ». L'intérêt de l'individu pour lui-même est la mesure de toute chose, et cela explique pourquoi « l'intérêt privé est le même que l'intérêt public ». Il n'y a d'ailleurs pas d'intérêt public en tant que tel. Il prône l'exclusion *a priori* de l'idée d'humanité, comme le fait Goethe. Tous les devoirs de l'homme doivent être soumis à un droit qui les dépasse et les subsume tous : le droit fondamental de l'individu à la vie.

Désormais, chacun cherche à maximiser son bonheur propre, car il n'y en a pas d'autre.

De ce fait, le privé est promu au rang d'affaire publique, par le biais de la propriété, « droit fondamental ».

Désormais, véritable contradiction, les hommes n'ont plus en commun que leurs intérêts privés. Le public est devenu une fonction du privé, il a été mis à son service, et la recherche de l'intérêt privé est devenue la seule et unique préoccupation commune. Aucune autre fin commune que la recherche de l'intérêt égoïste ne vient magnifier l'humanité.

Cette évolution sape la permanence du monde, limite sa diversité, affaiblit son sens général, détruit jusqu'à l'idée même de « communauté des humains ».

Tout ce qui est en dehors de l'individu lui paraît étranger ou désincarné, et donc menaçant ou abstrait. L'État est un monstre froid, mené par une bureaucratie aveugle et parasite. La dépolitisation semble le seul remède pour lutter contre une politique aussi abstraite, lointaine, incontrôlable, inintelligible.

L'individu contemporain est enfin confronté à une contradiction supplémentaire, plus fondamentale encore, de nature ontologique, entre l'amour de soi, naturellement égoïste, séparateur, excluant l'altérité, et la demande permanente de reconnaissance de la part des autres. L'individu autocentré ne peut se satisfaire de sa propre personne, il lui faut aussi le regard des autres. Il a besoin d'être reconnu, envié ou haï, aimé ou détesté, peu importe au fond, pourvu qu'il soit « vu », singularisé comme être propre, par le regard de l'autre.

L'espace public par excellence est la paix sociale. Le marché est aussi un lieu public, mais il ne fonctionne pas de manière équivalente pour tous (c'est ce que traduit la notion de « guerre économique »). D'un certain point de vue, en tant que « lieu public », le marché est une enclave dans le domaine public général, mais cette enclave n'est pas politique. Comme avatar du néo-nominalisme que nous commentions plus haut, la pensée libérale est fondamentalement antipolitique. Elle est surtout centrée sur ses fonctions de base : faire circuler des produits, accumuler des profits.

D'un autre point de vue, plus radical encore, c'est la société tout entière qui s'est en réalité inféodée au marché. Karl Polanyi[1] le souligne : « La société est gérée en tant qu'auxiliaire du marché. Au lieu que l'économie soit encastrée dans les relations sociales, ce sont les relations sociales qui sont encastrées dans le système économique. » L'économie a subordonné aux lois du marché la substance de la société elle-même : « Une économie de marché ne peut exister que dans une société de marché. » L'économie de marché, « cette fabrique du diable » comme l'a surnommée Polanyi, a tout transformé en marchandises, y compris la terre, le travail et la monnaie, devenus des rouages impitoyables et artificiels du grand principe organisateur de la société.

Mais, « de même que l'invention de machines qui économisent le travail, à rebours de ce qu'on attendait d'elles, n'a pas fait diminuer mais, en fait, augmenter les utilisations du travail de l'homme, l'introduction de marchés libres, loin de supprimer le besoin de commande, de régulation et d'intervention, a énormément augmenté la portée de celles-ci[2] ».

---

1. In *La Grande Transformation*, 1983.
2. *Ibid.*

Il est un temps pour tout, un temps pour le privé et un temps pour le public. Certaines choses ont besoin d'être cachées, d'être tenues secrètes, pour pouvoir simplement exister. Les commencements, par exemple. L'enfance des choses ou de l'art ou de l'amour. D'autres choses ne peuvent exister sans le public, sans la confrontation avec la multitude des regards et des exigences.

Mais aujourd'hui l'espace privé s'est développé au-delà de toute attente.

Nous avons appris des désastreuses expériences totalitaires du communisme qu'il ne peut y avoir de domaine public sans espace privé. Mais nous avons aussi appris de la mondialisation à marche forcée que, plus que jamais, nous avons besoin d'un espace commun, d'un domaine public qui vaille pour tous, pour l'humanité entière. Car le domaine public est le lieu par excellence de l'égalité et de la liberté, c'est le lieu de l'action et de la parole entre pairs. C'est cette forme d'égalité et de dignité qui est particulièrement nécessaire aux plus désavantagés. C'est par l'accès à un véritable espace public mondial que les désavantagés pourront acquérir l'assurance de leur propre valeur, de leur fondamentale dignité.

Faute de cet espace public, dont la principale caractéristique est qu'il appartient aussi, et en priorité, aux plus défavorisés d'entre nous, les masses les plus pauvres feront l'expérience de leur inutilité, de leur superfluité politique – ce qui ne peut que mener à l'explosion finale.

L'espace public mondial devient désormais l'une des composantes essentielles de l'idée d'humanité. Il est la condition fondamentale de la dignité effective (et pas seulement en mots) des plus défavorisés.

Marx critiquait les droits de l'homme comme une « fiction juridique », une « abstraction destinée à masquer la domination de la classe bourgeoise ». Les droits de l'homme « ne sont rien d'autre que les droits de l'homme égoïste, de l'homme séparé de l'homme et de la communauté[1] ».

---

1. Karl Marx, *La Question juive*.

On connaît les terribles conséquences de la pensée marxiste en la matière. Des millions d'hommes auraient « égoïstement » aimé survivre. Mais ils furent avalés par une autre « abstraction » que l'abstraction « bourgeoise », abstraction moins « fictive » assurément, et en tout cas atrocement meurtrière.

Les « droits humains » sont à l'évidence une conquête irremplaçable, une avancée civilisationnelle indiscutable (bien que des voix dangereuses continuent de la discuter, malgré les goulags de tous genres).

Mais ils ne sont plus suffisants.

Il faut leur adjoindre un espace concret, un « chez-soi » qui appartienne aux pauvres du monde, et qui puisse leur revenir comme une propriété de famille, comme un monde de richesses communes. De ce monde commun, il est possible de tirer une rente, fort riche, de la part de tous ceux qui en font, aujourd'hui encore, un usage immodéré. Il est possible aussi de reverser aux pauvres du monde une rente indexée sur les redevances que l'on pourra tirer de la part de tous ceux qui font passer les coûts de leur surexploitation en « externalités négatives ».

La politique, demain, devra reconnaître aux spoliés du monde leur droit fondamental de propriété sur le « domaine public mondial ».

Cette planète bleue leur appartient. Et il faut que les usagers de ces richesses paient leur écot, pas l'aumône – non –, mais le loyer, la rente.

Le domaine public repose sur la présence simultanée et la diversité de perspectives (politiques, intellectuelles) innombrables. Car la vérité est toujours relative. Elle est par nature universelle, donc foncièrement publique. Elle suppose des témoins, elle a besoin du jugement de tous.

Les hommes sont des êtres politiques parce qu'ils sont des êtres pluriels. Il faut penser seul, mais se confronter au jugement de la communauté, dans l'intérêt de la pensée même. La logique, pour être saine, exige la présence à soi-même.

Le jugement, pour être valide, réclame la présence d'autrui. Juger suppose un mode de pensée élargi auquel on parvient en comparant son jugement au jugement des autres. Les jugements des autres sont des jugements possibles, des jugements virtuels, et à ce titre heuristiques, ouverts, potentiellement innovants, alternatifs. Surtout, ils nous offrent la possibilité de nous mettre à la place de *tout autre*.

Une vie privée est une vie « privée » de choses essentielles. Elle est privée de la réalité qui provient de la confrontation à autrui, elle est privée d'une relation objective avec les autres (une relation autre que les interactions permises par le marché). C'est une relation spécifique en ce sens que le « monde commun » est à la fois ce qui nous relie aux autres (une forme de *res communis*) et ce qui nous en sépare (du fait de la diversité des points de vue sur l'usage de cette *res communis*).

La solitude croissante de certains de nos contemporains vient de la disparition progressive de l'espace public.

Elle s'accompagne corrélativement d'une incapacité à penser l'autre.

La maxime des Lumières (penser par soi-même) qui postule la possibilité et nécessite la mise en œuvre d'une « pensée conséquente » (être en accord avec soi-même) ne suffit plus. Il faut être aussi capable de « penser à la place de quelqu'un d'autre ».

C'est la mentalité élargie : il faut pouvoir penser en se mettant à la place des autres. C'est une démarche proprement politique, visant essentiellement à la « représentation » de tous les points de vue, pour délibération et jugement adéquat. Il faut se former une opinion « politique » en se rendant présentes à l'esprit les positions de ceux qui sont absents.

Le domaine public est le lieu par excellence de l'excellence humaine. Toute activité exécutée en public peut atteindre à une excellence que l'on ne saurait égaler dans le privé ; car l'excellence par définition exige toujours la présence d'autrui. Donc le domaine public n'est pas la mort de la compétition, de la concurrence : au contraire, c'est le lieu de l'émulation, de la compétition pour obtenir l'admiration publique – forme particulière de rémunération échappant jadis au marché, aujourd'hui absorbée par lui.

La *res publica* est beaucoup plus qu'un pactole commun qu'il s'agirait de se partager et de gérer équitable-ment. C'est en fait l'expression tangible, politique, d'une vraie philosophie de la vie, transcendant les égoïsmes indi-viduels ou collectifs, capable de nous arracher aux ténèbres de la vie cachée et de nous projeter dans la lumière crue du domaine public. Le regard constant d'autrui sur le domaine public garantit ce qui s'y passe. Cette présence d'autrui garantit la réalité du monde, et pas seulement la réalité du domaine public.

Le domaine public offre un espace réel où l'on peut paraître, un domaine ouvert à l'action de chacun et de tous. Dans toute action publique, il y a le désir de se révéler à soi-même et de révéler aux autres sa propre image, de mettre au jour une énergie latente, de faire surgir publiquement l'être réel de son ombre privée. La parole et l'action publiques révèlent la personne aux yeux de tous, la « distinguent » parmi la foule de ses semblables au lieu de la confondre en elle. Cette révélation présente un risque. Mais ce risque est la condition d'un plus grand accomplisse-ment : la révéla-tion de la personne à elle-même et aux autres. La personne fait voir qui elle est, sans pouvoir contrôler cette image livrée aux autres.

Sophocle dans *Œdipe à Colone* :

« Ce qui permet à l'homme ordinaire, jeune ou vieux, de supporter le poids de la vie, c'est la *polis*, l'espace des exploits libres de l'Homme et de ses paroles vivantes qui donne sa splendeur à la vie. »

Chapitre XVII

DU DROIT ET DE LA JUSTICE

> *Observez le droit, pratiquez la justice.*
> Isaïe 56,1

> *Toute vertu se trouve au sein de la justice.*
> Theognis, *Élégies*, v. 147 [1]

En latin, *jus*, le droit, et *justitia*, la justice, partagent à l'évidence la même racine. Mais l'étymologie ne suffit pas : dans les faits, le droit et la justice n'appartiennent pas au même ordre de réalité. Le droit est abstrait. La justice est concrète. Le droit prise la forme. La justice juge du fond. Le droit est un moyen. La justice est une fin. Le prophète Isaïe, d'une phrase, nous le confirme.

Il faut « observer » le droit comme on « observe » la Torah.

Mais il faut « pratiquer » la justice, parce qu'elle relève de l'agir, du jugement des hommes dans des situations concrètes, où ils doivent s'affronter à autrui.

La justice n'est pas une vertu en soi, mais une vertu *par rapport à autrui.* « La justice n'est autre chose que la charité du sage, c'est-à-dire une bonté pour les autres qui soit conforme à la sagesse. Et la sagesse dans mon sens n'est autre que la science de la félicité », dit Leibniz [2]. La

---

1. Cité par Aristote, in *Éthique à Nicomaque*, livre V, 1, 15.
2. In *Méditation sur la notion commune de justice* (1702).

justice est une réalité concrète, dont l'objet est de produire le juste partage des biens dans la société des hommes. Pour Aristote, l'homme juste est celui qui ne « prend pas plus que sa part ». La justice est l'exercice d'une vertu complète et achevée, « parce que celui qui la possède peut appliquer sa vertu relativement aux autres, et non pas seulement pour lui-même. Bien des gens peuvent être vertueux pour ce qui les regarde individuellement, qui sont incapables de vertu en ce qui concerne les autres. (…) La justice semble être comme un bien étranger, comme un bien pour les autres et non pour soi, parce qu'elle ne s'exerce qu'à l'égard d'autrui ; car elle ne fait que ce qui est utile à d'autres [1] ».

Le « juste » est une réalité, mais ce n'est pas une « substance » : le « juste » est une relation, un rapport, une proportion, la mieux ordonnée possible entre des personnes différentes. Conséquence : plus la justice est équitable, plus elle aboutit à une inégalité *de facto* entre les « droits » des uns et des autres, puisque le juste exige de proportionner la distribution des droits selon les qualités des personnes, et selon un ordre « politique ».

Autre conséquence : en tant que relation, la justice peut être soumise au feu de la critique nominaliste. « Qu'est-ce que la justice ? » demandera le nominaliste, comme il y a deux mille ans Pilate interrogeait : « Qu'est-ce que la vérité ? »

On a vu que le nominalisme conduit inexorablement à invalider l'idée même d'une « justice universelle ». Puisque, selon les nominalistes, l'Humanité n'est qu'une « abstraction », et que la justice n'est qu'une « inepte incantation », comment définir « la justice sociale mondiale » ? Et pourtant le *Zeitgeist*, l'esprit du temps, a fait émerger cette idée, cette utopie. Nous n'aurons de cesse, désormais, de lui donner un sens concret, incarné, politique, et puis juridique. Il y a là encore, on le voit, une distance fondamentale entre le droit de notre époque et la vie réelle. La mondialisation attend son

---

1. Aristote, *Éthique à Nicomaque*, livre V, 1, 15-17.

droit et sa justice. Tâches redoutablement difficiles, presque entièrement à concevoir et à réaliser. Il faut tout reprendre à la base.

Que doit être le droit aujourd'hui ? La conception juridique que nous nous faisons de ce qui mérite d'être objet de droit ne remplit plus sa tâche. D'énormes pans de la réalité restent aujourd'hui en dehors du filet conceptuel que propose le droit.

Renonçant à saisir la complexité réelle des rapports « entre » les hommes, la pensée des nominalistes et de leurs avatars modernes travaille de préférence sur les substances simples, sur les personnes et les choses, en délaissant les relations objectives qu'elles constituent pourtant bien « réellement ».

L'ère moderne – à fortes tendances néo-nominalistes – a certes mis l'accent sur le droit. Mais ce fut peut-être aux dépens de la justice. « Notre droit se moque et s'éloigne de la justice. Sa fonction fut de légitimer, sous le capitalisme libéral, d'excessives inégalités, qui se perpétuent en de nombreuses régions du globe[1]. »

Ce mouvement moderne ne laisse pas de surprendre. En d'autres temps, l'idée de justice était supérieure au droit. « L'idée du droit est un simple aspect de l'idée de justice », écrit John Stuart Mill. Jeremy Bentham critique aussi un droit qui peut n'être que « factice, illégitime ». Il distingue un droit légitime et un droit illégitime : « Le corps entier du droit est divisé en deux branches :

– le droit réel, les lois existant réellement, faites par le législateur (*statute law*) ;

– le droit irréel, imaginaire, factice, illégitime, droit fait par le juge (*common law*, loi non écrite). »

Bentham estimait en effet que le droit coutumier constituait un obstacle sérieux à une réforme qu'il considérait comme politiquement juste. C'était du libéralisme avant la lettre : il voulait éliminer les terrains communaux (ce qui fut

---

1. Michel Villey, *Le Droit et les droits de l'homme*, Paris, 1983.

fait lors des réformes des années 1830 et 1840), il voulait promouvoir la liberté de faire commerce avec les propriétés terriennes, et étendre la liberté de contrat à la terre. Pour ce faire, il fallait se débarrasser du droit coutumier s'exerçant sur la terre, parce qu'il était un frein au changement, c'était un droit conservateur du passé en face d'une législation qui se voulait modernisatrice. En considérant le droit coutumier comme « illégitime », Bentham voulait faire place nette pour imposer sa propre conception de la légitimité.

Le problème, c'est que nous disposons du recul de l'histoire.

En 1870, la législation changea à nouveau son cours en Angleterre, et l'on considéra alors « juste » de réintroduire les dispositions du droit coutumier pour protéger les habitations et les classes rurales contre les effets de la liberté du contrat, dont les conséquences sociales avaient provoqué de terribles souffrances.

Le « juste » avait changé de camp. Le droit coutumier et le droit des contrats avaient donc en quelques années bénéficié tour à tour de la reconnaissance politique de leur légitimité, puis subi l'ostracisme.

Quelle leçon tirer de ces faits ? Et comment appliquer cette leçon à notre situation actuelle ? Y a-t-il un moyen d'échapper à cette lutte de conquête de la notion même de légitimité ?

Parmi les contemporains ayant réfléchi à ce problème, la figure de Hayek se détache avec netteté. Hayek prétend connaître la réponse à ces questions. Pour lui, c'est simple, il faut en revenir au droit naturel. Car « le positivisme juridique est simplement l'idéologie du socialisme ». Pour lui, l'évolution moderne du droit a été largement orientée par une vision biaisée, erronée de l'économie.

Hayek voudrait en revenir aux intuitions des origines. Au commencement, bien avant les législations et la confection délibérée de lois, les individus respectaient des règles de conduite, implicites, latentes, non nécessairement exprimées en mots.

Ces règles avaient pour objet de réduire la violence, notamment sur les délimitations des domaines territoriaux.

Ces règles, ni orales ni écrites, mais tacites, « évidentes », incarnées par les groupes sociaux, étaient déjà des sortes d'« abstractions », sans être des produits du langage. Elles formaient un complexe total régulant l'action des hommes en tant qu'êtres sociaux.

La suprématie du droit sur la coutume, du droit écrit sur le droit oral, ne vint que plus tard, et dut s'imposer contre la tradition, et même contre la volonté du peuple « souverain ».

Le droit oral, le droit coutumier était en effet conçu comme une barrière contre tout pouvoir, y compris celui du tyran du moment. La tradition représentait, incarnait la sagesse du peuple, comme une sorte de contre-pouvoir aux tyrannies, faible mais néanmoins présent.

Il est intéressant d'observer aujourd'hui l'existence de certains vestiges de cette antique lutte entre l'écrit et l'oral, entre la loi et la coutume. Deux grandes traditions juridiques incarnent encore cette sorte de césure : la tradition du droit civil et celle de la *common law*. À quoi correspond cette profonde opposition ? Quelle en est la nature ? Et de laquelle de ces deux traditions faudrait-il plus particulièrement s'inspirer pour faire émerger un droit mondial et une justice mondiale ?

Mais avant de commencer à répondre, il faudrait déjà croire à la force des grandes idées. Ce qui ne va pas de soi. Hayek, par exemple, ne croit pas en une justice indépendante de l'intérêt personnel, car le juriste est « moins un initiateur conscient qu'un instrument inconscient », il est au service de « principes qui souvent ne sont pas même explicitement connus mais simplement implicites dans les diverses mesures que l'on prend ».

Il accuse le droit de n'être qu'au service des *lobbies*, des groupes de pression. « Le développement du droit s'est trouvé aux mains des membres d'une classe particulière dont les idées traditionnelles leur font considérer comme juste quelque chose qui ne répond pas aux exigences plus générales de la justice. Il ne peut faire de doute que dans des domaines tels que les relations juridiques de maître à serviteur, de propriétaire à locataire, de créancier à débiteur, et à l'époque moderne entre les activités organisées et leurs clients, les règles aient été largement modelées suivant l'optique de l'une des parties et ses intérêts propres[1]. »

Il faut en finir avec ce droit gauchi, biaisé. Il faut un droit qui corresponde à l'intérêt général. Mais comme il est impossible de définir l'intérêt général, selon Hayek, c'est seulement dans « l'abstraction » du cadre juridique qu'il faut la chercher, en quelque sorte implicitement, de manière immanente. Pour Hayek, le juge doit être un technicien du droit, d'un droit tendant à un « ordre abstrait », que personne n'est d'ailleurs en mesure de décrire précisément. Il ne faut surtout pas que le juge se mêle de ce qui ne le regarde pas, de ce qui ne peut que lui passer largement au-dessus de la tête. « Le juge n'est pas créateur d'un nouvel ordre : il est le serviteur de l'ordre existant, chargé de le maintenir. »

Ce qui doit guider la décision du juge n'est pas la connaissance de ce dont la société entière a besoin à un moment donné, mais seulement ce que requièrent les principes généraux sur lesquels repose le fonctionnement de l'ordre de la société. « Les règles de droit, sur lesquelles un ordre spontané repose, tendent à un ordre abstrait dont le contenu n'est prévu par personne pour les cas individuels et concrets. » Le juge doit être asservi à l'abstraction incarnée du droit.

Hayek cite, pour le critiquer, l'exemple de Carl Schmitt, dont la thèse centrale était la nécessité de « former un ordre concret », à partir d'une « conception totale du droit englobant un ordre et une communauté de caractère concrets ». On retrouve là les termes exacts de John Mill définissant le bonheur comme un « ordre concret ». Hayek souligne que, selon Schmitt, le droit ne doit pas consister en un ensemble de règles abstraites et que les individus doivent être affectés

____

1. In *Droit, législation et liberté, op. cit.*

à la réalisation d'objectifs concrets. Hayek affirme au contraire que seul un droit « abstrait » rend possibles les libres actions des individus et la formation d'un ordre spontané. Ce qui lui importe avant tout, c'est la capacité de nous libérer nous-mêmes de toute espèce de règles auxquelles nous avons été conditionnés par expérience et par les traditions.

Pour Hayek, la loi ne doit être mise au service d'aucune intention, ni particulière, ni générale. Ce qui importe seulement, c'est l'ordre abstrait, sans contenu directement objectivable, mais favorisant la négociation entre individus. « Tout ce que des règles peuvent faire, c'est faciliter la rencontre et l'accord des individus. » Les règles créeront alors un ordre efficace entre des gens qui se rencontrent par hasard et ne poursuivent pas nécessairement de but commun. Bref, pour Hayek, les lois doivent être des sortes de règles du jeu, d'un métajeu sans but, ni fin, sinon de se survivre à lui-même, et de garantir « l'ordre spontané de la société », qui est le seul « bien commun » possible, fondamentalement a-politique, a-verbal, inarticulé, donc indéfendable, inréformable, injustifiable – sinon par le fait qu'il *est*.

Hayek ne croit pas au bien général. Et surtout pas au droit public.

« Les termes de droit "privé" ou "public" peuvent entraîner des méprises. Leur ressemblance avec les expressions d'intérêt privé et intérêt public peut suggérer à tort que le droit privé ne sert qu'aux intérêts des particuliers, et que le droit public seul est au service du bien commun (…) L'expression de *bien public* n'est pas synonyme de *bien général*. »

Selon Hayek, « le droit public passe, mais le droit privé demeure » et on assiste malheureusement à une « transformation du droit privé en droit public par la législation *"sociale"* ».

Le droit public revient en fait, dans son exercice, à arbitrer entre divers groupes d'intérêt. De ce fait, il est disqualifié, il sort de son aire de compétence, qui aurait dû être de garantir l'ordre abstrait... Car, dès que l'on aborde le concret, il y a des conflits d'intérêts. Par exemple, administrer des ressources communes pour des fins publiques demande un accord sur l'importance respective de divers objectifs. Mais qui décidera légitimement de cette échelle de valeurs ? Hayek ne voit personne qui soit susceptible d'occuper cette place de légitimation. La classe politique en est bien incapable, inféodée aux groupes de pression et aux rapports de force.

Poussant cette logique jusqu'au bout, il en déduit que « la mission véritable d'un législateur serait de dire "non" à toute demande de faveurs spéciales ».

La position de Hayek, tout excessive qu'elle semble, correspond en réalité à un courant profond, qu'on a qualifié plus haut de néo-nominaliste, et qui s'attaque à l'idée même d'un droit positif. Le droit positif n'est, dans cette perspective, jamais autre chose que la concrétisation d'un rapport de force.

Ce courant remet en question jusqu'à l'existence même de droits de l'homme. « L'apparition des droits de l'homme témoigne de la décomposition du concept de droit. Leur avènement fut le corrélat de l'éclipse ou de la perversion, dans la philosophie moderne individualiste, de l'idée de justice, qui avait pour fin la mesure des justes rapports[1]. »

Si l'on suit cette analyse, la Déclaration des droits de l'homme, contre toute attente, s'inspirerait donc en fait d'un pur nominalisme : il s'agirait d'une intégrale réduction à l'individu. On y fait référence à un être humain « abstrait », dégagé de tout contexte « réaliste » (comme la nation, la société, ou l'humanité).

Hannah Arendt notait déjà : « La Déclaration des droits de l'homme, à la fin du XVIIIe siècle, aura marqué un tournant de l'histoire. Elle déclarait ni plus ni moins que désormais l'Homme, et non plus le commandement de Dieu ou les usages de l'histoire, serait source de la Loi[2]. »

---

1. Michel Villey, *Le Droit et les droits de l'homme*, Paris, 1983.
2. Hannah Arendt, *L'Impérialisme*.

La critique nominaliste est aussi puissante que dissolvante. Elle s'applique à de nombreux aspects de notre temps, comme on l'a déjà dit. Bien que clairement anti-socialiste, puisque la justice sociale ne serait qu'une « incantation », elle peut se retourner aussi contre les tenants du « marché ».

La soumission du travail aux lois du marché, le principe de la liberté du contrat, reviennent à atomiser et « abstraire » l'individu de son contexte social. Cela revient à dire que les relations non contractuelles fondées sur la parenté, le voisinage, le métier, la religion ne sont plus réellement pertinentes.

Donc l'idéologie du marché relève elle aussi d'une critique nominaliste, en tant qu'abstraction pure.

La juridicisation de la société participe également de cette croissance exponentielle d'abstractions qui nous encadrent et nous gouvernent.

Le véritable défi de notre époque « nominaliste » est bien de réinventer une justice « réaliste », qui ne soit point aveugle et sourde aux situations concrètes. Dans notre époque sursaturée de « droits » à « observer », il nous faut penser à « pratiquer la justice ».

La plus importante de toutes les situations concrètes, du point de vue sociétal, c'est l'existence d'une sphère « publique », qu'il s'agit de nourrir, de faire vivre et de fortifier, à l'échelle nationale, mais aussi – malgré toutes les difficultés – à l'échelle mondiale.

L'émergence d'un droit mondial n'est pas suffisante. Il faut établir les conditions d'une effective justice mondiale.

Le bonheur du monde

Chapitre XVIII

LE PROGRÈS DE L'HUMANITÉ

Nous voulions faire époque. Nous croyions vivre une ère charnière. Nous en arrivions à nous prendre pour le nombril de l'histoire. En d'autres temps, les hommes ont sans doute cru aussi qu'ils étaient les témoins d'un « tournant de l'histoire ». Mais notre millénarisme a soudainement tourné court. L'an deux mil s'est soldé en fin de compte par un pseudo-bogue. Certes, nous pensons encore, confusément, que le XXIe siècle recèle des potentialités inouïes, et qu'il est gros de menaces imprécises. Mais nous sommes en fin de compte bien mal placés, si l'on considère la brièveté de nos vies, pour juger des ères et des âges. Pouvons-nous comparer ce temps à la période des Royaumes combattants, à la chute de l'Empire romain ou à la Renaissance ? Nous voulons penser que nous vivons une période spéciale, signifiante. La raison ? Personne ne veut vivre dans l'insignifiance. De plus, il faut bien dire que les raisons de prendre notre époque au sérieux ne manquent pas. L'humanité se « mondialise » brutalement. L'inhumanité absolue voisine dans le temps et dans l'espace avec une abondance de masse, qui n'a encore jamais pris de telles proportions.

Le monde moderne, constat commun, se caractérise par une absence rampante de sens, et une prolifération de pseudo-réponses. N'importe qui peut faire n'importe quoi, et de n'importe quel non-sens sort quand même, toujours, quelque chose qui semble « faire sens ». Tout peut toujours se transformer en quelque chose d'autre. On ne peut se fonder sur rien de sûr.

Comment, alors, donner un sens à ce qu'on appelle la mondialisation ? A-t-elle un but ? Une fin ?

Si l'idée même d'histoire comme processus implique que les hommes sont conduits par quelque chose qui leur échappe, qui les dépasse, et dont ils ont à peine conscience, quel sens donner à ce qui nous transcende en tant que personne ?

La mondialisation est-elle un « progrès » pour l'humanité ? Peut-on juger mondialement (c'est-à-dire avec des critères valables universellement) du processus de la mondialisation ?

Commençons par une mise en garde : il n'y a pas nécessairement une seule fin, une fin commune, pour l'humanité entière. Ce n'est pas parce que l'on peut utiliser rhétoriquement des expressions englobantes comme « l'humanité » ou la « mondialisation » que cela implique l'existence d'une unique fin commune à tous les peuples du monde. Les peuples du monde ont en commun, qu'ils le veuillent ou non, le présent commun de la mondialisation et de la virtualisation. Mais ils n'ont pas de passé commun : ils ont chacun vécu dans leurs propres univers, avec des interactions extérieures bénéfiques ou maléfiques, mais non « communes ».

Ajoutons aussitôt qu'il n'y a pas non plus de raison pour que l'humanité ne fasse émerger une fin commune à toutes ses composantes.

La question est donc ouverte. Y a-t-il ou peut-il y avoir une fin commune à tous les hommes ?

La réponse à cette question est sans doute de nature intermédiaire.

D'une part, l'idée même de « progrès » implique une fin commune à l'humanité tout entière, comme le partage universel d'un besoin de sens, d'une flèche du temps, d'une pulsion d'avancée. Même si des acceptions différentes du concept de progrès existent de par le monde, elles ont toutes quelque chose en commun, elles partagent toutes l'idée plus enfouie, plus universelle d'un développement. Le modèle inconscient du concept de « progrès » est celui de l'enfant qui grandit et devient adulte. L'humanité possède dans son inconscient collectif cette image universellement partagée du progrès parce que chacun de nous a éprouvé dans sa chair et dans son esprit le fait de grandir, de se développer, de se bonifier. Mais la métaphore est-elle légitime lorsqu'elle passe de la personne à l'humanité ?

D'autre part, la question du « progrès » de l'humanité fait de plus en plus problème. Le concept de progrès tel que l'entend la modernité met l'accent sur l'innovation, sur la renaissance, elle-même basée sur une volonté sans faille d'aller de l'avant. Mais le XXe siècle semble avoir été le siècle où s'est imposé un doute radical quant à l'idée même de « progrès ». Le développement extrême de la rationalité ins-trumentale s'est accompagné d'un « désenchantement » du monde et d'une « perte du sens », initiés par les « maîtres du soupçon ».

La société « mondiale » de l'information occupe une position originale dans ce débat sur la mort du progrès. D'un côté, elle fournit une nouvelle utopie : la création d'un outil concret pour la formation d'une communauté mon-diale. D'un autre côté, elle contribue à sa manière au désen-chantement du monde en nous imposant un modèle mental, à base d'abstraction cognitive, d'efficacité écono-mique, d'homogénéisation culturelle et de différenciation sociale accrue entre info-riches et info-pauvres. La mondia-lisation s'appuie sur l'abstraction inhérente aux modèles véhiculés par la société de l'information. Mais en retour l'abstraction croissante des mécanismes économiques et financiers globaux ne doit plus cacher la frustration du « bon sens » devant les incohérences globales que ces méca-nismes exacerbent. Les bulles financières et conceptuelles ne font que souligner l'inconsistance du politique et même son absence, sa nudité (comme on dit « le roi est nu ») au niveau global, mondial, métanational.

La civilisation de la mondialisation, ce que l'on pourrait appeler la « civilisation-monde », est-elle donc réellement « en progrès » ?

Question subsidiaire : avons-nous du « goût » pour notre civilisation, aimons-nous réellement ce « progrès », à supposer qu'il y en ait un ?

Mais qu'est-ce que le progrès ?

Dans un petit livre écrit en 1929, un peu avant le naufrage de Wall Street, un certain Sigmund Freud s'efforça d'appliquer à l'échelle de l'humanité tout entière les leçons qu'il avait apprises dans l'observation des pulsions et des névroses des personnes. Il décèle un grand mouvement traversant le monde : la montée de l'Éros. « La culture est un procès au service de l'Éros, procès qui veut regrouper des individus humains isolés, plus tard des familles, des peuples, des nations, en une grande unité, l'humanité. Ces foules humaines doivent être liées libidinalement les unes aux autres ; la seule nécessité, les avantages d'une communauté de travail, n'assureront pas leur cohésion. Mais à ce programme de la culture s'oppose la pulsion d'agression naturelle des hommes, l'hostilité d'un seul contre tous et de tous contre un seul[1]. »

Ceci est une bonne piste. Le progrès, ce que Freud appelle le « procès », serait donc la victoire toujours plus affirmée de l'Éros sur Thanatos, de l'amour sur la mort, et ceci à l'échelle de l'humanité entière.

Le problème, souligne aussitôt Freud, est qu'un tel « procès » est un jeu à somme nulle. Ce que l'on gagne d'un côté, on le perd de l'autre.

« Le prix à payer pour le progrès de la culture est une perte de bonheur, de par l'élévation du sentiment de culpabilité[2]. » Et à l'appui de cette thèse il cite Shakespeare,

---

1. Sigmund Freud, *Le Malaise dans la culture*, 1929.
2. *Ibid.*

dans le monologue d'Hamlet : « C'est ainsi que la conscience morale fait de nous des lâches[1]... »

Le progrès ne nous rend pas heureux. Pire : il diminue notre bonheur.

Platon nous avait d'ailleurs prévenu depuis longtemps : « L'amour Éros est avant tout un besoin, il désire ce qu'il n'a pas. » Il est donc condamné à la soif perpétuelle. Or ce que veut l'homme, c'est être heureux. « Tous les arts, toutes les recherches méthodiques de l'esprit, aussi bien que tous nos actes et toutes nos décisions réfléchies semblent toujours avoir en vue quelque bien que nous désirons atteindre ; et c'est là ce qui fait qu'on a parfaitement défini le bien quand on a dit qu'il est l'objet de tous les vœux[2]. » Quel est donc ce but commun objet de tous nos vœux, ce bien commun, ce bien suprême ?

Aristote l'affirme : « Le mot qui le désigne est accepté à peu près par tout le monde ; le vulgaire, comme les gens éclairés, appelle ce bien suprême le bonheur *(eudaimonia)* ; et dans leur opinion commune, vivre bien, agir bien est synonyme d'être heureux[3]. »

Certes, les opinions sont partagées sur la nature et l'essence du bonheur, continue-t-il. En revanche, tous les hommes veulent être heureux.

Or pour Freud le progrès ne rend pas heureux.

La raison ? Elle est simple. Cela vient du sentiment de culpabilité que le progrès nous impose en nous obligeant à refouler toujours plus nos pulsions fondamentales d'agression et de mort. « Le sur-moi de la culture, tout comme celui de l'individu, pose de sévères exigences d'idéal dont la non-observance est punie par de "l'angoisse de conscience morale"[4]. »

Le problème est ainsi clairement posé.

---

1. Shakespeare, *Hamlet*, III, 1 : « Thus conscience does make cowards of us. »
2. Aristote, *Éthique à Nicomaque*, livre I, 1, 1.
3. *Ibid.*, I, 2, 2.
4. *Op. cit.*

Premièrement, « le progrès de la culture » peut-il survivre à cette diminution du bonheur qu'il impose aux hommes, à ce refoulement de nos pulsions agressives, à cette augmentation de la culpabilité et à ce sentiment de faute ?

Deuxièmement, si nous renonçons collectivement à ce progrès de la culture, pour nous livrer à nos pulsions de mort, l'humanité peut-elle survivre au déchaînement prévisible de la violence ?

Freud n'y va pas par quatre chemins, c'est en effet une question de vie ou de mort. « La question décisive pour le destin de l'espèce humaine me semble être de savoir si et dans quelle mesure son développement culturel réussira à se rendre maître de la perturbation apportée à la vie en commun par l'humaine pulsion d'agression et d'autoanéantissement. »

Le progrès de l'Éros, c'est-à-dire de la compénétration progressive de l'humanité, est absolument nécessaire. Mais il diminue notre bonheur. Il vaut sans doute mieux survivre plus « malheureux » que périr « heureux », semble conclure Freud.

Serions-nous pris, à l'échelle mondiale, entre le marteau d'un progrès malheureux et coupable et l'enclume d'une violence irrémédiable ?

Existe-t-il une troisième voie ? Une échappatoire à l'infernal pessimisme freudien ?

Évoquons, par symétrie, l'optimisme teilhardien. Pour le philosophe Pierre Teilhard de Chardin, le progrès est une « montée » de conscience. Par nature, le progrès est « tout ou rien ». Il y a « progrès » si la conscience globale augmente. Il n'y a pas « progrès » si la conscience n'augmente pas, s'il n'y a pas mutation psychique, apparition de nouveaux paliers de conscience. Teilhard nomme ce phénomène de conscientisation la « noogenèse », ou genèse de l'Esprit.

Teilhard précise la nature « convergente » de la noogenèse. L'Esprit converge vers « le point Oméga ». Teilhard est croyant et cette expression renvoie à la phrase de Jésus : « Je suis l'Alpha et l'Oméga ». Le point Oméga est le Messie, l'Oint de David, le Christ. Notons en l'occurrence la même attente des juifs et des chrétiens en la venue eschatologique du Messie. Pour les non-croyants, le problème est que Teilhard situe donc le progrès ultime, la fin du progrès, hors de la sphère historique. On ne peut comprendre le progrès seulement dans le monde historique. Il faut croire à une sphère métahistorique pour pouvoir déterminer s'il y a progrès ou non. Le progrès ne peut être un procès indéfini, se déroulant seulement dans l'histoire des hommes. Il est nécessairement un progrès de la conscience, qui doit aboutir à la parousie de l'Esprit. Le progrès aboutit *in fine* à une « extase » hors de l'univers visible.

La seule définition possible du progrès, selon Teilhard, est donc celle-ci : c'est *une synthèse de l'esprit*.

L'esprit jadis associé au « Ciel », à l'ascension hors du monde, à la négation des valeurs terrestres, doit désormais s'incarner dans le monde, dans le multiple, dans le phénomène divers et imprévisible.

Cette vision est indéniablement plus optimiste que celle de Freud : elle propose au moins une fin non contradictoire. Alors que pour Freud le progrès ne rend pas heureux, pour Teilhard il est la condition même du bonheur éternel...

Mais *quid* des non-croyants ? Comment peuvent-ils croire à un progrès, s'ils ne croient pas à l'existence d'un point Oméga ?

Réponse : il y a de la place pour tous, pour toutes les *personnes*, dans l'Oméga. Pour Teilhard, une condition essentielle du progrès absolu de l'esprit est le progrès de la personne.

Il n'y a pas de progrès à espérer sur Terre sans primat et triomphe de la personne, et partant, du respect, de l'amour, de toute personne pour toute personne.

Teilhard formalise finalement ainsi la loi structurelle essentielle du progrès : « aimez-vous les uns les autres », qui peut se lire universellement, au-delà de toute religion particulière.

Cette définition du progrès tranche aujourd'hui singulièrement, dans le monde en voie de déchristianisation rapide que nous connaissons. Définition optimiste, mais difficile à universaliser...

Une fois encore, nous constatons qu'il est bien difficile d'universaliser la mondialisation et son sens, de réunir les multiples facettes de l'humain autour d'une même idée. Il est bien difficile d'universaliser la convergence.

Le progrès est une sorte de *shiboleth*. Il provoque des clivages radicaux. De la manière même dont on prononce ce mot de « progrès », de la façon dont on en entend les acceptions, s'établissent des appartenances, des coteries, des tribus fraternelles ou des schismes irréconciliables.

C'est pourtant autour de la notion de progrès que l'Humanité encore divisée peut et doit se reformer.

Le véritable clivage de l'Humanité ne se fait pas sur la richesse, la science ou le pouvoir. Ces différences-là ne sont pas essentielles mais accidentelles. Le véritable clivage qui sépare les hommes, c'est celui de la foi, la foi dans le progrès, la foi dans l'Humanité. Ceux qui y croient et ceux qui n'y croient pas vivent dans deux mondes divergents. Les uns veulent donner un sens à leur vie, à la société, à l'existence des autres. Ils croient que le progrès a un sens, et que ce sens est bénéfique. Ce sont les « hommes de bonne volonté ». Et il y a les autres, ceux qui ne croient pas au progrès, ou qui le condamnent comme une illusion, comme gros de frustrations dangereuses.

Il est vrai que le progrès se paye, cher.

Pour Freud, il se paye du prix le plus élevé qui soit, la fin du bonheur, le refoulement.

Pour Teilhard aussi, le progrès a un prix. Chaque progrès dans l'organisation de la noosphère, tout en relâchant momentanément la compression humaine, rend plus sensible et plus rapidement transmise dans le milieu humain – et donc plus douloureuse, plus dangereuse – chaque nouvelle compression planétaire.

Le progrès, parce qu'il augmente l'intégration humaine, augmente aussi la sensibilité générale et exige un surcroît d'effort et de puissance.

Notre monde est-il donc en progrès, aujourd'hui ?

Il y a progrès si on mesure le progrès d'une civilisation-monde par son degré croissant d'abstraction. Si nous suivons cette voie, alors indéniablement la civilisation du virtuel, plus abstraite, représente un grand bond en avant.

Mais la réponse est moins évidente si on mesure dans notre monde, comme Teilhard le demande, la place faite à l'esprit, à la personne, au multiple, à l'autre.

Si le progrès d'une civilisation se mesure à la part qu'elle accorde à l'altérité, au multiple, au personnel, au spirituel, la mondialisation apporte-t-elle quelque chose de positif ? Si le progrès se jauge à la capacité à appréhender, comprendre et préserver l'autre, la civilisation du virtuel représente-t-elle un pas en avant ou en arrière ?

On sait que le principal risque d'une soi-disant « civilisation mondiale » est d'ailleurs de limiter la diversité et de réduire la possibilité d'altérité, en imposant des normes puissantes de conduite. Le prix à payer de la transparence et de la circulation mondiale est l'uniformité et la réduction au même, sans parler de l'atteinte à la liberté.

Or l'étranger, le pauvre, l'exclu, sont des symboles inoubliables de la différence et de l'altérité. Ils sont des images de l'autre. Quel est leur place dans le virtuel, dans le cyberespace, dans l'abstraction spéculative et financière ?

Il y a d'ailleurs toutes sortes d'« autres ». Ainsi l'avenir est un « autre », par excellence inattendu : « Ce qui arrive en fin de compte ce n'est pas l'inévitable mais l'imprévisible[1]. »

La véritable mesure du progrès d'une civilisation est sa capacité à favoriser l'imprévisible, à parier sur l'avenir, à préparer l'impensable, à guetter l'inouï.

---

1. Selon la formule de Keynes.

Chapitre XIX

LA MONTÉE DE L'AUTRE

> *Désormais, moins que jamais,*
> *l'homme ne saurait plus penser seul.*
>
> Pierre TEILHARD DE CHARDIN

> *La raison humaine a besoin d'entrer en*
> *communication avec d'autres, et par consé-*
> *quent doit être rendue publique dans son*
> *propre intérêt.*
>
> Hannah ARENDT

Il nous faut aujourd'hui, pour survivre, respirer dans une atmosphère universelle d'altérité. Et de beauté. Car toute beauté exige de l'autre : le regard de l'autre, et un autre regard.

Nous avons un besoin vital de l'autre, pour vivre, pour penser, pour aimer, pour « voir ». L'humanité ne se constitue pas dans la solitude mais dans la vie en commun, dans la vie publique, dans la rencontre, dans l'amour et dans la politique. Mais nous l'ignorons, nous ignorons à quel point l'autre est vraiment vital.

Pour penser et pour vivre, il faut une aptitude à la « mentalité élargie », il faut agrandir le cercle de la pensée, s'exposer au feu de la critique universelle, et passer à l'action dans le monde.

C'est grâce à l'autre, aux autres, à la présence des autres, à la relation avec l'autre que nous pouvons avancer dans notre humanité, que cet autre soit nous-même, notre prochain ou tous les autres hommes.

L'art de la relation avec « l'autre » est en effet l'art le plus spécifiquement humain. La philosophie est l'art de mettre l'homme en relation avec lui-même. Il faut se rendre autre à soi-même pour bien penser. L'amour est l'art de la relation de l'homme avec l'autre en tant qu'autre. La politique est l'art de la relation de l'homme à l'humanité tout entière.

On peut ainsi rejoindre tous les autres en allant jusqu'au bout de soi-même, et réciproquement.

Car il s'agit de la même chose, au fond : il s'agit d'avoir le courage d'abandonner son confort privé, d'affronter la peur des autres et de leurs jugements, comme d'affronter la peur de soi-même et de notre propre jugement.

On voit ici qu'il existe un rapport profond entre altérité et jugement.

Le jugement est ce qui nous met essentiellement en rapport avec l'autre, avec l'altérité.

Juger nécessite de se mettre à la place de l'autre. Être jugé exige d'accepter qu'un autre se mette à notre place.

La justice est en effet « comme un bien étranger, comme un bien pour les autres et non pour soi, parce qu'elle ne s'exerce qu'à l'égard d'autrui[1] ».

Aristote met explicitement en rapport le pouvoir de juger, le pouvoir du juge et la relation politique aux autres. « Je trouve que le mot de Bias est plein de bon sens : "le pouvoir, disait-il, est l'épreuve de l'homme". C'est qu'en effet le magistrat, investi du pouvoir, n'est quelque chose que relativement aux autres ; il est déjà en communauté avec eux[2]. »

Juger est donc l'activité politique par excellence. Là où toute vérité exerce une sorte de tyrannie, le jugement reste intrinsèquement contingent, politique. Le jugement « politique » est la chose la plus nécessaire mais aussi la plus

---

1. Aristote, *Éthique à Nicomaque*, V, 1, 17.
2. *Ibid.*, V, 1, 16.

contingente, si l'on veut « s'orienter dans le domaine public, dans le monde commun ».

Le juge se met au-dessus de la mêlée, il se met à distance, car il ne peut être « juge et partie ». Ainsi situé, il juge de « l'autre » et du « général ». Il juge de la pluralité et il juge du particulier. Il juge de ce qui est commun et de ce qui est propre à chacun.

« À mesure qu'on a plus d'esprit, on trouve qu'il y a plus d'hommes originaux. Les gens du commun ne trouvent pas de différences entre les hommes » (Pascal).

Le juge est celui qui s'efforce de penser l'autre en général, et en particulier.

L'esprit de la Terre et la montée de l'Autre

Teilhard de Chardin identifie la montée de l'Autre comme le phénomène profond de la noogenèse. Il s'agit d'une pulsation, d'une systole et d'une diastole de l'être même. « L'irremplaçable marée cosmique qui, après avoir soulevé chacun de nous jusqu'à soi-même, travaille maintenant, au cours d'une pulsation nouvelle, à nous chasser hors de nous-mêmes : l'éternelle "montée de l'Autre" au sein de la masse humaine. »

« L'Autre (le Non-humain, l'Inhumain) sourd encore par tous les pores, comme pour nous déplacer et nous expulser, au plus intime de nous-mêmes. »

C'est un phénomène intime mais aussi social, avec l'impossibilité croissante d'agir, de penser seuls, et la montée sous toutes ses formes de l'Autre autour de nous.

Pour être pleinement nous-mêmes, en tant que personne et en tant que membre de la société humaine, nous nous trouvons forcés d'élargir la base de notre être, c'est-à-dire de nous adjoindre de « l'Autre ». Nous avons besoin d'augmenter notre science et notre goût de l'Autre. Refuser l'Autre – au moment de la compression planétaire – reviendrait à sombrer dans la nausée. « L'enfer c'est les autres », disait Sartre.

Admettre pleinement l'Autre, plonger dans l'Autre sous toutes ses formes, requiert une grande foi, et équivaut au goût du monde, au goût de la vie.

Teilhard relève quatre étapes successives, quatre moments de la montée de l'Autre :

– La « multiplication de l'autre », ou la montée du nombre

L'allongement du rayon d'action individuelle réduit l'espace libre et augmente le sentiment de la compression planétaire. Cette compression est à première vue inquiétante, mais en réalité positive car il y a une montée corrélative de la complexité et de la conscience. La compression est la douleur de l'enfantement, de la genèse. La compression physique induit une compression psychique, qui requiert et même exige une montée de la conscience.

– La « liaison avec l'autre », ou la montée du collectif

L'espace vital se met à manquer. Nous étouffons. Nous nous heurtons les uns aux autres. Un être nouveau apparaît, émerge de cette friction, de ce heurt permanent, un « être nouveau », « animé d'une vie propre », qui est « l'Humanité partout en contact avec elle-même ».

– La « synthèse avec l'autre », ou la montée du personnel

C'est l'idée que l'autre représente non une menace mais bien une chance, une porte de sortie face à l'impasse de l'individu autocentré. Il s'agit de continuer le montée de conscience personnelle en combinant les grains de conscience de plusieurs personnes, de plusieurs consciences. La personne se dépasse et s'achève en synthèse, en communion.

Teilhard[1] émet l'hypothèse de la formation d'un cerveau « entre tous les cerveaux humains » : « Ces cerveaux réunis entre eux forment une sorte de voûte, chaque cerveau devenant capable de percevoir avec les autres ce qui

____

1. In *L'Activation de l'énergie.*

lui en échapperait s'il était réduit à sa seule capacité. Et la vision ainsi obtenue dépasse l'individu et ne peut être dépassée par lui. »

– La « sympathie pour l'autre », ou la montée du sens humain

C'est là une véritable « révolution mentale », qui nous sépare des générations passées et nous relie au lointain avenir. Il s'agit bien de se prendre d'une sympathie authentique pour l'Autre, d'une véritable « chaleur » pour tous les autres, en tant que passagers du destin planétaire, mais aussi en tant que composantes de notre propre montée personnelle et collective. Une autre Humanité surgit, dotée d'une vision commune, fiévreuse.

Mais l'Autre représente aussi un danger pour le soi. Danger de l'uniformité dans l'unification, et monstrueuses forces du « collectif », « multiplicité » sans visage ni cœur. Moloch mondial des forces anonymes, irresponsables. Forces « libres », « invisibles » du marché.

Il faut surmonter ce sentiment de danger. Il nous incombe de donner du sens à ces forces immenses à l'œuvre, de les « réguler », de les « orienter ». Il nous revient de « voir » l'humain à venir, dans cet anonymat mondial.

Mais nous n'avons pas la morale qu'il nous faudrait. Nous sommes en retard d'une vision. Nous n'avons pas encore suffisamment le goût du monde, le goût de l'unification. Nous n'avons pas encore perçu la nécessité de nous jeter de toutes nos forces dans cette aventure. Nous avons peur, individuellement et collectivement.

Nous avons peur de la masse immense de l'humanité, laissée à elle-même, inquiétante, menaçante, sans direction.

Nous craignons en fait la « montée de l'Autre » en tant que montée du « collectif ». La première réaction des individus et des peuples aux forces de compression et de friction est de tenter de se replier, de se rétracter sur un sanctuaire inattaquable, de garder les autres et les étrangers à distance.

Nous résistons à l'idée de la montée de l'Autre parce qu'elle semble « nous chasser hors de nous-mêmes » pour nous enfermer dans un cercle plus large et toujours plus vide, le cercle du « collectif ». Nous craignons d'y perdre notre liberté, notre personne même.

Le collectif était assimilé à un « Gros Animal » par Simone Weil, en 1934, de façon prémonitoire, lors de la montée du totalitarisme. Le collectif, multiple par nature, n'a ni pensée, ni cœur, ni visage. Il n'y a pas d'amour vrai dans une atmosphère de collectif, c'est-à-dire d'impersonnel. Le collectif ne peut donc être une super-personne, ni un cerveau de cerveaux, et encore moins une incarnation de la noosphère.

Mais nous avons aujourd'hui particulièrement besoin d'une intelligence aiguë de ce que représente le « collectif mondial », et de son rapport avec la noosphère. Le collectif mondial, assemblée quantitative, numérique, des six milliards d'individus planétaires, est le plus « Gros Animal » possible. Personne ne peut dire ce qu'il peut faire, s'il est capable de produire un néo-totalitarisme.

Nous n'avons aucune idée de la puissance de résonance de vibrations humaines par millions, par milliards.

Comment définir le collectif mondial ? Est-ce une entité abstraite, une entité juridique, une idée générale, une chose irréelle, un animal gigantesque ?

On ne sait pas. Tout est possible.

Ce que l'on peut affirmer en revanche, c'est que l'humanité porte déjà en puissance l'idée de la noosphère, de la « planète des esprits », planète des autres, planète de l'Autre.

L'unité de l'humanité ne peut être fondée sur une unique religion, une seule philosophie ou sur un seul gouvernement. Elle doit être fondée sur une diversité, un pluralisme, plus utile à l'union que l'unicité ou l'unification. La multiplicité est essentielle à l'unité. Mais elle est difficile à maintenir à l'âge de l'abstraction numérique, de l'abstraction dévorante du marché planétaire et du totalitarisme économique.

Le défi que nous devons relever est le suivant. Face à la mondialisation de l'abstraction et du marché, il faut réussir à préserver l'altérité et la diversité. Il faut en particulier surmonter le paradoxe qui consiste à mettre les techniques de l'information, porteuses de standardisation, au service de la différence. Il faut mettre au service de ceux qui sont les plus « autres » notre modernité tellement attachée au « même » et à la « communication ».

Il s'agit là d'un défi colossal, mais qu'il n'est pas impossible de relever. Les Anciens nous donnent l'exemple.

La tyrannie ne date pas d'aujourd'hui. Il est inscrit dans le destin de l'humanité qu'il faut sans cesse prendre les armes contre le tyran, sous toutes ses formes. On ne peut servir deux maîtres, en effet.

Platon et Aristote, en leur temps, ont su faire de la pensée, de l'activité de penser, un moyen de se détourner de la servitude et du souci humains. Platon nous a fait comprendre qu'il ne fallait pas prendre trop au sérieux le sérieux de la condition des hommes, qu'il y avait autre chose par-delà les murs de la caverne et au-delà de ses ombres. Par la puissance du *logos*, le Philosophe nous fait sortir de nos limites. Il nous rend autres à nous-mêmes. Il nous invite par là à la liberté absolue. Platon et Aristote nous démontrent la puissance de la Raison, et l'existence de l'Autre, l'absolument Autre.

Chapitre XX

LA PLANÈTE DES ESPRITS

> *Aristote dit quelque part : « Quand nous veillons, nous avons un monde commun ; quand nous rêvons, chacun a le sien propre. » On devrait, me semble-t-il, convertir cette dernière proposition et pouvoir dire : si différents hommes ont chacun leur monde propre, il y a lieu de présumer qu'ils rêvent* [1].
>
> Emmanuel KANT

Nous assistons à un phénomène colossal, à une phase prodigieuse et sans doute décisive de l'évolution humaine, la « compression » accélérée de la planète. Nous vivons dans un monde qui se resserre et se rétrécit. La libre nature disparaît progressivement et il n'y a plus de déserts. Partout, du bitume et des images, du béton et du virtuel. Le Hoggar-vu-d'hélico et l'océan-vu-d'avion ont mis nos horizons à l'étroit dans la lucarne télé ou le hublot scellé. Les mille canaux du câble et les millions de sites Internet ont banalisé la différence. Nous ne serons plus jamais seuls, sous ces cieux striés de satellites et de balises.

Le monde se comprime à toute allure, il s'échauffe et se densifie. On ne peut plus rêver seuls, réfugiés dans nos mondes propres. Nous devons habiter ce monde, notre seul monde commun.

---

1. Emmanuel Kant, *Rêves d'un visionnaire*.

Il nous faut inventer une manière d'y vivre, en préservant nos rêves.

Le brassage humain, le mélange de l'humanité entière, n'est pas en soi un phénomène absolument nouveau.

Ce qui est nouveau, c'est la rapidité, l'intensité de ce serrage planétaire, la puissance de la mise en contact, l'intensité de la chaleur[1] dégagée par la friction des peuples, friction qui s'opère le plus souvent aujourd'hui, fort heureusement, autrement que par l'invasion, la colonisation ou la guerre.

Cette compression ne provoque pas seulement une sensation (provisoire) d'étouffement. C'est aussi un facteur de complexification, de convergence, d'unification.

Il s'agit d'une « compression de la couche pensante ».

La compression planétaire facilite certes la montée de l'angoisse, la peur de sombrer dans la masse informe, de disparaître dans la laideur et l'uniformité. Mais elle fait aussi surgir un sentiment d'exaltation, chez ceux qui ressentent dans toutes leurs fibres qu'ils participent à la poussée, à la montée de l'Histoire.

Moment clé, où l'on pourrait prophétiser l'amorce d'une convergence des esprits, et même le réticent début d'une lente convergence des religions.

La notion teilhardienne de « compression planétaire » ne recouvre pas le concept de « mondialisation ». La mondialisation est d'essence spatiale, elle est faite d'expansion territoriale : il suffit d'évoquer les diverses formes de mondialisation que furent les impérialismes, les colonialismes et aujourd'hui la conquête des marchés et des réseaux.

La compression planétaire, porteuse de « convergence », implique quant à elle une élévation de « température psychique », et par là contribue à la genèse de la noosphère, au sein de la biosphère. Il s'agit bien d'une mondialisation, mais d'essence psychique, et même spirituelle.

---

1. Selon Teilhard de Chardin, l'humanité est comme un « gaz qui se comprime » et qui « s'échauffe ».

La genèse de la noosphère (la « noogenèse ») s'accompagne, selon Teilhard, d'un accroissement de complexité et de conscience.

La complexité (résultant d'une concentration, d'une densification de la matière psychique) est bien autre chose que la complication (pesante, alourdissante). La notion de complexité ne recouvre pas non plus la notion d'abstraction. Une abstraction peut être complexe, mais la réciproque n'est pas nécessairement vraie. Il y a des complexités qui échappent à toute saisie abstraite effective.

La complexité résulte de la mise en présence et de la concentration de multiples niveaux de réalité. La complexité est le signe d'une réalité densifiée, d'une réalité profonde, présente dans toutes ses harmoniques, mais mise en scène, traduite en symptôme.

La conscience résulte aussi d'une tension psychique accrue. En « prenant conscience » d'elle-même, toute conscience peut avoir foi en elle ou non, elle peut avoir ardeur à croître ou au contraire renoncer à croître. Elle peut résister plus ou moins à son propre désenchantement, à une sorte de nausée ontologique, un ennui de soi. C'est la conscience qui peut décider de prendre « goût » au monde, ou au contraire peut se laisser étouffer par lui. Lorsque, à certains moments de l'évolution, la tension de conscience croît dangereusement, ce sont cette foi, cette ardeur, ce goût de vivre et de grandir, qui font presque toute la différence.

La compression psychique est un phénomène social et même mondial. On ne peut converger seul. On ne peut converger qu'avec de l'autre, tous les autres. Nous sommes de plus en plus confrontés non seulement à la montée mondiale de l'autre, mais aussi à la perspective inévitable de nous « unifier » avec le monde des autres. Il vaudrait mieux que ce soit de bon gré, et que cette unification ne nous uniformise pas, par abstraction, par homogénéisation et par réduction au plus petit commun dénominateur,

Il nous faut réussir une unification riche, de quintessence.

Ces deux types d'unification, la pauvre et la riche, co-existent actuellement. Comme le bon grain et l'ivraie.

La mondialisation actuelle, on l'a dit, qui est d'ordre économique et technologique, favorise une unification abstraite, numérique et numéraire, unidimensionnelle. La mondialisation culturelle, politique ou éthique, qui se fait encore attendre, devrait favoriser en revanche une unité de convergence, de centration, de sens.

Il y a toujours un retard de l'esprit sur l'événement. Aujourd'hui l'esprit est particulièrement en retard, parce que les événements se précipitent. La mondialisation des esprits est en retard sur la mondialisation des nombres et des procédures.

Mais la compression de la couche pensante commence à produire des effets.

La « noosphère » annoncée par Teilhard il y a plus d'un demi-siècle commence à prendre des formes tangibles, comme le cyberespace.

Tout est possible. Un domaine encore non défriché s'ouvre devant nous.

La noosphère

La noosphère est, au sein de la biosphère, l'événement majeur de la planète Terre. La noosphère est le nom donné par Teilhard de Chardin à l'« enveloppe de substance pensante » qui commence à planer au-dessus du monde. C'est une « sorte de coconscience », une « sphère de consciences arc-boutées », une « immense machine à penser », le siège, le support et l'« organe de super-vision » et de « super-idées » d'un « organisme pan-terrestre », muni d'un système propre de connexions et d'échanges internes, et d'un « réseau serré de liaisons planétaires ».

La noosphère se comprime et se compénètre organiquement, d'où une tension croissante, que nous ressentons tous.

La montée psychique de la noosphère se traduit aussi, plus positivement, comme le diagnostique Teilhard, par l'apparition d'une « mémoire collective » de l'humanité, par le développement d'un « réseau nerveux » enveloppant la Terre, et par l'émergence d'une « vision commune. »

Des exemples ? Comment nier que des notions comme le « patrimoine commun de l'humanité » ont aujourd'hui acquis droit de cité mondial ? Comment ne pas voir qu'Internet est une préfiguration convaincante des grands réseaux nerveux dont nous aurons de plus en plus besoin pour gérer la planète ? Comment ne pas comprendre que nous savons désormais tous, plus ou moins consciemment, que la vie du monde ne peut plus être laissée au hasard, qu'il nous faut une « vision commune » ? Il nous faut prendre conscience collectivement de notre destin collectif, de notre destin de convergence.

Qu'est-ce que le « fait » de la noogenèse – s'il était reconnu comme absolument certain par la majorité des hommes – entraînerait comme conséquences politiques et philosophiques ?

Qu'est-ce que l'existence de la noosphère implique pour notre compréhension du monde et nos perspectives d'action ?

D'abord, cela signifierait que l'humanité n'est plus cette « abstraction » que ridiculisait Goethe. La noosphère est l'humanité, dans sa fleur.

L'humanité « saurait » enfin qu'elle « est », qu'elle est un « Tout », qu'elle est une œuvre à accomplir, une passion à entretenir. Elle posséderait enfin, au-dessus du *push* économique, le *pull* d'une puissance psychique, d'une vision rassurante. L'âge de la noosphère se révélerait comme « l'âge de la recherche », la recherche d'une vision commune, d'une volonté d'avancer, d'un élan moral, d'un courage du monde et pour le monde.

Ensuite, cela signifierait l'avènement de l'autre. L'autre reconnu comme notre richesse. La « montée de l'autre » reconnue comme montée du sens.

Enfin cela voudrait dire que toutes les consciences, y compris les plus désenchantées, prendraient goût à l'idée d'un nouvel Exode, au-delà de toutes les mers Rouges, y compris les mers de l'Ennui et de la Mort.

La noosphère n'est pas encore reconnue. Mais qu'importe. Elle est déjà là. Palpable. Palpitante. Tiède. Elle sort de son sommeil. Elle va s'étirer, se lever, et se mettre à marcher, à vivre, à parler.

Sous la pression de l'urgence, sous la domination de l'irréversible, des actions surhumaines seront demain nécessaires et seront sans nul doute effectuées, parce que urgentes, parce que nécessaires.

La noosphère prendra sa place dans le monde, demain, comme par miracle, dans l'urgence et dans la nécessité.

Alors nous saurons tous que nous sommes la « Planète des Esprits ».

Chapitre XXI

LE BONHEUR DU MONDE

Le loup habitera avec l'agneau.

Is. 11, 6

*La véritable et parfaite définition de
la justice est l'habitude d'aimer les autres.*

LEIBNIZ [1]

Il faut croire que les idées mènent le monde.

L'humanité est entrée dans l'âge de l'idée, dans l'âge de l'abstraction. Paradoxalement, c'est cette idée qui lui permettra de se concrétiser, de se « réaliser ».

Le bien commun mondial est encore une abstraction, et même une double abstraction – en tant que bien « commun » et en tant que bien « mondial ». Mais c'est aussi une abstraction efficace, capable de mobiliser politiquement les esprits de la planète. Contre Occam et Bentham, il faut croire à la force des abstractions, à leur puissance intelligible, mais aussi à leur valeur de proposition, de réveil des volontés.

L'humanité est en devenir, en genèse. Elle n'est pas encore un « Tout ». Sortant de son endormissement, de sa distraction, progressivement consciente d'elle-même, l'humanité est à la recherche d'un nouveau sens d'une idée d'elle-même.

____

1. *Éléments de droit naturel* (1670).

Elle a besoin de comprendre son bien commun et de forger sa volonté générale.

Rousseau ouvrit jadis son *Contrat social* d'une phrase limpide : « L'homme est né libre et partout il est dans les fers[1]. » Aujourd'hui, l'homme est à nouveau dans les fers. Ce sont d'autres fers, mondiaux, abstraits, et l'humanité a besoin d'un nouveau contrat, mondial, abstrait avec elle-même.

La compression planétaire impose sa loi d'airain, qui est aussi celle du « progrès » de l'humanité. Il ne faut pas accueillir cette compression et ce « progrès » comme une catastrophe, comme un risque. Il faut l'accueillir avec détermination, comme une chance inouïe, comme la seule chance de penser le bien commun du monde, comme la seule chance de faire accepter à l'humanité sa propre réalité agissante, consciente.

Il n'est plus possible de reculer. Il nous faut bâtir la « grande ville du monde »[2].

La « grande ville du monde » ? Pour quelle fin ? Pour quoi faire ?

« La fin de la cité c'est la vie heureuse », disait Aristote, ajoutant que « la vie heureuse est celle qui est menée sans entrave selon la vertu, et que la vertu est une moyenne[3] ».

Le projet de la planète des esprits peut être simplement énoncé : il faut bâtir la grande cité mondiale pour la rendre « heureuse », « vertueuse » et « moyenne ».

« Heureuse », parce que c'est la seule véritable fin de la personne, et il n'en est pas d'autres.

« Vertueuse », parce que c'est la seule véritable manière d'y arriver.

« Moyenne », parce que pour bien gouverner les milliards d'hommes qui se pressent et se compressent sur notre

---

1. Jean-Jacques Rousseau, *Du contrat social*, livre I, chap. 1.

2. « La grande ville du monde devient le corps politique dont la loi de nature est toujours la volonté générale et dont les États et peuples divers ne sont que des membres individuels », Jean-Jacques Rousseau, *Sur l'économie politique*.

3. Aristote, *Les Politiques*, livre IV, chap. 11, 1295-b.

planète, il va falloir choisir une voie moyenne, une voie sage, qui présente le meilleur équilibre possible entre les contradictions affectant tant de peuples et tant d'intérêts.

Que vient faire le mot ancien, démodé, de « vertu » dans notre époque revenue de tout ? Pourquoi citer Aristote aujourd'hui ?

Parce que l'idée de vertu est indémodable. Même les plus cyniques reconnaissent que le cynisme est une « vertu ».

Ce qui est difficile c'est de choisir la vertu nécessaire. Il y a beaucoup de vertus possibles. Elles ne conviennent pas toutes de la même manière. Aristote distinguait par exemple la vertu des gouvernants et celle des gouvernés. « La prudence est la seule vertu propre au gouvernant (…). Pour un gouverné l'excellence n'est pas la prudence mais l'opinion vraie. Car le gouverné est comme le fabricant de flûtes, alors que le gouvernant est comme le flûtiste qui les utilise[1]. »

Machiavel, et tant d'autres, se sont aussi efforcés de montrer à leur tour que la « vertu » des hommes au pouvoir ne pouvait être celle de tout le monde, et que la raison d'État n'était pas une raison morale.

Et si, sur ce point, Aristote et Machiavel se trompaient ?

Peut-on laisser à une classe de super-gouvernants le soin de jouer de la flûte mondiale, faite du bois des peuples du monde ?

Pouvons-nous encore supporter, à l'échelle mondiale, le machiavélisme des raisons d'État ?

Nous avons de toute évidence besoin d'inventer une forme de « gouvernance mondiale », mais nous ne pouvons en aucune manière accepter un prince mondial sur le modèle du Prince de Machiavel. Un État mondial risquerait d'être une tyrannie effroyable, sans contre-pouvoir, sans échappatoire. Qui gardera les gardiens de la cité mondiale ?

Le moment est venu de refuser la *Real-Politik*, le cynisme et la raison d'État, et de moraliser la vie politique mondiale.

---

1. *Ibid.*, livre III, chap. 4, 1277-b.

Le mouvement est lancé, et ne s'arrêtera plus.

Les pouvoirs du juge Éva Joly (affaire Elf), du juge Thomas Penfield Jackson (démantèlement de Microsoft), ou du juge Balthazar Garzon (mise en accusation de Pinochet) en sont des symptômes, des indices convaincants, à forte charge symbolique. Ils montrent une nouvelle « vieille taupe » à l'œuvre : la taupe d'une justice mondiale se mettant à appliquer le droit, pour que vive le bien commun.

Ce mouvement va s'amplifier. L'opinion publique mondiale s'appuiera sur les cas les plus flagrants, pour prendre conscience de sa force, et pour se constituer progressivement en agora mondiale. Sous la pression de l'opinion et des médias, les gouvernants devront acquérir cette vertu, nouvelle pour eux, de « l'opinion vraie ».

Parallèlement, les gouvernés devront acquérir eux aussi une nouvelle vertu, celle de la « prudence ».

Enfin, les uns et les autres devront se mettre à définir concrètement le « bien commun ».

Mais comment définir pratiquement le bien commun ?

Comment faire accoucher le « peuple du monde » de son bien propre ?

« De lui-même le peuple veut toujours le bien, mais de lui-même il ne le voit pas toujours. La volonté générale est toujours droite, mais le jugement qui la guide n'est pas toujours éclairé (...). Les particuliers voyent le bien qu'ils rejettent : le public veut le bien qu'il ne voit pas. Tous ont également besoin de guides : il faut obliger les uns à conformer leurs volontés à leur raison ; il faut apprendre à l'autre à connoitre ce qu'il veut[1]. »

L'humanité a besoin d'un bien et d'un ordre. Mais elle ne voit pas son « bien ». Et « il faudrait des Dieux pour donner des loix aux hommes[2] ».

Des Dieux, il y en eut. Le Dieu de Moïse, par exemple, nous dit par la Torah qu'« il faut aimer son prochain comme soi-même ».

---

1. Jean-Jacques Rousseau, *Du contrat social*, livre II, chap. 6.
2. *Ibid.*, chap. 7.

L'Évangile surenchérit : « La Torah vous enseigne qu'il faut aimer son prochain, et moi je vous dis qu'il faut aimer vos ennemis. »

Quelle est aujourd'hui la meilleure loi, pour l'humanité ?

Si la loi doit réunir « l'universalité de la volonté et celle de l'objet[1] », alors la réponse est claire.

L'universalité et la reconnaissance de l'altérité sont les seules manières de réunir le divers, le bariolé, et de faire émerger un droit mondial.

Le propre de la loi est de nous être commune. Elle est un bien commun par excellence. La loi est faite pour réunir, non pour séparer, exclure.

Avec l'abstraction, l'homme peut « séparer » les choses, et il peut se séparer d'elles. Mais il peut aussi les « réunir » par l'intelligence (*inter-ligere*, relier ensemble). L'essentiel de la puissance de l'abstraction vient d'ailleurs de cette capacité à établir des rapports, des liens, qui indique son « affinité étrange avec les choses d'un autre monde[2] » comme dit le poète.

La loi, abstraite mais commune, doit donc être « intelligente », elle doit être conçue pour réunir les hommes, non les séparer. La loi doit dire le droit du « Tout » de l'humanité, le droit commun à tous les hommes.

Notre époque férocement nominaliste n'est pas tendre pour la métaphysique. Elle juge que les trous béants du Mal ou du Néant ne peuvent être comblés par des « mots » comme Bien, l'Être ou le Tout.

Mais ce n'est pas la métaphysique qui est le problème. C'est le problème qui est métaphysique.

Le Bien ou l'Être ne sont pas juste des mots, des « noms ».

Ce sont avant tout des « idées », et les idées mènent le monde.

---

1. *Ibid.*, chap. 6.
2. Novalis, *Fragments*.

Si l'homme veut vivre dans un « monde commun », alors il doit penser à ce qui l'unit aux autres hommes, à ce qui l'unit au monde, à ce qui l'unit à l'Autre. Il faut que beaucoup d'hommes (et de femmes) se mettent à penser et à rêver au monde commun, à ce monde bien réel qui n'est pas celui des rêves. Il faut que tous rêvent à la totalité des liens « concrets » qu'ils ont, qu'ils ont pu et qu'ils pourront avoir avec le monde entier. Il faut que l'homme découvre son affinité avec la totalité du monde, la totalité concrète du monde concret.

On sait que le moindre électron, la moindre particule, remplit tout l'univers et envahit même toute l'histoire du monde, depuis l'origine jusqu'à la fin des temps, avec ses fonctions d'onde.

On sait que le parfum de la moindre fleur s'exhale jusqu'aux étoiles.

Si la fleur atteint l'étoile, l'homme aussi doit répondre de l'univers. Il doit répondre des autres, physiquement et moralement. Il est le « gardien de son frère ».

L'homme a besoin de savoir qu'il est responsable des mondes, qu'il est le gardien des autres hommes, qu'il est le berger de l'Autre. Il a besoin qu'on lui enseigne qu'il n'est pas simplement « maître et possesseur de la Nature », mais qu'il en est l'âme, que chacun de ses actes, chacune de ses paroles, roulera à jamais parmi les temps, atteindra la racine de l'univers, et ne passera point.

Par l'esprit, les hommes ont été faits « prêtres, prophètes et rois ». Ils doivent se vêtir de la pourpre royale, prendre la parole en public et donner l'exemple de la vertu.

En ces matières-là, qui n'avance pas recule. Qui ne grandit pas s'abaisse. Mais nous avons oublié notre royauté.

Quelles sont nos idoles ? Elles sont, comme jadis, faites de nombres et d'images, d'or et de songes.

Où est la Terre promise ? Elle porte le nom de l'humanité. « L'humanité est le sens supérieur de notre planète, l'étoile qui la réunit au monde supérieur, l'œil qu'elle lève vers le ciel[1]. »

---

1. Novalis, *Fragments*.

L'humanité est notre Terre promise, elle est comme une « montagne sainte »[1].

Il revient à chacun de nous de gravir, jusqu'au sommet, cette montagne.

Il faut « commencer par soi-même », disait Jean-Jacques Rousseau.

La clé de la grande politique mondiale est simple : il faut commencer par soi-même, et devenir vertueux.

Aristote l'avait dit[2]. Rousseau l'a répété : « Seconde règle essentielle de l'économie publique. Voulez-vous que la volonté générale soit accomplie ? Faites régner la vertu[3]. »

Mais, encore une fois, qu'est-ce que la vertu ? demanderont les Pilates modernes.

La vertu, c'est d'être heureux et de donner du bonheur autour de soi.

La société moderne nous a privé du bonheur simple de l'être, en nous refilant la fausse monnaie de l'avoir.

Le ciel s'est rétréci et obscurci. La terre s'est appauvrie.

L'humanité a besoin d'une éthique planétaire, d'une éthique de l'Être, d'une éthique de l'Autre, d'une éthique du bonheur.

L'histoire de la pensée montre qu'à travers l'évolution et la diversité des cultures, il y a des concepts qui gardent une valeur universelle, malgré tous les efforts des nominalismes.

Parmi ces concepts, l'Être, le Bien. Dans le climat délétère de la « crise du sens » et de la « morale du fini »[4], il est

---

1. « On ne fera plus de mal ni de violence sur toute ma montagne sainte. Car le pays sera rempli de la connaissance de Yahvé, comme les eaux couvrent le fond des mers. Ce jour-là, la racine de Jessé, qui se dressera comme un signal pour les peuples, sera recherchée par les nations, et sa demeure sera glorieuse », Isaïe, 11, 9-10.

2. « C'est la vertu qui paraît être avant toute autre chose l'objet des travaux du vrai politique ; ce qu'il veut c'est rendre les citoyens vertueux et dociles aux lois », in *Éthique à Nicomaque*, I, 9, 2

3. In *Sur l'économie politique*.

4. « Nous sommes pour une morale et un art du fini », Jean-Paul Sartre.

possible d'affirmer tranquillement la capacité de l'homme d'atteindre au vrai, au beau, au bien, à l'autre, à l'être.

« Malgré les apparences, notre âge est plus religieux que jamais : seulement il a besoin d'une nourriture plus forte[1]. »

Nous avons besoin de l'idée que les idées mènent le monde. Et aussi de l'idée que nous sommes tous personnellement et mystérieusement responsables du bonheur de l'univers, jusque dans ses plus lointains confins.

Le monde veut vivre. Il ne veut pas renoncer au bonheur. Il veut espérer en son avenir. Le monde veut grandir, s'achever toujours plus, se perfectionner sans cesse, et enfin exulter.

---

1. Pierre Teilhard de Chardin, *op. cit.*

TABLE

QUATRIÈME PARTIE :
LE BONHEUR DU MONDE

DU MÊME AUTEUR

Éloge de la simulation – De la vie des langages à la synthèse des images, Éditions Champ Vallon/INA, 1986.

Metaxu : Théorie de l'Art Intermédiaire, Éd. Champ Vallon/INA, 1989.

Le Virtuel – Vertus et Vertiges, Éd. Champ Vallon/INA, 1993 (trad. en japonais, espagnol, finnois, italien), http ://www.ina.fr/Livre/index.html.

Ouvrages collectifs :

Relier les connaissances. Le défi du XXIe siècle, 1999, Éd. du Seuil, Paris.

Megamaschine Wissen, 1999, Éd. Campus. Frankfurt/Main-New York.

Art @ Science, 1998, Éd. Springer, New York.

Cyberworlds, 1998, Éd. Springer, Tokyo.

The Treasure of Computer Graphics, 1998, Éd. Justsystem, Tokyo.

Éthique du virtuel : des images au cyberespace, La Documentation française, 1996.

Les cinq sens de la création. Art, technologie, sensorialité, Éd. Champ Vallon, Seyssel, 1996.

Le poids du corps, Éd. Beaux-Arts, Le Mans, 1995.

Virtualité et réalité dans les sciences, Éd. Frontières, Gif-sur-Yvette, 1995.

L'empire des techniques, Éd. du Seuil, Paris, 1994.

Sciences et imaginaire, Éd. Albin Michel, 1994.

Imagem Maquina. A era das tecnologias do virtual, Éd. Editora, Rio de Janeiro, 1993.

Per una teoria dell'artificiale. Tra natura, cultura e tecnologia, Éd. Prometheus, Milano, 1993.

Realta del virtuale, Éd. CLUEB, Bologna, 1993.

Les métaphores du virtuel, ministère de la Culture et de la Communication, Paris, 1992.

L'imaginaire des techniques de pointe, Éd. L'Harmattan, Paris, 1989.

Imprimé par Lightning Source France
1 avenue Gutenberg
78310 Maurepas

N° d'édition : 7381-0909-Y